시간 속의 여행

펨토 과학자 아흐메드 즈웨일의 노벨상 인생

시간 속의 여행

펨토 과학자 아흐메드 즈웨일의 노벨상 인생

아흐메드 즈웨일 지음
하두봉 김상규 김한도 옮김

전파과학사

나의 조국 이집트에게

당신은 일찍이 문명의 횃불을 켜셨습니다
당신에게는 찬란한 미래가 분명 있을 것입니다.
이 책이 당신의 젊은이들에게 희망의 촛불이 되기를
기원합니다.

Dear Korean Readers,

I am very pleased that the publication of my biography *"Voyage though time—Walks of life to the Nobel Prize"* is now available to the Korean people in their native tongue. The voyage, from Egypt to America, began with a mission guided by a passion for science and a determination for gaining new knowledge from a new world. But the journey was shaped by walks of life, by the cultural, ethnic, and political events that accompanied a young boy who did not know of the Nobel Prize but ended up receiving one.

I see a similarity with many of the Korean people who, when they resettle in a new land, have to walk similar alleys and avenues to achieve in their fields, but who keep a strong bond with their own home and culture. I do hope that the Korean people, especially the youth, will find the book inspiring, culturally and scientifically. I had and still have many Korean students who have read the book and have affirmed this hope!

One of *Voyage*'s messages is that irrespective of ethnic or religious backgrounds or the country-of-origin, *it is possible* to achieve one's goals. A second message is that when achieving and becoming part of the population of the "haves", we should not forget the population of the "have-not". These issues covered in the last chapters of *Voyage* reflect my belief in living together in a better world than that of today. This belief should resonate with many in the Korean speaking population experienced with dialogues of civilizations and disciplined for a successful voyage of the future.

I take this opportunity of thank Professor Han Do Kim for leading the project and making this translation possible. I also wish to thank Professor Doo Bong Ha, former President of Korean Institute of Science & Technology(Gwangju) who participated in the translation and former members of my group, who are now faculty members in Korea, and who also participated in the translation. I do hope that the reader will enjoy reading this book as we did learning about Korea and Korean people during a recent visit with my family.

Ahmed Zewail

Ahmed Zewail

한국 독자에게

　먼저, 저의 자서전인 <시간속의 여행>이 이제 한국어로 번역되어 출간되었다는 사실을 아주 기쁘게 생각합니다.

　저의 여행, 즉 이집트에서 미국으로의 여정은 사명감과 함께 시작되었습니다. 그 사명감은 과학에 대한 열정과 신세계에서 얻게 될 신지식 획득에 대한 확고한 의지에 의해 형성되었습니다. 그 여정은 다양한 직업을 통해 얻은 경험과 다양한 문화적, 인종적 그리고 정치적 일들로 수놓아졌고, 노벨상을 알지도 못했던 어린 소년에게 노벨상 수상이라는 놀라운 결과를 가져다 주었습니다.

　저는 새로운 세계에서 그들의 분야에서 성공하기 위해 유사한 길을 걸어야 하는, 그러나 그들 자신의 조국과 문화에 대한 강한 유대감을 잃지 않는 많은 한국인에게서 저와 유사한 점을 발견합니다. 그래서 저는 한국인 여러분들이, 특히 젊은이 여러분들이 저의 책을 통해 문화적, 과학적 영감을 얻을 수 있기를 희망합니다. 다행이 많은 한국인 학생들이 저의 책을 읽고 저의 이러한 희망에 대해 확신을 전해주었고, 아직도 전해주고 있습니다.

　저의 자서전에서 전하고자 하는 메시지 중 하나는 인종적,

종교적, 혹은 출신국가와는 상관없이 자신의 목표를 이루고자 하는 일은 언제나 가능하다는 것입니다. 또 하나의 메시지는 목표를 이룰 때, 그리고 '가진 자'의 그룹에 속하게 될 때는, '가지지 못한 자'들을 잊어서는 안 된다는 것입니다. 자서전 마지막 부분에서 언급된 이러한 내용은 오늘보다 나은 세상에서의 삶에 대한 저의 신념을 반영하는 것입니다. 이러한 저의 신념은 교양 있는 토론문화의 경험을 가지고 있으며 성공적인 미래로의 여정을 위한 훈련이 되어 있는 한국인 여러분들의 공감을 얻을 것이라고 생각합니다.

이 자리를 빌어 이 사업과 한국어 번역을 가능하게 만들어 주신 김한도 교수님께 감사의 말씀을 전합니다. 또한 전 광주과학기술원 원장이신 하두봉 교수님과, 지금은 어엿한 대학 교수님들이 되어 계시는, 그리고 이 번역작업에 참여하신, 예전에 저와 함께 일했던 멤버들에게도 감사의 말씀을 전합니다. 저의 가족과 함께 한국방문 기간 동안 한국과 한국인들 여러분에 관해 알게 되면서 즐거움을 느꼈던 것처럼, 독자 여러분들도 저의 책을 읽으시면서 즐거움을 얻으시길 다시 한 번 희망합니다.

2004년 6월

Ahmed Zewail

아흐메드 즈웨일

11

역자 서문

이 책을 통해 독자는 우리나라 시골 어디를 가든 쉽게 만날 법한 '철수' 같은 이집트 시골소년 한 사람을 1960년대 초 나일 강변의 소도시 다마허에서 조우하게 된다.

아렉산드리아 대학원 석사과정을 마친 그가 흥분과 슬픔과 두려움을 안고 펜실베이니아 대학 박사과정을 위해 GDP 1,000불의 고국 이집트를 이륙하는 1969년의 그의 모습은 눈물을 훔치는 어머니를 뒤로하는 정황까지 동시대 김포공항을 떠나는 우리나라 미국 유학생의 상황과 신기하도록 흡사하다.

펜실베이니아대학에서 학위를 마친 그가 노벨수상자를 비롯한 당대 과학의 대가가 '거인들의 섬'을 이루고 있는 캘리포니아 대학에 입성, 펨토과학의 피라미트 왕조를 굳힐 때까지 천부의 열정과 통찰력, 낙천성으로 승부해가는 인간적인 모습은 펨토과학을 창시한 그의 학문적 업적 못지않게 독자에게 어필할 것으로 보인다.

즈웨일 박사의 2회에 걸친 한국방문을 주선하고 이를 전후하여 적지 않은 시간을 집중적으로 그와 함께 하면서 역자는 이상적인 우리나라 과학기술 지도자상을 그의 모습에서 떠올려보기도 하였다. 즈웨일 교수의 과학교육에 대한 지견, 세계화시대의 문명갈등을 보는 시각, 가지지 못한 자에 대한 휴머

니즘 등은 찬란했던 이집트의 고대 문명토양과 미국의 첨단과
학기술문화의 접점에서 학문의 패권(覇權)를 닦아온 과학대가
의 필연적 세계관이라 생각된다.

미국과 아랍문화권 및 노벨상에 대한 우리의 관심이 고조되
어가는 시점에서 즈웨일 교수의 사상과 시간속의 여행은 이집
트와 유사한 문화적 정체성을 갖는 우리에게 많은 것을 시사
할 것으로 믿으며, 그것이 이 책을 번역하는 동기가 되었다.

이 책은 9개 장과 한 묶음의 부록으로 되어 있는데 유려한
필체로 명성을 가지신 하두봉 교수님(1~5장), 즈웨일 박사의
연구실에서 다년간 박사후 연구를 직접 해오신 3분의 교수
님—이효철 교수님(KAIST 화학과; 6장), 김상규 교수님
(KAIST 화학과; 7장), 김남준 교수님(충북대 화학과; 8장)—과
그리고 저(9~10장 및 부록)가 각각 분담하여 번역하였다. 쾌
히 이 번역에 참여해주신 상기 교수님께 고마움을 전하며 특
히 한국에 애착을 갖고있는 원저자께서 한국의 독자에게 따뜻
한 권두 말씀을 주신 데 대하여 깊은 감사를 드린다.

또한 어려운 중에 이 책의 출판을 맡아주신 전파과학사의
손영일 사장님과 원고 교정정리 작업을 맡아준 부산대학교 분
자생물학과 면역학실 대학원생 여러분 및 전파과학사 교정원
제씨에게도 감사드린다.

2004년 6월,
역자대표 김한도

차례

사 진

- 1999년 12월 10일 스톡홀름에서 스웨덴 국왕으로부터 노벨상을 받으며
- 1999년 12월 10일 스톡홀름 시청에서 열린 노벨상 연회
- 1999년의 노벨상 의례. 나는 첫번째 줄 왼쪽에서 세번째에 있다
- 데마와 나는 스웨덴 국왕 구스타프(Gustav)와 여왕 실비아(Silvia)를 만났다
- 1999년 12월 10일 노벨상 연회에서 연설하면서
- 그 날 저녁의 큰 행사를 위해 차려 입은 나의 가족들
- 노벨 메달
- 노벨 증서 안 쪽에 있는 그림. 예술가 닐스 스탱비스트(Nils G. Stenqvist)가 도안
- 나일 대훈장
- 이집트 대통령 궁에서
- 1999년 12월 16일 나일 대훈장 수상식에서 무바라크(Mubark) 대통령과 함께
- 1998년 프랭클린상 기념과 1999년 노벨상 기념을 위해 발행 된 이집트 우표들
- 2000년 1월 클린턴 대통령과 함께
- 2000년 11월 교황 요한 바오로 2세와 함께
- 실험실에서 레이져 장치와 함께
- 움직이는 원자들을 잡아내는 펨토현미경에 대한 예술가의 연출
- 노벨 포스터 — 분자들의 삶(life)에 있어서 결정적인 순간
- 최초의 펨토초 실험실인 칼텍의 Femtoland I에서 찍은 펨토현미경 장치의 두 모습
- 떨어지는 고양이의 정지동작 사진들(ⓒStephen Dalton/NHPA/Photo Researchers Inc.)
- 이집트 목화의 둥근 꼬투리
- 데모크리토스(위)와 원자(아래)를 보여주는 현대판 그리스의 10드라크마 동전
- 시간의 냉동: 6천년의 역사로부터 펨토초까지
- 갈릴레오 갈릴레이(courtesy of Galleria degli Uffizi, 이태리, 프로렌스)
- 파사데나에서 나의 가족과 함께
- 12살 때의 나
- 어머니 라휘아 다르. 25세 때
- 아버지 핫산 즈웨일. 1949년 알렉산드리아의 즈웨일 문중의 별장 발코니에서
- 아버지와 알렉산드리아 해변에서(열살 때)
- 데수크의 한 클럽에서 1980년. 여동생 세함(왼쪽)과 나나와 함께. 동생 하넴은 이때 없었고, 사촌 동생(왼쪽에서 두 번째)이 같이 있었다
- 어머니와 함께 1988년 피라미드를 배경으로
- 외삼촌 리즈크
- 낫세르 대통령의 편지
- 옴 쿨숨
- 내가 태어난 곳, 다만허의 중심부. 2001년
- 현재의 다만허의 채소 시장
- 데수크의 시디 이브라힘 사원. 1998년
- 초등학교 시절 미술(앞줄 왼쪽이 본인)과 나의 작품
- 1961년 중학교 시절 친구들과 (왼쪽에서 두 번째가 본인)
- 1966년 화학 특별반의 G-7들. 룩솔/아스완 탐방여행 중 (앞줄 중앙이 본인)
- 알렉산드리아대학 자연과학부 계단에서. 1999년 12월
- 대학에서 보내준 상에집트(Upper Egypt) 여행에서(1966년). 내 왼면에 있는 두 여학생은 샤히라 알시시니(앉은 이)와 에나스 이자트
- 1968년 조교 때, 자연과학부 학생들과 함께 (뒷줄 왼쪽에서 다섯 번째가 본인)
- 예히아 엘탄타위(Yehia El-Tantawy) 박사. 그는 이 사진을 1969년 나에게 기념으로 주면서, 뒷면에 "나의 특별한 친구 아흐메드에게"라고 적었다.

17

- 사미르 엘에자비(Samir El-Ezaby) 교수. 나의 석사학위 지도교수이자 나의 절친한 친구
- 석사학위 지도교수 라파트 잇사(Rafat Issa) 교수 (뒷줄 오른쪽에서 세 번째)와 조교들. 1968년
- 알렉산드리아의 스포팅에 있는 빌라에서 집주인과 함께. 1969년 미국으로 떠나기 전
- 펜실바니아 대학에서 온 입학허가 통지서
- 1983년 알렉산드리아에서 열린 학회에서 아브 달라만 엘사드르(Abd al-Rahman El-Sadr) 박사(오른쪽), 니코 브렘버겐(Nico Bloembergen) 박사(오른쪽에서 두번째), 조지 포터(George Porter) 박사와 함께
- 1983년 1월 4일, 이집트의 기자에서 열린 국제 광화학 및 광생물학 학술회의 참가자들. 뒤에 스핑크스와 피라미드가 보인다.
- 펜 대학의 실험실에서 존 벳셀(John Wessel, 내 오른쪽)과 함께. 1970년
- 로빈 혹스트랏서(Robin Hochstrasser) 교수
- 존 벳셀(John Wessel)의 결혼식에서 도우에 비르스마(Douwe Wiersma, 왼쪽에서 두 번째)와 함께. 오른 쪽은 그의 부인, 왼쪽에서 세 번째는 혹스트랏서(Hochstrasser) 교수 부인. 혹스트랏서 교수는 뒤쪽에 보인다. 제일 왼쪽은 메르바트(Mervat)
- 1973년 펜대학 졸업식에서. 사메 사이드(Sameh Sa`id)가 촬영
- 1998년 프랑클린상 수상 기념. 메달의 모형이 뒷면에 보인다
- 찰스 해리스(Charles Harris)와 나의 둘째 딸 아마니(Amani). UCB에서 1997년
- 펜실베이니어대학에서 명예박사학위를 받았을 때. 왼쪽 첫 번째에 빌 코스비(Bill Cosby)가 서 있다. 펜 대학 총장은 벤자민 프랑클린(Benjamin Franklin)의 동상 옆에 앉아 있다
- 내가 만든 각 대학 채점표. 어디로 갈까 망설이면서 대학별로 채점을 해보았다
- 칼테크의 화학 및 화학공업학의 교수진. 라이너스 폴링(Linus Pauling, 앞줄 왼쪽에서 6번째)의 생일기념. 1986년
- 우리의 첫 레이저 장치 036 Noyes. 톰 올로스키(Tom Orlowski)와 함께 칼테크에서, 1976년
- 우리의 첫 피코세컨드 레이저 048 Noyes 실험실. 단 도슨(Dan Dawson, 왼쪽)과 라지브 샤(Rajiv Shah)와 함께. 칼텍에서
- 마하의 졸업식. 1994년 칼텍에서
- 아마니의 고교 졸업. 1997년 산마리노에서
- 아들과 함께 할로윈을 지내며. 나는 명예박사학위 예복을 입었다.
- 1989년 3월, 파아잘왕의 국제상을 수상한 아내 데마 파함(Dema Faham)
- 1989년 9월, 칼텍의 아테네움에서 찍은 결혼식 사진. 데마와 나 그리고 가족들
- 노벨상 수상식전(式典)에서 나를 소개하는 뱅 노던(Bengt Norden) 교수
- 시상식전 스톡홀름에서 열린 리셉션에 참석한 나의 가족과 친구들
- 2000년 카이로에서 나기브 마흐포즈(Naguib Mahfouz)와 함께
- 데마와 나 그리고 나빌과 하니
- 2001년 8월 카이로의 피레이트 선상식당에서 낚시 솜씨를 자랑하는 나빌(왼쪽)과 하니
- 1997년 카이로의 카페에 앉은 오마르 바티샤(Omar Batisha)와 나
- 1999년 12월 나일의 요트에 오른 나의 가족과 헤샴(Hesham)
- 세미라미스의 티가든에서
- 1988년 3월 5일 '알라 알-나시아' 녹음차 LA에 온 아말 파미(Amal Fahmy)와 나
- 1990년 7월 17일 폴링 석좌교수직을 받을 때 칼텍캠퍼스에서 라이너스 폴링(Linus Pauling)과 함께 걸으며
- 내 사무실에 걸린 투탕카멘 초상 아래에서 딕 번스타인(Dick Bernstein)과 차를 마시며 담소한다. 1987년
- 아보우 레일 라시드(M. Abou Leil Rashed) 지사의 제안으로 거리 이름을 나의 이름으로 정한 1998년 데수크 시(市) 거리 풍경
- 1998년 엘-델라위(F. El-Tellawy) 지사의 제안에 따라 내 이름으로 거리명을 정한 다만허 시(市)의 거리에서
- 2000년 마흐고브 주지사에 의해 준공된 알렉산드리아의 아흐메드 즈웨일 광장
- 알렉산드리아의 즈웨일 광장에 개관한 박물관에 묘사된 피라미드와 펜토스코프 앞에 선 나와 처 그리고 나빌과 하니
- 2000년 1월 노벨상 수상을 축하하여 아테네움에서 찍은 기념 사진
- 2000년 1월 1일, 과학기술대학 기공식장에서

1999년 12월 10일 스톡홀름에서 스웨덴 국왕으로부터 노벨상을 받으며

1999년 12월 10일 스톡홀름 시청에서 열린 노벨상 연회

1999년의 노벨상 의례. 나는 첫 번째 줄 왼쪽에서 세 번째에 있다

데마와 나는 스웨덴 국왕
구스타프(Gustav)와
여왕 실비아(Silvia)를
만났다

1999년 12월 10일 노벨상 연회에서 연설하면서

그 날 저녁의 큰 행사를 위해 차려 입은 나의 가족들

노벨 메달

노벨 증서 안 쪽에 있는 그림.
예술가 닐스 스탱비스트(Nils
G. Stenqvist)가 도안

나일 대훈장

이집트 대통령 궁에서

1999년 12월 16일 나일 대훈장 수상식에서 무바라크(Mubark) 대통령과 함께

1998년 프랭클린 상
기념과 1999년 노벨상
기념을 위해 발행 된
이집트 우표들

2000년 1월 클린턴
대통령과 함께

2000년 11월 교황 요한 바오로 2세와 함께

실험실에서 레이저
장치와 함께

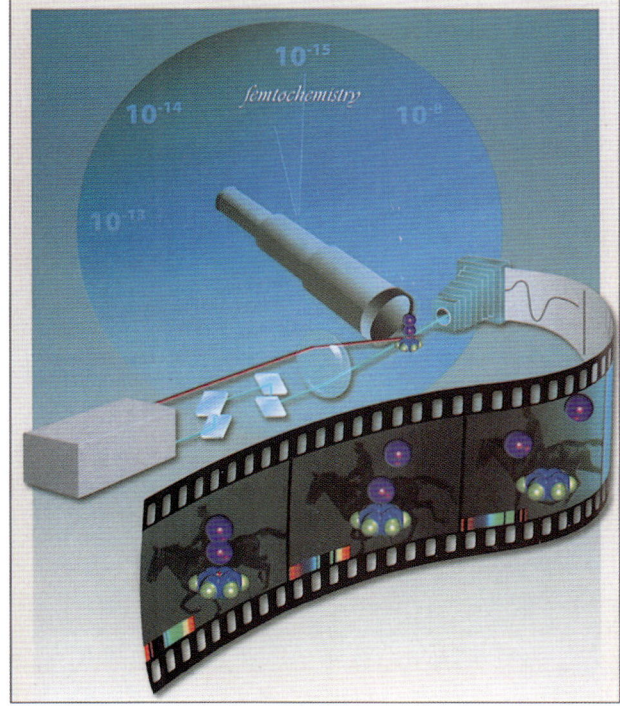

움직이는 원자들을
잡아내는
펨토현미경에 대한
예술가의 연출

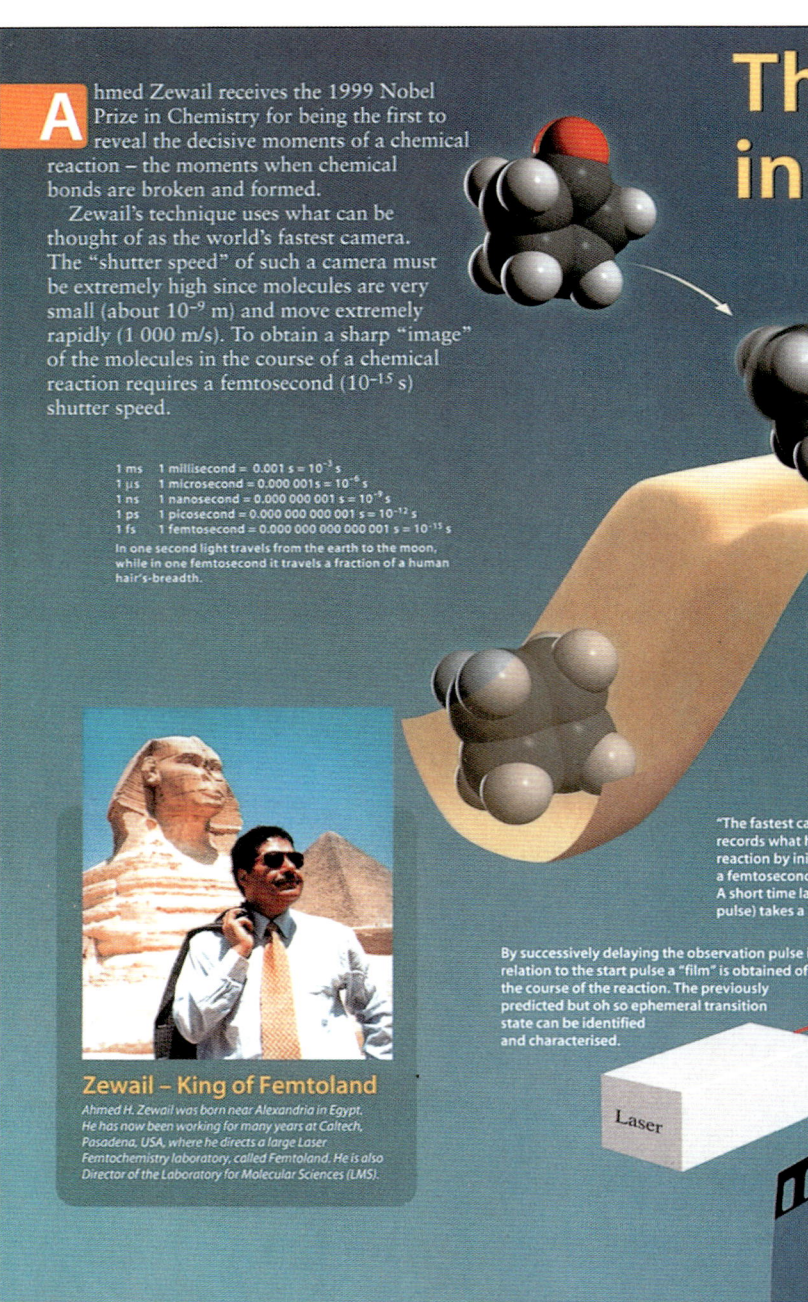

Ahmed Zewail receives the 1999 Nobel Prize in Chemistry for being the first to reveal the decisive moments of a chemical reaction – the moments when chemical bonds are broken and formed.

Zewail's technique uses what can be thought of as the world's fastest camera. The "shutter speed" of such a camera must be extremely high since molecules are very small (about 10^{-9} m) and move extremely rapidly (1 000 m/s). To obtain a sharp "image" of the molecules in the course of a chemical reaction requires a femtosecond (10^{-15} s) shutter speed.

1 ms	1 millisecond = 0.001 s	$= 10^{-3}$ s
1 µs	1 microsecond = 0.000 001 s	$= 10^{-6}$ s
1 ns	1 nanosecond = 0.000 000 001 s	$= 10^{-9}$ s
1 ps	1 picosecond = 0.000 000 000 001 s	$= 10^{-12}$ s
1 fs	1 femtosecond = 0.000 000 000 000 001 s	$= 10^{-15}$ s

In one second light travels from the earth to the moon, while in one femtosecond it travels a fraction of a human hair's-breadth.

Th
in

Zewail – King of Femtoland
Ahmed H. Zewail was born near Alexandria in Egypt. He has now been working for many years at Caltech, Pasadena, USA, where he directs a large Laser Femtochemistry laboratory, called Femtoland. He is also Director of the Laboratory for Molecular Sciences (LMS).

"The fastest cam
records what ha
reaction by initia
a femtosecond la
A short time late
pulse) takes a "p

By successively delaying the observation pulse in relation to the start pulse a "film" is obtained of the course of the reaction. The previously predicted but oh so ephemeral transition state can be identified and characterised.

Laser

노벨 포스터 - 분자들의 삶(life)에 있어서 결정적인 순간

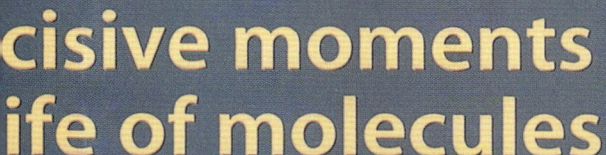

cisive moments
ife of molecules

A chemical reaction – up hill and down dale

Like everything in nature, molecules strive to reach the lowest possible energy state. This makes it practical to describe reactions using energy surfaces. A molecule on an energy surface tries, like a child in a water-slide, to reach the lowest point. You need enough speed (high energy) to get up over the crests.

The picture to the left shows the ring opening of a cyclobutane molecule to form two ethylene molecules. Zewail studied this reaction by exciting cyclopentanone molecules with a femtosecond pulse. He could show that this reaction occurs via a transition state living a few hundred femtoseconds. This experiment settled an old argument over whether the reaction takes place in one step with simultaneous breaking of both bonds or in two steps, one bond breaking before the other.

We need to know the properties of the transition state if we are to understand, predict and perhaps modify the course of a reaction. For almost a hundred years the transition state remained a hypothetical species that few chemists believed could ever be observed. But this is precisely what Zewail has succeeded in doing.

The experiment gives no direct image of the molecules. Instead, the reacting molecules are observed by measuring certain characteristic properties, e.g. an optical property (a spectrum is obtained) or by recording the molecular masses (mass spectrometry).

Molecular beam

Spectrum

on cules.

Observation pulse

The picture shows part of Zewail's "camera". It is a complex array of lasers, mirrors, lenses, prisms, molecular beams, detection equipment and more.

최초의 펨토초 실험실인 칼텍의 Femtoland I 에서 찍은 펨토현미경 장치의 두 모습

떨어지는 고양이의 정지동작 사진들
(©Stephen Dalton/NHPA/Photo Researchers Inc.)

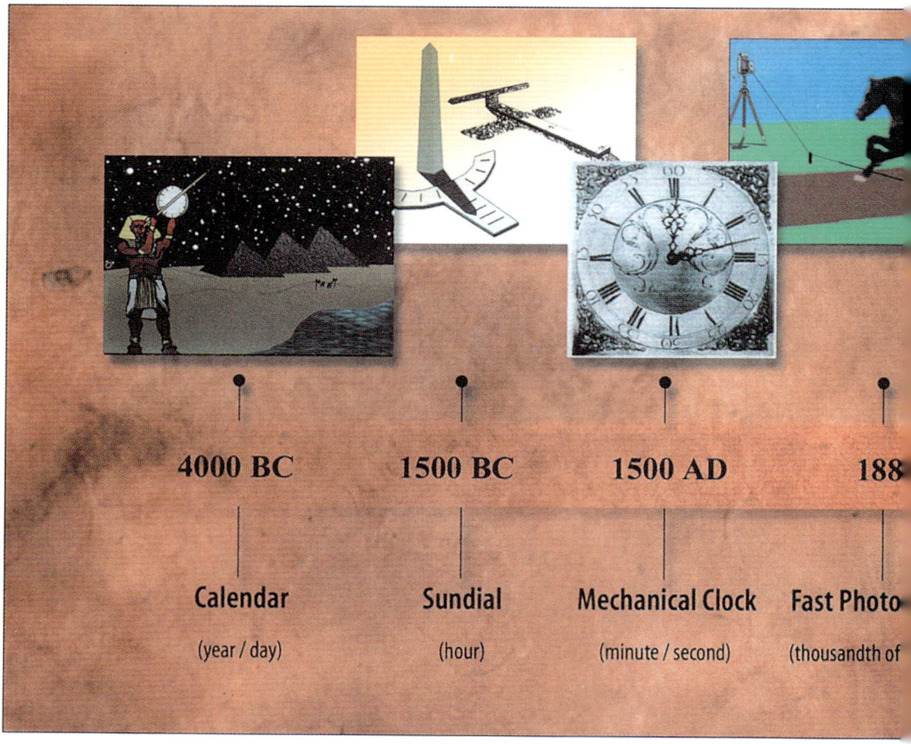

4000 BC	1500 BC	1500 AD	188
Calendar	**Sundial**	**Mechanical Clock**	**Fast Photo**
(year / day)	(hour)	(minute / second)	(thousandth of

이집트 목화의
둥근 꼬투리

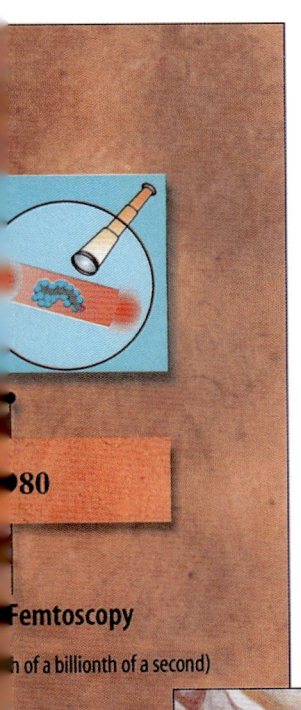

80

Femtoscopy
(th of a billionth of a second)

데모크리토스(위)와
원자(아래)를 보여주는
현대판 그리스의
십-드라크마 동전

시간을 얼리며: 6천
년의 역사로부터
펨토초까지

GALILEO GALILEI

갈릴레오
릴레이(courtesy of
alleria degli Uffizi,
Florence, Italy)

파사데나에서 나의 가족과 함께

머리말

1999년 10월 12일 새벽, 요란한 전화벨 소리에 나는 소스라쳐 깨었다. 마치 캘리포니아주의 지진이 일어났을 때와 같았다. 캘리포니아의 파사데나에서 내가 스웨덴 학술원의 사무총장으로부터 1999년도 노벨화학상을 받게 되었다는 전화통지를 받은 것은 새벽 5시 반이었다. 그는 전화로 스웨덴 학술원의 수상 이유서를 읽어주면서, 수상은 단독수상이라고 했다. 곧이어 세 사람의 학술원 회원으로부터 축하전화가 왔고, 사무총장이 다시 전화를 걸어와, "20분 후에는 이 소식이 전세계에 공표됩니다. 이 20분이 아마도 당신에게는 마지막의 평화스런 시간일 것입니다."라고 했다. 그의 말은 맞았다. 나의 인생은 그때부터 확 달라졌고, 노벨상 수상자로서의 명예가 나에게 줄곧 붙어다녔다.

나에게 노벨상이 수여된 것은 복잡한 원자와 분자의 세계에 관한 연구에 대해서였다. 원자와 분자가 발견된 후 많은 과학자들이 물질 속에서의 이들의 행동, 예컨대 왜 이들은 서로 잡아끌기도 하고 또 때로는 서로 반발하기도 하는가 등에 관해 연구해왔다. 이 원자 또는 분자들의 말하자면 친소관계는 대단히 중요한 문제이다. 왜냐하면 이 친소관계에 의해 물질의 모양이나 상(相; 액체, 고체 또는 기체 등)이 결정되고, 또 한 물질이 다른 물질로 변화되기도 하기 때문이다. 그래서 마치 사람의 행동을 관찰할 때처럼 그들의 행동을 알아보려면 그들의 움직임을 관찰하는 수 밖에 없다. 그러나 이 원자나 분자의 운동변화는 인간 수명의 10억조분의 1(10^{-21})도 못 되는 그런 짧은 시간 동안에 일어난다. 그래서 원자와 분자의 개념이 생겨난지 2400년이 지난 지금까지도 원자의 운동시간은 재지 못하고 있는 것이다.

원자나 분자 세계의 시간 척도는 우리의 상상을 초월할 만큼 짧아서 펨토초($femtosecond$) 단위로 잰다. 1펨토초는 1000조분의 1초, 즉 10^{-15}초, 혹은 0.000 000 000 000 001 초이다. 말을 바꾸면 가령 우리의 1초를 3200만년으로 하면 1펨토초가 1초가 되는 것이다. 빛은 1초에 약 186,000 마일, 즉 약 300,000km를 달린다. 지구에서 달까지의 거리와 거의 같다. 그러면 1펨토초 동안 이 빛은 얼마나 갈까? 고작 300나노미터(nanometer, nm)를 가는 데 불과하다. 이 300nm, 즉 0.000 000 3m라는 길이는 세균의 직경과 비슷하고, 또 사람 머리카락 직경의 몇분의 1과 비슷하다. 이 펨토초의 단위를 썼을 때 비로소 원자들의 운동을 잴 수 있는 것이다.

스톡홀름으로부터 날아온 소식은 시간과 물질의 과학적 연구에 대한 우리의 공헌을 인정하는 것이었다. 우리가 공헌했다는 것은 레이저 스트로브(laser strobe)를 써서 펨토초 단위의 시간을 재는 기술을 개발함으로써 물질의 운동을 원자척도에서 관찰할 수 있게 한 것이다. 카메라의 셔터를 보통 카메라의 1조배나 빠른 속도로 조작함으로써 우리는 화학반응이 일어나는 원자들의 행동을 순간적으로 정지시켜 찍을 수가 있다. 이런 현상의 발견과 개념의 발달에 의해 우리는 원자와 분자들의 미시세계의 행동과 힘을 이해할 수 있게 되었고, 따라서 물질에 대한 보다 명확한 개념을 얻을 수 있게 되었다. 새로 개척된 이 분야는 펨토화학(femtochemistry)이라 불리는데, 그것은 시간(펨토초 단위)과 분자의 변화(화학)를 짝지워 붙인 이름이다. 시간과 물질을 이와 같이 연결시킴으로써 생명체의 분자들을 포함하여 자연에 있는 모든 분자의 행동을 우리는 펨토초 단위에서 분석할 수 있게 되었다.

미국 서부 표준시간으로 아침 6시 정각, 우리의 수상소식이 인터넷에 올랐고, 같은 시각 스톡홀름에서는(오후 3시) 학술원에서 기자회견이 열렸다. 우리 가족들은 집에 있는 컴퓨터로 인터넷에서 이 보도문을 읽었다. 보도문의 일부를 발췌하면 다음과 같다.

금년 노벨화학상은 극초단파 레이저 플래시를 사용하여 화학반응의 기본적 연구에 선구자적 역할을 한 즈웨일 교수에게 수여된다. …… 그는 이 연구를 통하여 화학과 인접학문에 획기적인 공헌을 했다. …… 그가 개발한 레이저 플래시 기술은 화학반응이 일어나는 실제 시간, 즉 펨토초(fs)의 세계로 우리를 안내한다. …… 우리는 이제 개개 원자들의 움직임을 볼 수 있게 되었다. 원자의 움직임들은 이제 상상의 세계에 있지 않다. …… 이 세상에서 가장 빠른 카메라를 손에 쥐고 이제까지의 상상의 세계에 우리는 새로운 도전을 하게 된 것이다.

그로부터 두 달 뒤 열린 시상식에서 노벨상 심사위원회의 위원의 한 사람이었던 노던(Bengt Norden) 교수는 좀더 구체적인 말로 나를 소개했다.

즈웨일 교수의 레이저 기술은 하늘에 있는 별들을 보게 한 갈

리레오(Galileo)의 망원경에 비견할 업적입니다. 그는 그의 펨토초 레이저로써 분자의 세계를 들여다 봅니다. 그는 이 망원경으로 과학의 최첨단을 걷고 있는 것입니다.

노벨상은 어떤 과학자에게 있어서나 최대의 영광이지만 나에게는 또다른 의미가 있었다. 그것은 내가 태어난 고국의 자랑이기도 했기 때문이다. 1999년도의 노벨화학상은 이집트와 아랍세계에 있어서 최초의 노벨상이었다. 이집트로서는 이미 노벨평화상을 알사다트(M. Anwar al-Sadat) 대통령이 수상한 바 있고, 또 유명한 소설가 마프즈(Naguib Mahfouz)가 노벨문학상을 받은 바 있다. 그러나 지난 100여년의 노벨상 역사에서 이 지구의 인구 60억 중 10억 이상을 차지하는 이슬람 세계에서는 파키스탄의 압두스 살람(Abdus Salam)이 1979년 노벨물리학상을 공동수상한 것과 이번의 나의 수상이 전부였다. 그외 대부분의 과학과 의학에 관한 상은 서구사회에 주어졌다.

노벨상이 이집트의 문명이 시작된 6,000년 전에 있었더라도, 또는 저 유명한 알렉산드리아의 도서관이 건립된 2,000년 전에만 있었더라도 이집트는 과학분야에서 많은 상을 차지했을 것이다. 1,000년 전만 해도 아랍과 이슬람의 문명은 유럽의 르네상스와 과학과 문학에 크게 공헌하고 영향을 미쳤다. 이 때 노벨상이 있었더라면 Avicenna(Ibn Sina; Ibn은 아라비아계의 인명 앞에 붙여 son이라는 뜻: 역자 주), Averroës(Ibn Rushd), Geber(Jahir Ibn Hayyan), Alhazen(Ibn al-Haytham) 등등 저명한 학자들의 업적으로 많은 노벨상을 차지했을 것이다.

그러나 오늘날에 와서는 사정이 전혀 다르다. 그래서 나의 노벨화학상 수상 소식은 수백만 아랍인들과 또 아마도 대부분의 개발도상국들에게 그들의 장래에 희망을 갖게 하고, 또 서구인들의 전매특허물이나 다름없던 과학의 세계에서 우리도 업적을 낼 수 있다는 확신을 갖게 했을 것이다. 이런 정서는 그 후 여러 날 동안 내가 받은 수많은 편지에서 여실히 나타나고 있었다. 이집트인들의 기쁨은 말할 것 없었다. 무바라크 대통령은 축하전화를 걸어왔고, 그해 12월에 나는 대통령으로부터 이집트 최고 훈장인 나일대훈장을 수여받았다. 이집트의 젊은이들에게는 만사에 긍정적 사고를 갖도록 용기를 주었으며, 정부는 과학기술에 대한 투자를 증진시키는 계기가 되었다.

칼텍(Caltech; the California Institute of Technology, 캘리포니아 공과대학)에서도 이 뉴스를 크게 반겼다. 칼텍으로서는 교수와 졸업생 등 이미 27명의 노벨상 수상자를 배출한 바 있으며, 새 수상자가 탄생할 때마다 과학분야에 있어서의 칼텍의 명성과 과학을 통한 인류복지에 공헌하는 칼텍의 공적을 과시하는 축제를 벌였다. 그래서 여기 저기에서 파티가 열렸다. 그중에서도 내가 워싱톤 D.C.의 백악관을 예방하고 또 스톡홀름에서 열린 시상식에 참석하고 돌아온 뒤 어느날 저녁에 교수회관 아테니움(Athenaeum)홀에서 개최된 축하파티에는 약 500명이나 모였다. 나는 그 파티에서 불과 10년 전에 신출내기 조교수로 부임한 나를 노벨상 수상이라는 과학적 업적을 이루도록 키워준 위대한 칼텍의 포용력에 대하여 감사의 인사를 하고, 또 앞으로의 포부도 피력했다.

노벨상 수상에 이르기까지의 나의 여정 중, 여러 곳에서 나의 인생 역정에 관하여 자서전을 써보라는 권유를 받았었다. 그 때마다 나는 사양했다. 내 생각으로는 전형적인 자서전이라는 것은 한평생의 연구업적과 경험을 담아야 하고, 그러려면 나에게는 아직도 많은 노력과 시간이 필요하다고 생각했기 때문이었다. 그러다가 1997년 7월 카이로 여행 중에 이 생각이 조금씩 달라졌다. 그것은 당시 내가 읽은 두 권의 책, 즉 도렌 (Charles van Doren)의 『*A History of Knowledge*』와 타운스 (Charles Townes)의 『*Making Waves*』 때문이었다. 지식은 어떻게 얻어지는가? 나는 왜 과학을 하게 되었는가? 나를 오늘날까지 끌고 온 힘은 무엇인가? 신앙, 운명, 또는 행운이란 무엇인가? 이런 여러 가지 복잡한 의문들에 대한 해답을 구하고자 나의 생각을 기록하기 시작했다.

나는 세미라미스 인터컨티넨탈 호텔의 티 가든에 앉아 나일강 주변의 환상적인 풍경을 내려다 보고 있었다. 나일강 언덕에는 이집트 역사 속의 세 시기의 상징물이 공존하고 있다. 하나는 파라오 왕조 때의 첨탑(尖塔)이고, 또 하나는 회교사원(回敎寺院)의 첨탑이며, 그리고 나머지 하나는 혁명 후의 초현대식 건물인 카이로탑과 오페라 하우스이다. 이 풍경을 물끄러미 내려다 보는 나의 머리 속에는 이 땅의 역사, 유구한 나일강의 흐름, 그리고 이곳을 떠난 나의 미국생활 등이 뒤엉켜 떠올랐다. 나는 쓰기로 결심했다. 처음에는 불과 몇 장 정도로 생각했었지만 쓰다보니 파피루스(주로 풀로 만든 이집트의 전통 종이: 역자 주)로 된 노트북 여덟권이나 되었고, 그리고도 펜은 멈추지 않았다. 뒤에 나의 비서 한 사람 지엔이 보더니 그것은 원고라기 보다 완성된 문장이어서 고칠 곳이 거의 없었다고 했다. 이집트의 유명한 가수 음 쿨숨(Umm Kulthum)의 노래가 잔잔히 흐르고 있는 가운데 나는 쓰기를 계속하고 있었다.

이 책은 10개장에 걸쳐 이집트에서 미국으로 간, 그리고 미국에서의 나의 인생역정(人生歷程)을 담고 있다. 말하자면 나의 시간의 여행이라고 할 수 있다. 나는 인생역정 또는 인생행정(行程)이라는 말을 즐겨 쓴다. 이 말은 인생의 우연성과 그 우연이 한 사람의 인생을 바꾸는 사건 등을 의미하는 말이다. 이 책에서는 나의 역정을 여섯 단계로 구분짓고 있다. 그것은, 나일강 변의 언덕에서 부모의 사랑과 기대를 받고 자란 소년기, 알렉산드리아대학 자연과학부에 입학하여 과학을 공부하며 보낸 학창 시절, 나에게 전혀 새로운 세계의 문을 열어준 미국의 장학금, 시간과 물질에 대한 나의 과학적 사고방식을 송두리채 바꾸어 놓은 미국 칼텍에서의 연구생활, 나의 첫 수상이자 우리들의 연구업적이 널리 인정되게 한, 그리고 나의 새로운 가정의 계기가 되기도 한 파이잘 왕 국제상(King Faisal International Prize)의 수상, 그리고 마지막으로 과학의 역사에 한 획을 긋게 한 노벨상 수상이다.

이 책은 나의 인생역정에만 초점을 맞추지 않고 시간과 물질에 관해서도 서술하고 있으며, 과학의 발달과 펨토세계의 발견 과정을 그리고 있다. 또한 새로운 세계질서에 대한 나의 관심과 주로 이집트와 미국과의 미래의 관계에 대한 나의 소망 등도 담고 있다. 그래서 이 책에는 인생, 과학 그리고 비전의 세 가지 요소가 들어 있다.

제1장에서 4장까지는 나의 인생역정이라고 할 수 있고, 제5장에서 7장까지는 나의 연구내용에 관한 개관이다. 제9장과 10장은 세계질서의 장래에 대한 과학자로서의 나의 전망과 내가 경험한 두 문화에 대한 나의 소망으로 되어 있다. 제8장은 약간 특이한 내용으로, 내 가정의 '동화 속 이야기' 같은 즐거웠던 시간들과, 문외한들을 위하여 과학세계에서의 상(賞)이란 무엇인가에 대한 해설로 되어 있다.

이 책을 통하여 나의 경험과 오늘날의 나를 있게 한 여러 가지 사건들에 대해 서술하려 한다. 나의 인생역정에서 신앙, 운명, 사물의 발견 능력 그리고 직관은 나의 인생을 결정한 중요한 요인이었다. 과학자에게 있어서(그리고 예술가에게도) 아마도 가장 귀중한 재능이라는 것은 직관력을 갖는 것, 즉 사물을 일일이 따지지 않고도 순간적으로 판단할 수 있는 능력을 갖는 것이다. 신앙은 오용되지 않는다면 인간을 강하게 만들고 또 도덕적으로 무장시킨다. 지구 전체 인구의 약 6분의 1이 신봉하는 이슬람교에서는 이 가르침은 성스런 코란(Holy Quran; 모하메드의 말이 기록되어 있는 회교의 경전, Koran: 역자 주)에 명백하게 기록되어 있다. 이슬람교나 다른 모든 종교는 다같이 신자들에게 높은 도덕심을 요구하고, 그럼으로써 인류의 향상에 기여하고 있는 것이다.

많은 사람이 성공이란 대단한 지능을 가진 천재들이나 이루어내는 것으로 생각하는 것 같으나, 나의 경우를 보면 내 인생은 수많은 도전과 장애물이 가로놓여 있어서 결코 순탄한 길은 아니었다. 그러나 초기부터 나의 연구에 대한 열정만은 확신이 있었고, 또 나는 낙천가였으며 선관적인 통찰력을 지니고 있었다. 미국의 저널리스트들은 그들이 생각하기에는 열악한 환경에서 내가 어떻게 이토록 성공하였는가, 그 비결을 흔히 물어온다. 그러나 내가 이집트에서 태어났다는 것은 나의 성공에 아무런 장애물이 되지 않았고, 또 내가 어떤 다른 나라에서 태어났더라도 내 인생의 길은 더 순탄하지도 않았을 것이다. 이집트가 나를 낳았고 미국은 나에게 기회를 준 것이다.

나는 박사학위를 따기 위해 그리고 과학의 최전선에서 일해보기 위해 미국에 왔다. 미국에서 영어를 배우느라 그리고 과학적, 문화적, 정치적 장애물들을 극복하느라 몸부림치면서도 나는 어느날 이 미국의 명문대학 칼텍에서 교수가 되리라고는 꿈에도 생각해 본 적이 없었다. 칼텍의 조교수가 된 뒤에도 과학계의 거목들이 수두룩한 이곳에서 내가 노벨상을 두 개나 받은 폴링교수의 이름을 딴 라이너스 폴링 석좌교수

(Linus Pauling Chair)에 앉으리라고는 역시 생각해 본 적이 없었다. 칼텍은 참으로 독특한 곳이고 이곳에서 과학세계로 여행을 시작한 나는 정말 행운아였다.

　이 책에서 독자는 한 사람의 열정적인 그리고 낙천적인 과학자가 알맞은 장소에서 그리고 알맞은 때에 태어나 교육받고 연구생활을 한 인생경험담을 읽게 될 것이다. 또 과학적 발견이 어떻게 이루어지는가, 그것이 과학의 세계에 어떻게 공헌하는가 등을 이 책을 통하여 읽은 젊은 학도들이 "하면 된다(It is possible!)"는 신념을 갖게 되기를 간절히 바란다. 험프리 데이비 경(Sir Humphrey Davy)은 1825년에 이렇게 말했다. "다행히 과학에는 그것이 다루는 자연에 제약이 없는 것처럼 시간의 제약도 없고 공간의 제약도 없다. 과학은 전세계의 소유물이어서 어느 한 나라 한 세대의 전용물이 아니다."

　이것을 염두에 두고, 나는 이 책을 선진국이나 개발도상국의 특정 전문가나 지식층이 아닌, 일반대중을 상대로 쓰고자 한다. 대개의 지식인이나 과학자들은 자신의 신상 이야기나 업적을 드러내놓고 이야기하는 것을 경박하다 하여 좋아하지 않는다. 나도 이런 전통을 따라 실험실에서나 연구실에서나 내 자랑은 책상 서랍 속에 깊숙히 넣어두고만 있었다. 그러나 여기서는 좀 다르게 하고자 한다. 나는 이 책을 빌어 과학에서 발견에 이르는 과정을 서술하고, 과학과 그것의 아름다움을 일반대중에게 알리고, 그리고 인간의 본성에 대해 생각해 보고자 하는 것이다. 그래서 몇가지 과학적 발견과 공헌을, 그에 관련된 사람들의 이야기와 더불어 언급하고, 젊은 과학도들의 사기를 북돋우기 위해서 이러한 업적들이 노벨상 또는 다른 상을 수상한 이야기도 곁들이려 한다. 그러나 이 책은 그것만을 목적으로 쓴 것이 아니므로, 모든 수상자의 업적을 다 다루고 있는 것은 아니다.

．．．

이 책이 나오기까지 많은 사람들의 도움이 있었다. 이 책의 내용은 나 자신의 연구생활, 대중강연, 기타 기고문 등을 바탕으로 하고 있지만, 최종적으로는 AUC Press의 Mark Linz 사장과의 거듭된 논의과정에서 그의 좋은 자문을 많이 받았다. 또 이 출판사의 유능한 편집인 Mary Knight는 나의 구술을 받아 이를 훌륭한 문장으로 만들어 내가 하고자 한 말을 충분히 표현해 주었다. 이 책을 만들기 위해 애쓴 그의 노고에 심심한 감사의 뜻을 표하는 바이다. 이 분뿐만 아니라 나는 이 출판사의 다른 분들, 특히 편집장 Neil Hewson씨에게 그의 면밀한 일솜씨에 대하여, 그리고 Andrea El-Akshar씨에게 그의 우아한 디자인에 대하여 감사의 말씀을 드리고자 한다. 원고 작성 과정에서 나의 사무실 직원 Janet Davis, Sulvie Gertmenian, Mary Sexton, Karen Hurst 씨 등이 원고열람 등으로 수고를 많이 해주셨다. 이 분들께도 감사드린다.

나의 연구생활에서는 칼텍에서 나와 같이 한 때 일했던 친구들, 그리고 현재 나와 같이 일하고 있는 친구들의 협동연구를 빼놓고는 이야기할 수 없다. 그들도 이 책을 통하여 발견의 흥분과 펨토 세계에서의 나날들을 회상하리라고 생각한다. 이외에도 나에게 끊임없는 도움과 격려를 아끼지 않은 많은 사람들에게 또한 감사한다. 특히 칼텍의 Spencer Baskin과 카이로의 El Ashmawy에게 감사드린다.

말미에 쓰지만 나의 가족은 내 인생에 있어서 사랑과 행복의 근원이었다. 이들에 대한 나의 감사는 말로 표현할 길이 없다. 아내 데마는 나의 열정에 대한 너그러운 이해심과 결정적인 도움으로 연구를 가능케 하였고, 나의 두 딸 마하와 아마니 그리고 두 아들 나빌과 하니는 나의 생활에 진정한 즐거움을 안겨주었다. 그들의 행복과 성공은 이 책을 쓰는 나의 마음을 한없이 기쁘게 만들어 준다.

1

첫걸음
나일강 둑에서

1946년 내가 태어난 다만허(Damanhur)는 나일강의 삼각주에 길다랗게 누워 있는 마을이고, 현재 인구는 20만명쯤 된다. 알렉산드리아(Alexandria)의 동남쪽 약 60km 떨어진 곳에 있는 이 마을은 카이로(Cairo)와 알렉산드리아를 잇는 길가에 있으며, 베히라(Behira)주의 수도이기도 하다. 다만허라는 마을 이름은 파라오왕조 때부터 있던 이름이다. 당시에는 이집트 신화의 '태양의 신(Horus)'이라는 뜻의 '드민허($dmi-n-Hr$)'라고 불리었다. 이 이름은 '태양의 신'의 사원이 이 마을에 있기 때문이기도 하지만, 부드러운 햇볕이 이 고장의 기후를 온화하게 하고 또 각종 농산물의 수확을 풍성히 가져다 주기 때문이기도 하다.

이 마을은 풍부한 태양 아래서 자란 망고, 오렌지, 포도, 구아바(열대산 작은 과일 이름: 역자 주) 등 각종 과일이 노천시장에 넘쳐나고 있어서 사람들은 지금도 태양의 신이 축복해주고 있다고들 한다. 뿐만 아니라 다만허 사람들은 대개의 이집트 사람들이 다 그렇지만 태양처럼 밝아서 친절하고 명랑하며 사물의 밝은 면만을 보는 천성을 지녔다. 슬픈 소식을 들어도 그들은 여전히 명랑하다. 나도 태양신의 축복을 받아 태어나서 그런지 낙천적인 성격인데, 그런 의미에서 나도 진정한 다만허의 아들이다.

내가 다만허에서 탄생한 것은 사실 우연이고, 다만허에 대한 나의 기억은 훨씬 후일 내가 알렉산드리아대학에 입학하여 그곳에 살면서부터 기록한다. 나의 어머니 라휘아 라비에 다르(Rawhia Rabi'e Dar)와 아버지 핫산 아흐메드 즈웨일(Hassan Ahmed Zewail)은 나일강의 로세타(Rosetta) 지류(支流) 동쪽의 아름답고 조용한 마을 데수크(Desuq)에 살고 있었다. 이 마을은 다만허에서 북동쪽으로 약 20km 떨어진 곳인데, 두 마을 사이에는 기차와 버스가 정기적으로 다니고 있어서 왕래가 빈번했다. 어머니는 다만허에 있는 친정에 다니러 갔다가 그곳에서 첫아들인 아흐메드 핫싼 즈웨일, 즉 나를 낳은 것이다. 1946년 2월 26일이었다. 그리고 40일 후 어머니는 나를 안고 데수크로 돌아왔다. 결혼 후 5년만에 태어났다 하여 나는 대학에 들어갈 때까지 '귀한 아들'이라는 뜻의 쇼키(Shawqi)라는 별명으로 불렸다.

우리 집안이나 성씨의 내력은 잘 모른다. 혹자는 고대 이집트인의 후손이라고도 하고, 또 어떤 이는 아랍의 후손이라고도 한다. 아랍 후손이라고 하는 근거는 카이로의 알-아자르(al-Azhar)대학 근처에 밥 즈웨일라(Bab Zweila), 또는 '즈웨일라의 문'(the gate of Zeweila)이라고 하는 유명한 관문이 있기 때문이라는 것이다. 나의 노벨상 수상 소식이 전해지자 실제로 수단인들은 나를 아랍의 후손이라고 주장하고 나선 적이 있다. 그들에 의하면 나의 성 즈웨일은 '좋은 사람(man of *zuq*)' 또는 '신사'라는 뜻의 즈웰(*Zuwel*)에서 왔다는 것이다. 그러나 뿌리가 어디든 나는 골수 이집트인이다.

　나의 아버지는 1913년 9월 5일, 4남 4녀 중의 한 아들로 태어났다. 그의 운명은 제2차 세계대전을 계기로 크게 바뀌었다. 1941년 5월, 추축군(樞軸軍; 제2차 세계대전 때 독일군과 이태리군을 주력으로 한 합동군. 이에 대하여 영국군, 미국군, 프랑스군 등을 주력으로 한 합동군을 연합군이라 불렀다. : 역자 주)은 이미 이집트의 서부전선 살럼(Sallum)과 머사 마트루(Mersa Matruh)에까지 진입해 있었다. 이집트로서는 대단히 곤혹스런 입장이었다. 이집트는 1936년에 맺은 앵글로-이집트 조약(Angro-Egyptian Treaty)에 의해 당연히 영국편이어야 했으나, 한편으로 파루크(Farouk) 왕조 당시의 이집트로서는 영국군의 진주를 달갑게 여기지 않았던 것이다.

　1942년 11월, 몽고메리(Bernard Montgomery) 장군 휘하의 영국군은 알렉산드리아에서 110km 떨어진 알-알라메인(al-Alamein)에서 피로 피를 씻는 대혈전 끝에 롬멜(Erwin Rommel) 장군의 독일군을 궤멸시켰다. 뒤이어 러시아군이 스탈린그라드까지 진입한 독일군을 패퇴시키자 전쟁의 승기는 연합군에게 돌아갔다. 처칠(Winston Churchill)은 이때를 회고하면서 다음과 같이 쓰고 있다. "알라메인 이전에는 우리는 생사의 기로에 놓여 있었고, 알라메인 이후에는 우리는 정복하였다." 현재 그곳에는 이 전투에서 전사한 수천명의 독일군, 이태리군, 그리고 영연방군을 기념하는 커다란 묘지가 있다.

　이 전쟁으로 이집트의 경제는 대공황의 혼란에 빠져 있었다. 상점에서는 물건이 바닥났고, 은행에서는 예금인출 사태가 벌어졌으며, 사람들은 줄이어 알렉산드리아 그리고 이집트를 탈출하고 있었다. 나의 아버지는 '지중해의 신부'라고 불리는 그 아름다운 알렉산드리아를 떠나 평화로운 마을 데수크로 이주했다. 그리고 당시로서는 좀 이색적인 사업에 손을 대었다. 자전거와 오토바이 수입과 조립을 시작한 것이다. 그러다가 그는 정부 관리로 채용되었다. 데수크에서 기반을 잡은 그는 열살 아래인 여인 라휘아와 전통적인 혼례식을 치루어 결혼했는데, 이 여인이 바로 나의 어머니이다. 어머니는 청혼을 받을 때까지 아버지를 본 적이 없었다고 한다. 이들의 결혼생활은 1992년 10월 22일 아버지가 79세로 돌아가실 때까지 50년 동안 이어졌다.

우리 집안은 상당히 큰 집안이고, 주로 다만허와 알렉산드리아에 많이 살고 있다. 다만허에서는 목화산업으로 제법 알려져 있다. 두 곳에 살고 있는 가구를 다 합하면 120가구가 넘는데 대학교수, 판사, 크고 작은 기업의 최고 경영자 등으로 활약하고 있다. 노벨상 수상 후 나는 이집트에서 그들을 만났는데, 대부분은 물론 모르는 사람들이었다.

어머니 쪽 집안은 비교적 단출한 편이고, 주로 데수크와 그 주변에서 살고 있다. 어머니에게는 남자 하나와 여자 셋의 형제가 있다. 어머니는 나를 낳은 뒤 딸 셋을 낳았다. 내가 할아버지의 이름을 딴 것과 마찬가지로 누이들의 이름도 할머니와 고모 또는 이모의 이름을 따서 붙였다. 그래서 이 구식 이름들이 신식 별명으로 고쳐졌는데, 나피자 대신 하넴, 카드라 대신 세함, 네마 대신 나나 등이다. 이집트의 전통에 따르면 가운데 이름자는 아버지의 첫 이름자, 즉 우리 경우는 핫산(Hassan)이 된다.

나의 가까운 친척들은 대개 데수크에 살고 있었지만, 데수크에는 먼 친척들도 많았다. 이 친척들은 서로를 잘 알고, 좋은 일이 있을 때나 어려울 때나 사회적으로 또 경제적으로 서로 돕고 지냈다. 데수크에는 은행이 없었던 것 같은데, 그래서 사람들은 '가미야(*gam'iya*)'라고 하는 일종의 계를 조직하여 돈을 모아 돌려가면서 쓰곤 했다. 다른 사람들도 그렇지만 우리 가족들도 이웃에 대해서 몹시 신경을 썼다. 예컨대, 마을에 초상이 났을 때는 40일 동안 라디오 소리도 문밖에 새나가서는 안 되었다. 나는 어릴 때부터 이웃에 대한 배려를 데수크에서 이렇게 배웠는데 그것은 나의 일생에서 중요한 습관으로 자리잡았다.

데수크라는 마을의 특별한 의미는 이 마을이 나일강의 강가에 있다는 것이다. 나일강은 이집트의 고대 유산의 일부분이다. "나일강의 물을 먹은 자 반드시 이집트로 돌아온다."라는 속담이 있는데, 이 말에는 이집트의 이웃사랑과 해외에서 이집트로 오는 사람들에 대한 이집트의 개방과 환영의 뜻이 함께 담겨 있다. 기원전 450년 경에 희랍의 역사학자 헤로도토스(Herodotus)가 말한 바와 같이 이집트는 나일강의 선물이다. 나일강은 수천년 수만년 동안 한결같이 도도히 흐르고 있는 아름다운 강이다. 나일강의 이 영원성은 이집트인들의 몸에 배어들어 그들의 국민성을 상징하고 있다.

나는 어릴 때 데수크에서 나일강을 따라 나 있는 길을 즐겨 걷곤 했다. 그런데 이 길은 좀 특별하여 로제타에 이르기까지 내내 나일강을 따라 간다. 로제타는 1799년에 그 유명한 로제타 돌(Rosetta stone)이 발견된 곳이다. 이 돌은 지금 런던의 대영박물관에 보존되어 있는데, 고대 이집트의 성직자들이 당시의 파라오왕 프톨레미 5세(Ptolemy V; 기원전 2세기 초엽)에게 바친 찬사가 새겨져 있다. 이 찬사는 이집트어와 희랍어로 되어 있는데, 이 두 언어를 고대이집트의 상형문자와 이 상형문자를 파라오 시대에 민중용으로 간소화한 문자(demotic), 그리고 희랍문자 세 가지로 새겨놓았다. 이 돌은 나폴레옹의 이집트 원정시 한 프랑스 장교에 의해 발견되었고, 1822년 프랑스의 이집트학자 샹폴리옹(Jean-Francois Champollion)이 이 돌에 새겨진 희랍문자와 상형문자를 비교 분석하여 고대 이집트의 상형문자를 처음으로 판독한 역사적 유물이다. 로제타는 또한 중요한 항구도시이기도 하여 수많은 상인들과 정부 관리들 그리고 여행객들이 이 항구를 통하여 이집트로 입국한다. 그리고 나일강을 선편으로 또는 내가 즐겨 걷던 그 길을 통하여 카이로 등지로 간다. 그러는 도중 데수크에서 일을 보기도 하고 휴식을 취하기도 하는 것이다.

데수크의 중요성은 이 뿐만 아니고 정신적 측면에도 있다. 이 마을의 중심지에는 '데수키의 시디 이브라힘'(Sidi Ibrahim al-Desuqi) 사원(寺院)이 있다. 시디 이브라힘은 이집트의 유명한 학자이고 스피(sufi; 회교의 범신론적 신비주의자: 역자주)이다. 그는 역시 스피인 아흐메드 알-바다위(Ahmed al-Badawi)의 제자인데, 탄타(Tanta)에는 알-바다위의 이름이 붙은 사원이 있다. 스피(sufi)라는 단어는 아랍어의 *sad/fa/waw*에서 왔고, 그래서 깨끗함, 순수함, 진실함 등의 뜻인 *safw* 라는 단어와 관계가 있다는 말이 있다. 또 *Mustafa* 라는 단어와도 관련이 깊은데, 이 단어는 예언자 마호메드(Prophet Mohammed)를 가리키는 말이기도 하고, 최고로 선택된 자, 최고의, 가장 완벽한 등의 뜻을 가지고 있다. 대부분의 아랍어 전문가들은 *sufi*는 *sad/waw/fa*에서 뒤의 두 음절이 서로 위치를 바꾸어 *sad/fa/waw*가 되고 *sufi*로 변해왔다고 주장한다. 이 말이 그럴 듯한 것은 *suf*의 *u*를 장음으로 발음하면 wool(털)이 되는데, 옛날의 스피들은 털로 만든 긴 외투를 걸치고 다녔기 때문이다.

'데스키의 시디 이브라힘' 사원은 내 인생에 커다란 영향을 준 곳이다. 어릴 때 나는 친구들과 이 사원에 자주 갔다. 새벽에 가서 하루 종일 공부하기도 했다. 지금에 와서 되돌아보면 이 사원은 어린 나에게 학자의 길을 걷도록 인도해 준 것 같다. 이슬람 세계의 전통이기도 하지만 우리는 이 사원에서 주로 공부를 했다. 사원은 기도의 장소일 뿐만 아니라 학습의 장소이기도 했던 것이다. 사원의 기둥과 지붕과 첨탑의 웅장하고 화려한 건축은 신성불가침의 분위기를 풍기면서 우리들의 존경심을 절로 자아내게 했다. 라마단의 성스런 9월(the holy month of Ramadan: 회교 달력으로 9월. 신도들은 이 달에는 해가 돋았다가 질 때까지 금식을 한다. : 역자 주)에는 이집트어의 이프타(*iftar*; 해가 진 후 단식을 끝내고 먹는 식사) 뒤에 우리는 친구들과 어울려 사원에 가서 공부하고 또 놀다가 이집 저집으로 몰려가서 새벽까지 또 공부하고 다시 기도하러 사원으로 갔다. 이렇게 사원은 나의 생활의 중심이었고, 또 마을 사람들 모두의 생활 중심이었다. 사원은 마을 사람들을 한데 묶어주는 아교풀과 같은 존재였던 것이다.

이 사원은 우리집에서 불과 몇 미터 거리의 가까운 곳에 있었다. 사원을 중심으로 여러 갈래로 크고 작은 길들이 뻗어 있었는데, 우리집은 그 바로 길가에 있었기 때문에 하루에 다섯 차례씩 기도소리를 들을 수 있었다. 우리집에서는 금요일의 기도에는 꼭 참석하도록 우리들에게 일렀다. 사원은 우리들의 마음과 행동에 대단히 좋은 영향을 미친 곳이다. 나는 당시 우리 또래의 소년들이 대마초를 피우거나 마약을 지녔거나 또는 술을 마시는 것을 본 적이 없고 그런 소문을 들은 기억도 없다. 담배 피우는 친구들은 있었으나 그들도 부모 앞에서나 길거리에서는 절대 피우지 않았다. 사람들은 사원의 이 도덕적 윤리적 영향을 받아 정직하고 편안한 생활을 누리고 있었다. 나는 성스런 9월에 해가 지자 사람들이 서둘러 집으로 가서 기도하면서 식사하고, 또 모든 가게들이 금식해제의 대포소리가 나기 직전 식사를 위하여 가게문을 서둘러 닫는 광경을 지금도 생생히 기억하고 있다.

사원 주변의 가게 주인들은 다 나를 알고 있었고, 내 이름도 그리고 나의 부모가 누군지도 다 알고 있었다. 그래서 나는 물건을 사도 돈을 지불할 필요가 없었다. 그들은 아버지에게서 직접 받았다. 서로간에 믿고 거래하는 것이 이 마을의 방식이었던 것이다. 나는 흔히 나무벤치에 걸터 앉아 하무다 아저씨의 이야기를 들은 것을 기억하고 있다. 하무다 아저씨는 내 친구 모하메드의 아버지였는데, 사원 근처에 가게를 하나 가지고 있었다. 나는 그에게서 많은 이야기를 들었고 또 많은 지혜를 배웠다. 나는 그를 무척 존경했고 그도 나를 좋아했다.

이렇듯 사원은 우리에게 어릴 때부터 신앙심을 심어주었고 공부도 하게 했다. 사원은 종교를 통하여 우리를 성실하게 교화했으나, 오늘날 보는 바와 같은 교리의 경직성은 볼 수 없었다. 사원에서 우리는 생각하고 분석하는 힘을 키웠고 과학적 지식의 중요성을 거듭거듭 배웠다. 그리고 마호메드의 계시의 첫 구절이 항상 "읽어라!(*Iqra!*)"임을 귀에 못이 박히도록 듣고 또 들었다. 나의 부모도 사원의 이런 감화를 깊이 받고 있었기에 나에게 사고나 행동에서 경직성을 강요하는 일이 없었다.

데수크에서 이렇게 자라면서 나는 예컨대 여름방학에 스페인에 가보고 싶다든지, BMW를 몰고 학교에 가보고 싶다든지, 또는 가정교사를 두고 싶다든지 하는 사치스런 욕망을 가진 적이 없었다. 지금 우리집 아이들이 수영, 미술, 농구, 축구, 바이올린 등을 배우고 있는 것을 보면 우리는 정말 딴 세상에서 자랐던 것 같다. 당시 우리들의 축구공은 신다 버린 양말이었고, 내 취미라고는 책 읽는 것, 음악 듣는 것, 주사위와 카드

놀이 등이 고작이었으며, 여행이라고는 100km보다 더 멀리 가본 적이 없었다. 그러나 나의 생활을 받치는 기본적인 힘은 풍부히 있었으니 그것은 나에 대한 부모의 사랑과 신뢰, 그리고 어느 집에서나 볼 수 있는 사소한 다툼들로 떠들썩한 중류계급의 평화로운 우리집이었다.

나는 어릴 적에 딱 한번 야단맞은 적이 있다. 나는 자동차의 원리에 대해서 이론적으로 알고 있었기 때문에 운전도 할 수 있을 줄 알았다. 하루는 작은아버지의 차가 강가에 서있는 것을 보고 내가 알고 있는 이론대로 운전해보기로 했다. 그러나 이론과 실제 사이에는 때로는 엄청난 차이가 있다는 것을 몰랐다. 차는 그대로 강으로 돌진했고, 나는 하마터면 빠져 죽을 뻔했다. 아버지에게 야단맞은 것은 당연했다. 아버지는 나에게 자전거 타기 등 여러 가지를 가르쳐 주셨는데, 나는 왜 자동차 운전을 가르쳐 달라고 조르지 않았는지 모르겠다. 아마 내가 장차 차를 가질 것이라고는 생각도 해보지 않았기 때문이었을 것이다.

아버지는 만사에 헌신적이고, 일과 가정 양쪽에 다같이 성실한 사람이었다. 나도 이런 아버지를 닮아보려 애쓰고는 있다. 그는 돌아가시는 날까지 가족을 웃기고 즐겁게 하여 주었다. 그가 돌아가실 때 나는 미국에 있었기 때문에 유럽을 거쳐 집에 가야 했다. 그의 신조는 "인생은 짧다. 즐겨라!"라는 것이었다. 그는 사람들과 어울려 담소하는 것을 즐겼고, 사람들도 그를 좋아했고 또 존경도 했다. 나도 아버지의 지혜를 존경하고 있다. 인생은 여행이고, 이 여행을 어떻게 즐거운 것으로 만들 것인가를 우리는 배워야 하는 것이다. 나의 아버지는 실제로 인생을 즐겼다. 아버지가 나에게 가르쳐 주신 것은 일에 대한 헌신과 가정의 화목은 양립될 수 있다는 것이었다.

나의 어머니는 신앙심이 몹시 깊은 분이어서 새벽 기도를 포함하여 하루에 다섯 번 꼭 제 시간에 기도를 드렸다. 그녀의 이름 라휘아(Rawhia)는 *ruh*라는 단어, 즉 정신이라는 뜻의 단어에서 왔는데 그녀는 실제로 독실한 신앙가였다. 어머니의 생년월일은 공식적으로는 1922년 2월 2일로 되어 있으나 확실치는 않다. 열여덟살 때 아버지와 결혼한 어머니는 지금 80이 다 되어 간다. 누구에게나 친절하고 만사에 성실한 어머니는 한 평생을 아이들을 위하여 바쳤다. 눈물 많은 그녀는 지금도 우리 가족 걱정이 태산같다. 열여덟에 시집와서 80세까지의 가족에 대한 헌신은 참으로 대단하다. 특히 요즈음 시대에 있어서는 보기 드문 일이 아닐 수 없다. 어머니는 총명하고 재치있는 분이지만 공적 교육을 받은 적은 없다. 그녀는 가정을 지키고 가족을 돌보고 가계를 꾸려나가는 것을 천직으로 알고 있다. 그녀는 우리 가정의 평화와 만족의 중심이었으며, 나를 교육시킨 일등공신이었다.

　나는 수업료가 면제되는 공립학교에 다녔다. 집에서는 내가 하는 일은 어떤 일이라도 대개 뒷받침해 줄만한 여유는 있었다. 부모의 이런 도움도 있고 해서 나는 학교에서는 늘 일등을 하기 위해 애썼다. 또 내 이름의 알파벳도 나의 성적에 영향을 미쳤다. 앞에서도 말한 바와 같이 아버지는 나를 아흐메드 (Ahmed)라고 이름지었는데, 이 첫자 A 때문에 내 이름은 학교에서 항상 앞줄에 붙는 것이었다. 대개의 서구 사회와는 달리 아랍 세계에서는 성이 아니라 이름의 알파벳 순으로 성명을 표기하기 때문이다. 그런데 미국에 와서는 이 특전이 없어져버리고 즈웨일(Zewail)의 Z 때문에 어디에 가도 항상 끝쪽에 이름이 올라 있게 되었다.

　이집트에서의 교육은 질적으로 우수한 것이었다. 공정한 경쟁을 가르쳤고, 지역사회에 초점을 맞추고 있었다. 교사들은 존경받고 있었고 사제간의 관계도 돈독하였으며, 영리 목적의 가정교사와는 달리 교육이 편중되고 있지 않았다. 지역사회도 교육을 중시하였으며, 그래서 누구 누구가 우수하다 하면 그 우수한 학생은 그 지역에서도 단번에 알아주었고 칭송도 받았다. 또 학교에서 공부 잘하면 사회적으로도 우대를 받았다. 그래서 부잣집에 장가갈 가능성도 커지는 것이었다. 사람들은 누구나 다 '교육은 장래에 대한 투자'라고 생각하고 있었다. 나의 학교생활은 이와 같이 부정적인 측면보다 긍정적인 면이 훨씬 많았다.

내가 학교에서 제일 싫어한 것은 사회과학이나 외국어처럼 무턱대고 암기해야 하는 과목이었다. 이 과목들의 시간은 참으로 딱딱하고 엄격했다. 그리고 길다란 사람 이름, 예컨대 Mohammed ibn Rushdi ibn 'Ali ibn al-Khalif 등을 꼭 외워야 하는 것이었다. 나는 불만이었다. 도대체 그 사람이 뭘 어쨌다는 거야? 뭘 했기에 이토록 중요하다는 거야? 내가 항상 관심을 가졌던 것은 왜? 그리고 어떻게? 라는 의문을 풀어주는 분석적 분야였다. 그런데 기묘하게도 지금의 나는 역사책 읽는 것이 큰 취미이고, 각종 역사책을 집에 쌓아 두고 있다. 그러나 어릴 적에는 그렇지 않았다.

초등학교 시절 내가 질색이었던 것은 체벌이었다. 이 체벌은 그렇게 매도되어야 할 정도로 가혹한 것은 결코 아니었지만, 학교와 교사의 본질에 관한 막연한 내 생각으로 볼 때는 분명 폭력이었다. 어쩌다 반에서 아이들이 싸우기라도 하면 교사는 학생을 흔히 때리는 것이었다. 언젠가 우리는 아랍 선생 한 분을 여러 명이 작당하여 골탕먹여 드린 적이 있다. 그 선생님은 화가 얼마나 났는지 내 뺨을 찰싹 때리는 것이었다. 이 일을 알게 된 아버지도 화가 났다. 나 같은 우등생이 맞았으니 말이다. 아버지는 당장 학교로 달려가서 공식적으로 항의를 제기했고, 교장선생님은 정중히 사과했다. 이런 부정적인 측면도 있었지만, 우리들은 비교적 자유롭게 뛰고 놀면서 울분을 발산시키기도 했다.

나는 중학교 때 농구를 했었는데, 쉬는 시간에 오전 간식을 먹는 맛은 천하일품이었다. 특히 주변의 행상인으로부터 사먹는 팔라펠(falafel) 샌드위치의 맛은 지금도 생생히 기억하고 있다. 그 행상인의 이름은 암 이브라힘이었는데, 그가 학교 운동장 근처까지 수레를 끌고 올라 오면 나는 단숨에 달려가서 "팔라펠 샌드위치 하나 주세요."라고 외치는 것이었다. 그러면 그는 밀가루를 반죽하여 끓는 기름에 튀겨서 잠깐 후후 불다가 건네주었다. 나는 받아들고 학교로 들어가서 먹는다. 아, 그 맛! 돈은 지불할 필요가 없었다. 나중에 아버지가 갚으니까. 나는 지금도 카이로에 가면 맨처음 먹어보는 것이 이 샌드위치이다.

초등학교를 마치고 진학한 중학교에서의 생활도 재미있고 유익한 것이었다. 연극같은 것을 한 적도 있다. 무슨 역할을 했는지는 기억이 없으나 어쨌든 여럿이 어울려서 재미있는 연극을 했다. 학교에는 제대로 된 강당이 없었기 때문에 각종 장치를 우리는 스스로 고안해서 할 수밖에 없었다. 예컨대, 커튼이 없었기 때문에 우리는 인간커튼을 만들었다. 여러 명이 손을 잡고 길게 늘어서는 것이다. 사회자가 "신사 숙녀 여러분!" 하는 것을 신호로 우리는 일제히 껑충 뛰어올랐다가 바닥에 앉음으로써 커튼이 활짝 열리는 것이다. 이런 식으로 우리는 서로 어울리는 법과 그 즐거움을 배웠다. 또 가끔 나일강을 따라 소풍을 가면서 역사유적을 탐방하기도 했다.

방학이 되고 아버지가 관청에서 휴가를 받으면 우리 가족은 알렉산드리아의 해변에 있는 한 농가로 휴양을 자주 갔다. 이것도 나에게는 큰 즐거움이었다. 이 농가는 즈웨일 문중의 별장이라 불렸는데, 소유주는 즈웨일 일가의 비교적 여유있는 어느 한 사람이었다. 그러나 즈웨일 성이면 누구나 자유롭게 이용할 수 있었다. 우리는 대개 7월이나 8월에 갔다. 그곳에서 여러 친척들을 만나 같이 공도 차고 주사위놀이도 하고 수영도 하고 생선을 먹으면서 이야기도 나누었다. 그리고 밤이 되면 친척들과 함께 자기도 하고 또는 데수크로 돌아오기도 했다. 그런데 나는 그 휴가 시간을 휴식과 일반독서로 더 많이 보냈다. 그래서 그때 수영을 좀더 익혀놓지 않은 것을 지금도 후회하고 있다.

　나는 그 휴가 시간을 다음 학기 공부를 미리 하는 데 쓰기도 했다. 나는 언제나 내 공부에서 떠나질 않았던 것이다. 아직 어린 나이였지만 그 때 나는 이미 대학에 갈 꿈을 꾸고 있었다. 좀더 깊은 공부를 하고 싶었고, 또 대학이라는 명성에 끌렸기 때문이기도 했다. 나의 아버지는 공무원으로서 필요할 정도의 말하자면 기초교육 정도밖에 받지 못했다. 내가 듣기로 당시에는 집이 엄청난 부자거나 큰 세력가(이집트어로 *wasta*)가 아닌 다음에는 대학에 갈 엄두도 못 냈다고 한다. 그러나 1952년에 이것이 달라졌다.

　1952년, 자유장교단의 혁명으로 파루크왕은 축출되고 이집트의 젊은이들에게는 새로운 세상이 열리게 되었다. 내가 여섯 살 때이고 초등학교에 막 들어갔을 때이다. 혁명의 주도자 낫세르(Gamal 'Abd al-Nasser)는 외쳤다. "우리는 평등하다! 우리는 동등하다!" 이 말은 농부의 아들(*ibn al-fallah*)이나 대통령의 아들(*ibn ra'is al-gumhuriya*)이나 다같이 대학에 갈 수 있다는 것을 뜻한다. 우리 앞에 신천지가 열렸다는 것을 깨달은 우리는 희망에 가슴이 부풀었다. 1956년, 열살 때 나는 첫 이집트인 대통령의 탄생에 흥분하여 그에게 편지를 보냈다. "대통령과 이집트의 앞날에 하나님의 가호가 있기를 빕니다 (*Rabbina yiwaffaqak wa-yiwaffaq Misr*)."

대통령은 곧 답장을 보내왔다. 나는 지금도 1956년 1월 11일자로 대통령이 내 이름을 친필로 쓰고 서명을 한 그 답장을 가지고 있다. 또 그 편지를 뜯으면서 느꼈던 희열과 전율을 지금도 기억하고 있다. 지금 와서 생각해 보면 마치 대통령은 그때 이미 나의 과학자로서의 장래를 점치고 있었던 것 같다.

> 사랑스런 아흐메드 군, 군의 행운을 빕니다. …… 군의 깊은 뜻이 담긴 편지 잘 받았습니다. 나에게 큰 힘이 되고 있습니다. 나는 군이 이집트의 밝은 장래를 위하여 큰 일을 하도록 하나님에게 기도합니다. 부디 인내심과 정열을 가지고 그리고 올바른 행동과 생각을 지니고 *al-ʿilm*(지식, 과학)의 공부에 정진하여 위대한 이집트의 장래를 건설하는 데 공헌하기를 부탁하는 바입니다.

내가 외삼촌 다르(Rizq Dar)로부터 가수 음 쿨숨의 노래를 배운 것은 이 무렵이었다. 어머니는 외삼촌을 몹시 아껴 아들처럼 귀여워했다. 특히 외할머니가 돌아가신 후로는 더욱 아꼈다. 그는 고등교육까지는 받지 못했지만 엄청난 독서가였다. 그는 나에게 신문을 비판적으로 읽는 법, 즉 사설은 어떻게 읽고 기사의 의미는 어떻게 파악하는가 등을 가르쳐 준 분이다. 아버지나 마찬가지로 그도 주위 사람들과 잘 어울렸다.

나는 외삼촌을 많이 따라 다녔다. 특히 여름방학 때는 늘 같이 지냈다. 그는 이 무렵 이미 수출입업을 통해 사업가로 성공하고 있었고, 규모가 큰 자동차 정비소도 하나 가지고 있었으며, 데수크에는 삼층짜리 집도 소유하고 있었다. 대부분의 사람들이 아파트에 겨우 세들어 살고 있을 때였다. 나는 그의 집에서 놀면서 주사위놀이도 하고 그의 친구들의 귀여움도 받았다. 그도 나를 좋아했으며, 특히 내가 학교 공부를 잘하는 것을 자기 일처럼 기뻐했다. 그는 나에게 장차 크게 성공하라면서 격려를 아끼지 않았다. 나는 나의 부모로부터 일상생활의 지혜를 배웠고, 외삼촌으로부터는 장래의 포부를 배웠다.

외삼촌은 가끔 나를 카이로로 데려가 가수 음 쿨숨의 노래를 들려주었다. 이때부터 이 여가수는 내 인생의 중요한 한 부분이 되었다. 그녀의 노래는 언제나 나의 기분을 떠받쳐주는 한결같은 청량제였다. 이집트의 한 시골 마을에서 태어난 음 쿨숨은 가요계에 데뷔한 후 아랍의 고전시와 사랑을 정열적으로 불러 '아랍 가요계의 피라미드'라고 불리는 당시 정상의 가수였다. 나는 중학교에 다닌 열세살 무렵부터 그녀의 노래에 매혹되어 언제나 라디오를 곁에 두고 다이알을 여기 저기 돌리면서 그녀의 노래를 찾아다녔다. 전축이나 테이프 또는 CD가 없을 때였다. 그래서 나는 그녀의 노래는 아랍 방송, 카이로 제1방송, 또는 중동방송 등등, 여러 방송국 중 어느 채널에서 몇시에 방송된다는 것을 훤히 외고 있을 정도로 그녀의 노래에 빠져 있었다. 그래서 내 공부방에는 언제나 그녀의 노래가 흐르고 있었다.

이집트 태생의 세계적으로 유명한 영화배우 오마 샤리프(Omar Sharif)도 "그녀의 무엇이 우리로 하여금 이토록 열광케 하는가?" 하고 의문을 제기한 적이 있다. 아마 우리는 그녀의 노래 속에서 우리 스스로의 역사를 듣기 때문일 것이다. 그리고 그녀의 노래가 우리로 하여금 아랍어의 타랍(*tarab*)으로 몰아넣기 때문이라고 나는 생각한다. 이 타랍이라는 말에 꼭 알맞는 영어단어는 없지만 무아지경 또는 황홀감(ecstasy)이라는 말이 가장 비슷할 것 같다. 나는 그녀의 음악회를 거의 다 기억하고 있는데, 특히 1964년의 음악회는 각별하다. 여기서 그녀는 '당신은 나의 인생'(Inta Umri)이라는 노래를 불러 전 이집트와 아랍을 타랍으로 몰아넣었다. 그 가사는 사람들의 마음을 사로잡았다:

> 오, 나의 사랑이여
> 오라, 우리는 너무 많이 기다렸어요
> 오, 나의 영혼의 사랑이여
> 내가 본 것은, 당신을 보기 전에 내가 본 것은
> 모두가 의미없는 헛것이었어요
> 나의 마음 어떻게 헤아릴 수 있을까? 당신은 나의 인생
> 당신은 아침마다 나를 밝혀주는 나의 인생

이 노래는 이집트의 유명한 작곡가 와하브(Mohammed 'Abd al-Wahab)가 음 쿨숨을 위해 처음으로 작곡한 것이었다. 이 작곡가는 현대음악이 전공이고 음 쿨숨은 클래식 전문가수였는데, 이 둘의 합작품이 아랍 가요의 정상이라고 하는 이 'Inta Umri'인 것이다.

이러니 외삼촌을 따라 음악회에 가서 그녀의 노래를 생으로 듣는다는 것은 엄청난 흥분이 아닐 수 없었다. 그녀의 음악회는 매달 첫 목욕일 저녁에 열렸다. 라디오는 생방송으로 내보냈고 거리는 텅 빌 정도였다. 그녀의 무대는 대개 3부로 꾸며져 있었는데, 각 부가 마치 하나의 콘서트 같았다. 나는 그녀가 부르는 노래를 모두 곡, 가사, 창법까지 다 외울 정도였다. 참으로 훌륭한 노래들이었다. 이집트인이나 아랍인들에게 있어서

음 쿨숨은 고전음악을 사랑하는 서구인들의 모짜르트나 베토벤같은 존재였다. 그녀가 세상을 떠났을 때 그녀를 사랑하는 수 백만의 팬들과 함께 나도 문상을 갔다. 그러나 '동방의 별'(*Kawkab al-Sharq*)이라는 그녀의 목소리는 결코 죽지 않고 사랑과 정열을 노래하며 영원히 우리 곁에 있다. '*Ruba'iyat al-Khayyam*', '*al-Atlal*', '*Ana fi Intazarak*' 등 그녀의 고전가요는 지금도 이집트뿐만 아니라 전세계에 수백만명의 생활 속에 스며들어 있다.

나는 40년 이상 그녀의 노래를 들으면서 그 목소리에 매혹되고 있다. 내가 그녀를 통하여 받은 정서적 영향은 이루 말할 수 없다. 나는 칼텍의 내 연구실에 스테레오를 놓고 그녀의 노래를 지금도 가끔 듣고 있다. 내 책상 위에는 우리 가족사진과 더불어 그녀의 사진도 붙어 있다. 연구실 일을 비롯하여 4명의 비서, 팩스, 이메일, 이 세상의 모든 일들에 지쳤을 때면 나는 CD 플레이어에 판을 얹어놓고 그녀의 노래를 들으면서 휴식을 취한다. 유명한 작곡가 메카위(Sayyid Mekawi)의 'Ya Msahharni'를 들으면 피로는 싹 가신다. 최근 PBS 방송국에서 그녀의 일생을 다큐멘터리로 엮어 방송한 바가 있는데, 이것은 그녀의 목소리가 이집트 뿐만 아니라 전세계에 퍼져 있다는 것을 반영하는 것이다.

그러나 공부방에 그녀의 음악을 틀어놓았대서 내 공부에 방해가 되는 것은 아니었다. 오히려 여러 시간 동안 계속해서 공부하는 데 도움이 되는 것이었다. 나에게는 배운다는 것에 대한 열정이 있었고, 어머니가 말한 대로 나는 새로운 지식을 탐욕스럽도록 흡수했다. 우리 가족도 이런 나를 대견히 여겨 나의 장래를 점치듯 중학생인 나의 방문에 '아흐메드 박사'라고 써붙여 놓을 정도였다. 나는 공부를 스스로 했고, 부모님이 나에게 공부하라고 강요하는 일은 없었다. 오히려 아버지가 가끔 내방에 들어와서 공부만 너무 하면 몸이 상한다고 충고해 주시기도 했다. 그러면서도 내가 가령 백점 만점에서 98점을 받아오면 "*ya-bni*, 아들아, 나머지 2점은 어떻게 된 거냐?"라고 농담을 하시는 것이었다. 공부한다는 것은 이렇듯 즐거운 일이었다. 내 공부방은 조그만했지만 정돈이 잘 되어 있었다. 밤 늦게 좀 쉬고 있으면 가족들이 이 방에 모여서 집안 일을 의논하기도 했다.

이집트의 고등학교(*thanawiya*)는 수업과 과외활동이 철저하였다. 아침이면 우리는 교정의 국기대 앞에 모여 국가를 합창하며 이집트인임과 조국 이집트를 자랑하고, 자신감과 자부심을 높였다. 정규 수업 외에 취미시간도 마련되어 있었는데, 나는 사진부에 들어가서 두 가지 과제를 맡았다. 하나는 단순히 친구의 인물사진을 찍고 현상하는 일인데, 이 때 찍은 사진 몇 장은 지금도 가지고 있다. 또 하나는 유명인사의 사진을 확대하는 일이었다. 예컨대 당시의 최고 권력자 낫세르의 사진을 찍어 그것을 그래프 용지로 20 또는 30칸으로 분획한 다음 확대하는 것이었다. 그리고 연필로 그림자를 넣는 등 조작을 가하여 어떤 부분을 부각시켜 인상적인 사진을 만드는 것이었다.

그러나 고등학교의 공부 경쟁은 치열했다. 3년 과정을 이수한 후에는 전국을 대상으로 한 전국고사 *thanawiya 'amma*가 있었기 때문이다. 그래서 경쟁은 고작 20명 정도의 학급 단위가 아니 전국적인 것이었고, 그 성적에 따라 갈 수 있는 대학과 학과가 결정되는 것이었다. 이집트에서는 미국처럼 학생이 가고싶은 학과를 선택하는 것이 아니고, 성적에 따라 명문대학의 인기학과로 가고 못가고가 결정되는 것이다. 그래서 고교 3년 때는 그 시험에 대한 부담이 학생들을 짓누르고 있었다. 그러나 나는 성적이 좋아 비교적 마음이 편했다. 고교 생활에서 나는 물리학이나 화학문제처럼 분석적인 분야를 좋아했고, 또 다른 학생들에게 문제풀이를 설명해 주는 것을 즐겨했다.

나는 또 물질이 어떻게 변하는가를 관찰하는 등의 실험을 좋아했다. 그래서 하루는 내방에 아라비아 커피용 화로를 히터로 하는 '장치'를 만들었다. 내가 궁금했던 것은 예컨대 나무같은 고체가 타면 왜, 그리고 어떻게 기체가 되는가 따위였다. 이상(相)의 변화에 흥미를 느낀 나는 시험관에 나무를 조금 넣고, ㄱ자형의 유리관에 연결한 다음, 시험관을 가열하면서 기체가 어떻게 발생하여 유리관으로 나오는가를 관찰했다. 친구 가웨이슈(Fathy Gaweish)와 함께 관에서 나오는 기체에 성냥불을 갖다 대보았다. 한 물질이 다른 형태로 상전환(相轉換)하는 것을 실제로 관찰한 것이다. --만세! 그러나 하마트면 내 방 전체를 상전환할 뻔했다. 어머니는 지금도 이 이야기를 하신다.

나는 전국고사를 무사히 치루었다. 성적은 과목별로 나왔는데, 아랍어와 역사는 보통으로 합격했고, 화학, 물리, 수학에서는 아주 좋은 성적을 얻었다. 이것이 나를 과학 전공으로 유도한 것은 물론이다. 대학 입학은 학생의 성적에 따라 결정되므로 나는 카이로나 알렉산드리아 어느 쪽에라도 갈 수 있었다. 그런데 그 무렵 낫세르 정부는 연구원(ma'had) 설립을 결정하고 농학연구원과 공학연구원을 설립했다. 그 중 농학연구원은 데수크에 가까운 카프랄셰이크(Kafr al-Sheikh)에 세워지게 되었다. 아버지는 생각 끝에 이 연구원에 들어가서 석사학위를 받고 농업기사가 되는 것이 좋겠다고 했다. 그러나 나는 대학에 가고 싶었다. 대학이 연구원보다 명성이 더 있어 보였기 때문이다. 다행히 어머니와 외삼촌도 학비가 비싸지만 내편이 되어 주었다.

나는 원서를 입학처(Maktab al-Tansiq)에 제출하였다. 입학처에서는 성적에 따라 학생을 전국의 대학과 학과에 배치하는 곳이다. 당시 최고 인기는 공학부와 의학부였고, 다음이 약학부와 자연과학부였다. 며칠 후, 알렉산드리아대학 자연과학부의 입학허가서가 날아왔다. 하늘을 날 듯이 기뻤다. 내가 그곳을 졸업한 뒤 얼마나 돈을 벌 수 있을까는 생각해 보지도 않았고, 그저 내 앞에는 찬란한 장래, 최고의 학문을 배울 수 있다는 숨막히는 기쁨만이 펼쳐져 있었다.

내 친구들은 나일강의 데수크 클럽에서 환송회를 베풀어주었다. 나는 알렉산드리아로 주거지를 옮겨야 했는데 그것이 겁이 났다. 데수크라는 마을은 안락하고 아늑하여 마치 피난처와 같은 곳이다. 그리고 나는 알렉산드리아와 같은 큰 도시에 대해 아는 것이 없다. 데수크에서는 남녀공학이 아니었다. 그래서 바라리(Ahmed Barari), 산후리(Nabeel al-Sanhoury), 하무다(Mohammed Hamouda) 등 친구들과 방과후 길에서 여학생을 지켜보는 것이 대단한 모험이었다. 그런데 알렉산드리아에서는 젊은 남녀가 함께 공부한다. 또 대학의 공부는 고교와 전혀 다를 것이다. 나는 슬며시 겁이 났다. 뿐만 아니라 그곳에서의 생활비 걱정도 있다. 무엇보다 큰 문제는 난생 처음으로 가족과 떨어져 있어야 한다는 것이었다.

2

과학에의 입문
알렉산드리아에서의 대학생활

　알렉산드리아라는 모래뿐인 바닷가의 도시로 알려져 있다. 그리고 사실 그렇다. 바다를 끼고 길게 늘어져 있어서 세계에서 제일 길고 좁은 도시의 하나인 것이다. 이집트 사람들은 여름이면 이곳에 모여들어 시원한 바다바람을 쐬인다. 끊임없이 불어오는 바다의 미풍은 사람들의 마음을 시원하게 씻어주고 어루만져 준다. BC 331년, 마케도니아의 알렉산더 대왕이 이곳을 점령했을 때, 천혜의 항구와 바하리(bahari)라고 하는 북쪽에서 불어오는 이 미풍에 반하여 자신의 이름을 붙이게 했을 것이다. 알렉산더 대왕 이전에도 이곳에 파라오 왕조가 항구를 구축하고 있었다는 것은 해양고고학자들이 1990년대부터 수중탐사를 통해 적어도 알렉산더 대왕보다 1000여년이나 앞선 것으로 추정되는 항구시설물을 발견한 것으로 보아도 분명하다. 인구 400만의 알렉산드리아 주민은 말할 것 없고 전 이집트인 (인구 약 7천만)은 이 도시(al-Iskandariya)를 '지중해의 신부'라고 자랑하고 있다.

　고대 희랍인들도 여름에는 이곳에서 지금처럼 바다바람을

즐기고 있었다. 이집트에 몇 년간 체류한 적이 있는 고대 희랍의 유명한 지리학자 스트라보(Strabo)는 이곳 해안에서 축제가 밤이 깊도록 계속되고 있었다고 적고 있다. 나는 어릴 때 부모와 함께 이곳의 별장에 몇번 와본 적이 있기 때문에 내가 지니고 있던 알렉산드리아의 인상은 역시 모래와 바다가 어울어진 재미있는 놀이터 그것이었다. 그러나 이제 내가 자라서 본 알렉산드리아는 달랐다. 데수크에는 클럽(nadi)이 나일강변에 하나 있는 것이 전부였는데, 이곳에는 각종 스포츠, 요트, 자동차, 스모하(smouha), 등등 많은 클럽이 있었다. 수많은 기념비나 탑은 이 도시의 위대함을 과시하는 듯하고, 그레코-로망 시대(BC 331년의 알렉산더 대왕의 정복에서부터 프톨레메우스조, 로마 지배, 비잔틴 지배를 거쳐 이슬람 교도에게 정복(641)되기까지의 시기: 역자 주)의 역사를 반영하고 있다.

특히 이 도시의 건축물들은 파라오, 희랍, 로마, 콥틱(Coptic; 4세기 이후의 그리스도교화된 시대: 역자 주), 이슬람 등 이 도시가 겪어온 문화의 변천사를 한눈으로 볼 수 있게 한다. 고대 문명의 7대 불가사의의 하나로 꼽히는 전설적인 파로스 등대(the Pharos)는 말할 것 없고, 폼페이(Pompey)의 돌기둥, 카이트베이(Qaitbay)의 요새, 콤알슈카파(Kom al-Shuqafa)의 지하 동굴묘지, 아브알압바스(Abu al-Abbas)의 사원, 안토니아디스(Antoniadis)와 몬타자(Montazah)의 궁전과 전원 등은 이 도시의 위대함을 웅변으로 말해 준다. 데수크에서 온 시골청년에게는 해안과 낭떠러지를 꿰뚫은 도로, 우아한 카페와 과자점, 넓은 도로, 역사적 유물인 골목길과 호텔 등은 모두가 감동적이었다.

유명한 작가 듀렐(Lawrence Durrell)이 전시에 이곳에 2년반 동안 머물면서 다아리와 져스틴의 이야기 '알렉산드리아의 사중주'(*The Alexandria Quartet*)를 쓴 것은 미단 삿자룰(Midan Sa'd Zaghlul)에 있는 세실 호텔에서였다. 내가 이 책을 읽은 것은 알렉산드리아에서가 아니라 훨씬 뒤에 미국의 필라델피아에서였다. 듀렐 이외에도 많은 역사가와 소설가 그리고 여러 지식인들이 파스트로디스 카페, 트리아논 카페, 비너스 카페 등에 모여들고 있었다. 나도 처음 이곳에 왔을 때 이들 가게를 자주 다녔다. 데수크의 작은 클럽에 앉아 있을 때는 나일강의 잔잔한 물소리를 미처 몰랐는데, 이곳에 와서는 지중해의 파도소리가 마치 음악처럼 내 귀에 들리는 것이었다.

내가 이곳에 온 것은 물론 역사공부를 위한 것이 아니고, 대학에 들어가서 과학의 새로운 지식을 흡수하기 위한 것이었다. 알렉산드리아는 고대로부터 전통적으로 바다의 신부일뿐만 아니라 지식의 계몽도시이기도 했다. 알렉산드리아 도서관(Bibliotheca Alexandrina)은 전세계, 특히 지중해 국가들의 지식의 보고로서 그 빛을 발하고 있다. 1963년, 처음 이곳에 왔을 때 내 머리 속은 이곳의 현대식 대학과 장차의 학문연구로 가득 찼다. 그러나 과거의 역사도 나는 잊지 않았다. 뒷날 내가 미국에 가서 알렉산드리아대학을 졸업했다고 했을 때, 사람들이 나에게 질문하는 것은 이런 것들이었다. 알렉산드리아의 그 위대한 도서관을 불태운 것은 누구인가? 고대 지식의 보고를 없애버리고 그 자리에 현대식 도서관을 지어도 되는 것인가? 지금의 이집트 학자들은 고대 알렉산드리아의 학자들만큼 우수한가? 등등.

마케도니아의 알렉산더 대왕은 알렉산드리아를 서방세계의 문화적 상업적 중심지로 만들 계획으로 이집트의 수도를 멤피스에서 이곳으로 옮기려 했다. 이와 같은 구상에는 지도자의 긴 안목이 있어야 하는데, 실제로 알렉산더 대왕과 프톨레메우스 등 그의 3인의 후계자들은 일관하여 이 일을 지속시켰다. 특히 알렉산더 대왕은 스승 아리스토텔레스의 감화를 받아 정치나 전쟁 뿐만 아니라 과학과 예술에도 깊은 관심을 가졌었다. 국가 지도자가 과학과 학자들을 존중하지 않는 한 나라가 융성할 수 없다는 것은 역사가 증명하고 있다.

알렉산드리아의 박물관과 도서관은 언제나 지식인들의 고향이었다. 여기에서 수학자 유클리드(Euclid), 의학자 헤로필루스(Herophilus), 시인 테오트리트스(Theocritus)와 제노도트스(Zenodotus), 그리고 물리학자 아르키메데스(Archimedes) 등이 그들의 작품을 다듬었다. 아르키메데스는 알렉산드리아와 시실리의 시라큐스에서 줄곧 연구하던 부유역학(浮遊力學)에 관하여 목욕탕에서 어떤 생각이 떠올라 갑자기 뛰쳐나오면서 "유레카!(알았다, eureka)"라고 소리지른 것으로 유명하다.

알렉산드리아에는 역사적으로 중요한 과학적 업적이 이루어진 것도 많다. 그 중 하나를 들면, 세기에 빛나는 대학자 에라토스테네스(Eratosthenes; BC 200년 대의 그리스의 수학자, 천문학자: 역자 주)는 이곳에서 최초로 지구의 둘레를 측정했다. 그러나 플라워(Derek Flower)가 찬양한 이 지식의 지주(支柱) 알렉산드리아도 클레오파트라의 시대였던 BC 48년 시져의 해전으로 도서관이 불길에 휩싸이고 뒤이은 파괴행위로 말미암아 서서히 기울기 시작했다. 현재 알렉산드리아는 웅장한 새 도서관을 건축할 계획으로 있다. 이 사업을 추진하는 이사회의 한 위원으로서 그리고 알렉산드리아 출신의 한 사람으로서 나는 이곳이 2000년 전의 영광을 되찾아 전세계의 지식인들이 모여드는 곳으로 재도약하기를 충심으로 빌고 있다.

나는 알렉산드리아의 이런 찬란한 역사, 아니 1952년의 혁명 직전까지의 알렉산드리아대학의 역사도 사실 모른 채 이 대학을 동경하여 찾아왔다. 이 대학의 전신은 1938년 카이로의 푸와드 1세 왕립대학(King Fouad I University)에 설치된 예술과 법학의 두 학부이다. 지금의 공학부는 1941년에 설치되었다. 그리고 알렉산드리아 주민들을 위하여 그때까지 파루크 1세 왕립대학이라 불리던 대학을 1942년 8월에 독립시켰고, 여기에 자연과학부, 상학부, 의학부, 농학부 4개 학부가 신설되었다. 1952년 지금의 알렉산드리아대학으로 개칭되고 몇 개의 학부가 추가로 설치되었다. 학생수는 1942~1943년에는 약 1,000명이었으나 지금은 100,000명이 넘고 남녀 학생수는 약 반반이다.

나는 이 대학에 처음 올 때 외삼촌 리즈크와 같이 왔다. 그리고 무하람 벡크(Muharram Bek)에 있는 자연과학부(Kulliyat al-'Ulum)에 가서 신입생 등록을 마쳤다. 자연과학부의 입구에는 철문에 '알렉산드리아대학 자연과학부'라는 간판이 붙어 있었다. 정문 왼쪽에 경비실이 있었고, 정면에는 운동장으로 통하는 엄청나게 가파른 노천 계단이 있었다. 얼마나 경사가 심하고 높은지 꼭대기까지 올라가 보니 마치 독수리가 된 것처럼 온 캠퍼스를 한눈에 내려다 볼 수 있었다. 열 개 쯤되는 커다란 건물들이 높은 곳에 흩어져 있었고, 각 건물마다 비슷한 모양의 계단이 달려 있었다.

1963년 늦여름, 외삼촌과 처음 온 날, 나는 이 계단을 올라가다가 끝까지 채 올라가기도 전에 눈물이 주르르 볼에 흐른 것을 기억하고 있다. 난생 처음 흘려 본 눈물이었다. 그것은 나의 두 눈으로 성스런 학문의 전당을 똑똑히 보는 감격의 눈물이었다. 그 전당은 싱싱한 수목에 둘러싸여 있었고 건물 사이의 좁은 길은 무성한 풀에 묻혀 있었다. 각각의 건물은 자연과학의 각 부문을 담당하는 사원과 같았다. 한 건물은 지질학을, 또 하나는 수학을, 또 하나는 물리학을, 또 하나는 화학을 하는 식이었다. 이 건물들을 보려면 계단을 다 올라가 보아야 한다. 큰 길에서는 잘 보이지 않는 것이다. 꼭대기까지 올라가 훑어 본 캠퍼스는 활기에 차 있고, 한마디로 아름다움 그 자체였다.

이집트에는 "알일름 칼마와 하와(al-'ilm ka-l-ma'wa-hawa)"라는 말이 있다. 타하 훗세인(Taha Hussein) 박사라고 하는 학자가 처음 말했다고 하는 이 말의 뜻은 "지식—혹은 과학—은 물과 공기와 같다."라는 것이다. 물과 공기 없이는 사람은 살 수 없다. 그리고 이 학문의 전당에 올라와서 나는 비로소 물과 공기를 얻었다. 주위를 둘러보니 넥타이에 흰 가운을 입은 교수들이 이 건물에서 저 건물로, 또 연구실에서 실험실로 또는 강의실로 분주히 걸어 다니고 있었다. 교수 전용 주차장에는 미국제 또는 유럽제 승용차들이 대학출입증을 앞유리에 부치고 죽늘어서 있었다. 또 교수와 대학원 학생들이 토론하는 것을 엿들을 수도 있었다. 내 눈물은 이런 광경을 보고 흥분과 걱정이 뒤범벅이 되어 흘러나온 것 같았다. 나도 장차 저런 학자가 되어이 성스런 학문의 성역에 설 수 있을 것인가, 그것이 문제였던 것이다.

외삼촌은 마음씨 고운 분이라 나를 격려해 주셨지만 그도 내보기에는 나만큼 흥분되어 있었다. 나의 가족은 모두가 나의 향학열을 지지하고 또 나의 행복을 바라고 있었지만, 이 순간만은 나의 기쁨을 나눌 수 있는 사람은 외삼촌뿐이었다. 그래서 우리는 해안도로변에 있는 레스토랑 다르위시(Darwish)에 가서 알렉산드리아 음식을 먹기로 했다. 이 음식점은 현재도 영업하고 있다. 가족들은 알렉산드리아에서의 나의 대학생활에 대하여 여러모로 신경을 써서, 생활비문제도 있고 하여 무하란 베크(Muharran Bek)의 친척집에서 다니도록 주선해 놓았다.

별로 마음이 내키지 않았으나 그렇게 하기로 했다. 그 다음은 시디 비슐(Sidi Bishr)에 있는 고종사촌 아브두흐('Abduh; 'Abd al-Gawad)의 집 2층 농가에 묵기로 했다. 그런데 이곳은 대학에 다니기에는 너무 멀었다. 그래서 결국 다만허의 알리 아저씨의 아파트에서 다니기로 했다. 이곳에서 나는 겨우 나의 독방을 갖게 되었다. 음 쿨숨의 음악은 물론 언제나 나를 따라 다녔다.

여기서 대학까지 회수권을 끊어서 기차를 타고 다녔다. 기차는 자주 있었고 안락하고 빠르고 안전했다. 대개 아침 6시부터 9시 사이, 알렉산드리아행의 이 기차에는 공학부, 자연과학부, 문학부, 법학부 등의 학생이 백명쯤씩 타고 다녔다. 돌아오는 시간은 대개 저녁 5시에서 8시 사이였다. 이 기차로 통학한 사람들 가운데는 오늘날의 저명한 인사들이 많다. 이집트 방송국의 책임자인 오마르 바티샤(Omar Batisha)도 그 한 사람이다.

다만허에서 기차통학을 하는 것은 즐거운 일이기도 했다. 그 이유는 상당한 수의 젊은 여성들이 우리와 같이 기차통학 또는 통근을 하고 있었기 때문이다. 우리들 가운데 어떤 학생들은 이 여성들에게 적극적으로 말을 걸고, 또 어떤 학생들은 아예 관심없는 척 했다. 오마르의 말에 의하면 나는 항상 조용하게 책만 읽고 있었다고 하는데, 그것은 그가 겉으로 하는 말일 뿐이다. 나도 때로는 그랬지만, 학생들은 여성들이 모여있는 쪽으로 우르르 왔다갔다하면서 농담도 하고 웃고 떠들었다. 그러다 보면 어느새 기차는 미즈르역(알렉산드리아의 시내 중심)에 도착하여, 우리는 거기서 내려 무하람 베크까지 걸어서 가고, 일부는 서너 정거장 더 가서 각자의 학부로 걸어가는 것이었다. 그러나 이 기차통학은 그 다음해에 끝나고, 나는 데수크의 우리 가족의 주치의 아들과 같이 알렉산드리아 시내의 빌라를 하나 얻어 생활하게 되었다. 다만허에서는 라가 엘 기발리(Ragae El Gibaly) 등 몇몇 친구들을 사귀었는데, 이들과 더불어 우리는 장래의 포부를 키워갔다.

자연과학부 1학년 때 4과목을 택하도록 되어 있었는데, 나는 수학, 화학, 물리학, 그리고 지질학을 택했다. 그 이듬해에는 이 중 한 과목을 빼고, 또 그 다음해에 한 과목을 빼어 3학년 때에는 두 과목만 하도록 되어 있었다. 이것은 단순히 과목 한 둘을 빼고 하는 문제가 아니고, 3학년 때에는 자연과학의 넓은 의미의 네 분야 중 어느 두 분야만 선택하는 것으로 되어 있었다. 이 점은 미국과 다르다. 미국에서는 자신의 전공과목 외에 역사든 외국어든 또는 심리학이든 마음대로 선택할 수 있다. 그러나 이집트에서는 이런 과목들은 고등학교 때 이미 교양과목으로 다 이수하고, 대학에서는 전공과 관련된 분야, 내 경우는 자연과학만 공부하도록 되어 있다. 마치 미국의 대학원 과정과 비슷하다.

강의는 훌륭했고, 교수들은 열성적이어서 우리들의 모범이 되었다. 그들은 학생들에 대한 책임감이 대단히 강했다. 지금의 대학 교수나 강사들이 모름지기 본받아야 할 일이라고 생각한다. 그들은 강의준비를 철저히 해왔고, 강의시간도 엄격히 지켰다. 학생들도 늦게 들어오는 법이 없었으며, 쓸데없는 질문이나 행동으로 강의시간을 낭비하게 하는 일이 없었다. 모든 것이, 사람들이 대학 캠퍼스 안에 들어와서 느끼는 하이바(*haiba*), 즉 존경과 위엄의 성역 바로 그것이었다.

1학년 때의 수학(미적분학)교수는 셰하타 구다(Shehata Gouda) 교수였는데, 그는 엄청나게 꼼꼼한 분이었다. 이 강의는 샤트비에 새로 지운 건물에서 들었는데, 수강생이 500명이나 되었다. 구다 교수는 3면의 흑판에 미적분 문제풀이의 모든 과정과 공식을 가득히 상세히 써서 누구나 이해할 수 있게 했다.

세하타 교수는 흔히 흑판에 문제를 써놓고 누구 나와서 풀어보라고 하기도 했고, 또 문제를 다 풀어놓고 어느 과정을 생략할 수 있는가, 또는 어느 과정이 무시되었는지를 지적해 보라고 했다. "아흐메드, 이리 나와서 해보게!", 나는 지명을 받고 앞에 나가 문제를 푼 적이 여러번 있다. 지금도 나는 어떤 방정식을 풀거나 우리집 아이들에게 수학을 가르쳐 줄 때면 이 선생님처럼 철저히 꼼꼼하게 모든 과정을 하나도 생략하지 않고 천천히 풀려고 노력한다. 그럼으로써 뜻하지 않은 착오나 잘못을 막을 수 있는 것이다. 나는 세하타 교수의 그 정확성과 치밀성에서 배운 바가 대단히 많다. 지질학의 품위 있고 세련된 모습의 알시나위(al-Shinawy) 교수도 대단히 꼼꼼한 분이었다. 그의 지질학 강의에서 우리는 바위와 무기물들의 X-선 결정학을 통하여 지질의 형성시기를 추정하는 내용들을 공부했다.

강의는 아랍어로 진행되었고, 강의 노트나 교과서도 모두 아랍어였다. 물론 공식이나 방정식 등은 세계 공통적인 기호를 사용했다. 후일 영어 교과서가 등장하기는 했으나, 내가 1학년 때는 영어가 없었다. 그래서 우리는 가끔 도서관에 가서 영어 책을 빌려 읽곤 했다. 지질학에는 화석 이름이나 광물 이름에 라틴어가 엄청나게 많았고, 우리는 그것을 낱낱이 다 외워야 했다. 그래서 나는 지질학에 흥미를 갖지 못했다.

누구나 마찬가지겠지만 나는 모든 과목에서 우수한 성적을 얻기 위해 애를 썼다. 우수하다는 것은 85% 또는 그 이상을 말하는데, 1학년 때 나는 거의 모든 과목에서 우수 또는 준우수 성적을 얻었다. 그러나 솔직히 말해 이것은 내게 있어서 별

것 아니었다. 나는 역사, 사회과학, 어학 등 암기과목은 일체 하지 않고 과학과 과학에 밀접히 연관된 과목들만 택했기 때문이다. 나에게는 그것이 제일 좋았던 것이다. 그래서 알아크바르(al-Akhbar)라는 신문에 내 성적과 사진이 실렸다. 내가 신문에 사진과 함께 소개된 것은 이것이 처음이다. 데수크에서는 이 신문을 돌려보면서 다같이 자신의 일처럼 기뻐했다. 내 성적은 또한 나에게 장학금까지 안겨주었다. 매월 13LE(이집트 파운드)씩 지급되는 것이었다. 당시로서는 큰 돈이었다. 지금의 화폐가치로는 약 30배 되는 액수이다. 당시 대학 졸업생이 받는 월급이 17LE이었으니 말이다.

첫해 여름방학에 나는 데수크의 집으로 가서 주로 책을 읽으면서 가족과 함께 지냈다. 책을 사서 읽는다는 것 이상으로 즐거운 일은 없었다. 또 2학년 과목을 미리 공부하기도 했다. 그 무렵 나는 공부하려면 위대한 대학자의 책을 읽어야 한다고 확신하고 있었다. 아이작 뉴튼은 "내가 무엇을 발견했다면 그것은 내가 거인의 어깨 위에 서 있었기 때문이다."라고 말했다. 그는 갈릴레이를 비롯하여 당대의 대가에게서 배웠다. 나는 저명한 학자들의 책을 사서 읽었다. 그리고 지식의 바다가 무한히 넓다는 것을 깨달았다.

때로는 TV를 보면서 쉬기도 했다. 1960년대 초여서 마을에는 TV가 있는 집이 없었으나 우리집에는 다행히 한 대 있었다. 나는 또 해가 져서 선선해지면 나일강변을 자전거를 타고 바람을 쐬이다가 돌아와서는 TV를 보기도 하면서 지냈다. TV 프로 중에서 내가 좋아했던 것은 국내의 유명한 작가나 학자가 나와서 강연하는 것, 또 그들이 대통령으로부터 직접 상을 받는 광경 등이었다. 당시 이집트에는 이런 명사들이 많았다. 예컨대, 어문학에서는 타하 훗세인(Taha Hussein), 타우피크 알하킴(Tawfiq al-Hakim), 마흐모드 알아카드(Mahmoud al-'Aqqad), 나기브 마흐포즈(Naguib Mahfouz) 등이 있었고, 미술과 음악에는 모하메드 압달와합(Mohammed 'Abda al-Wahab), 음 쿨숨, 압달할림 하페즈('Abd al-Halim Hafez), 파리드 알아트라시(Farid al-Atlash), 파텐 하마마(Faten Hamama) 등을 들 수 있다. 또 언론인 모하메드 핫사네인 헤이칼(Mohammed Hassanein Heikal), 과학에는 아흐메드 리아드 트르크(Ahmed Riad Turk)와 무스타파 무샤라파(Mustafa Musharafa) 등이 있었다.

TV에 나오는 이들을 볼 때마다 나는 알렉산드리아대학에 처음 가서 계단을 오르면서 느꼈던 그 벅찬 감격, 나도 언젠가는 저런 유명한 학자가 되어야지 하는 포부감에 가슴이 터질 것 같았다. 지금 생각해보면 당시 내가 돈벌이나 멋있는 차를 살 궁리는 하지 않고, 오로지 공부만 하고 명성을 얻는 것만 생각했던 것이 신기할 뿐이다. 지식을 추구하는 것, 그것이 바로 인간이다…. 나는 이런 생각에 사로잡혀 있었던 것 같다.

대학 2학년이 되면서 1학년 때 택했던 4분야 중 하나를 빼게 되자 생각 끝에 수학을 빼고 물리학, 화학, 지질학 3분야를 선택했다. 물리학 분야에서는 음향학(音響學), 광학, 물질의 성질, 열과 열역학 4과목을 선택했다. 이들 과목에는 수학이 많이 나오기 때문에 좋았다. 그래서 물리학 성적은 대단히 우수했다. 화학은 수학을 덜 쓰고 암기할 것이 많았지만, 어떻게 그리고 왜 물질이 변화하는가에 초점을 두고 있어서 많은 흥미를 느꼈다. 이래서 2학년 때도 성적은 전반적으로 우수했는데, 여기서 성적이 좋다는 것은 특별한 의미가 있었다. 그것은 2학년 말에 특별히 우수 학생들을 선발하여 소위 '특수반'을 편성하기 때문이다. 이 특수반은 물리학, 화학, 지질학별로 한 반씩 있었는데, 선발된 학생은 어느 한 반에만 소속될 수 있었다.

특수반에 선발된 학생은 3학년과 4학년에 가서 자신이 선택한 분야 이외의 다른 과목은 일체 들을 필요가 없었기에 나는 이때부터 화학과목만 수강하게 되었다. 이 특수반을 졸업하면 뮤이드(*mu'ids*; 강의조교 또는 실험조교와 같은 조교)가 될 수 있고, 일단 뮤이드가 되면 박사학위를 받은 후 대학교수가 될 수 있었기 때문에 특수반에 선발된다는 것은 대단한 일이었다. 나는 앞길이 점점 환해지는 것 같은 느낌을 가졌다.

화학 특수반에는 7명이 선발되었다. 그야말로 G-7이었다. 다른 분야에도 비슷한 수의 특수반 학생이 선발되어 그 총수는 30명 내지 50명 정도였다. 약 500명 가운데서 선발된 것이다. 내가 이 특수반에 선발되자마자 내 친구들 그리고 대학 밖의 친지들이 모두 나를 박사라고 부르기 시작했다. 그들은 내가 그 길로 갈 것을 빤히 내다보고 있었기 때문이다. 이 특수반에 들어온 내 기분은 그야말로 하늘을 날 듯했다.

특수반의 선발은 순전히 학업성적과 선발시험 성적에만 기준했고, 소위 성적 이외의 요인 즉 외부의 와스타(*wasta*; 영향) 같은 것은 일체 없이 공정하게 이루어졌다. 실제로 뮤이드의 대부분은 시골 출신이었고 그들 부모의 사회적 신분도 특별히 높은 것은 아니었다. 일단 특수반에 선발되면 이미 뮤이드가 된 선배들도 이 신입생들이 2년 후에는 같은 뮤이드, 즉 동료가 될 것으로 알고 대접이 벌써 달라진다. 각자의 실험실을 안내해주고, 책을 빌려주며, 같이 사귀자고 한다. 그들은 우리들 신입 특수생들의 모범이 되었으며, 그들에게서 우리는 짙은 학문적 분위기를 느낄 수 있었다. 우리는 그 분위기에 젖어 대학에 남게 될 것을 누구나 똑같이 꿈꾸고 있었다.

특수반에는 여학생도 있었지만, 내가 있는 화학반에는 한 명도 없었다. 그러나 바로 위 반에는 두 명인가 세 명이 있었다. 나는 그 가운데 샤히라 알시시니(Shahira al-Shishini)와 에나스 이자트(Enas 'Izzat)와 친하게 지냈다. 이 여학생들은 대학 전체의 그리고 자연과학부의 대표가 될 만한 인물들이었다. 약 500명의 학생들 가운데 약 1/3이 여학생인데, 거기서 선발된 특수학생들인 것이다. 자연과학부에는 여성 교수도 많았다. 타하니 살렘(Tahany Salem) 교수는 내가 뮤이드가 되었을 때 논문 지도교수를 맡아주신 분이다. 이 대학에는 성적 차별이나 종교적 차별은 일체 없었다고 나는 생각한다. 이집트가 6,000년이라는 긴 역사를 자랑할 수 있는 것은 이 다양한 문화를 수용하고 조화시켰기 때문이라고도 할 수 있을 것이다. 차별이 전혀 없었던 것은 아니지만, 실제로 4학년 때 직접 겪은 일도 있지만 전반적으로 보아서는 모든 것이 평등했다.

　화학 특수반에서 3학년 때 나는 고체화학, 전기화학, 물리화학, 유기화학, 무기화학 등 폭넓게 강의를 들었다. 특수반 안에서 G-7끼리 선의의 경쟁은 치열했고, 나는 그 속에서 수석을 차지하려고 애썼다. 반 안에서는 아마도 수석은 나 아니면 아델 나기브(Adel Naguib)일 것이라고들 말했다. 그는 지금 모교 화학과 교수로 있다. 2학년과 3학년 때 내가 영향을 많이 받은 교수는 무기화학을 담당한 라파트 잇사(Rafat Issa) 교수였다. 그는 우리들을 자기 연구실로 끌어들이기 위해 무척 열성적이었다.

　특수반 학생들은 교수들에게만 특수할 뿐 아니라 알렉산드리아 주변의 산업계에도 특수한 존재였다. 1966년 여름 나는 미스르(Misr)에 있는 셸 회사(Shell Co.)로부터 석유화학의 특별훈련생으로 초청받았다. 그 때의 소장이 사이드 니아지(Sa'id Niazi)씨였는데, 후일 필라델피아에서 그의 부인과 같이 만난 적이 있다. 그의 부인 나글라 알-나도리(Naglaa al-Nadouri)는 뒤에 펜실베이니아 대학에서 나와 함께 일하는 동료가 되었다.

대학에서는 학기 중과 여름 방학 때 각종 행사를 마련하여 학생들을 참여시켰다. 특수반 학생들에게는 전원 대학 경비로 2주간의 여행을 시켜주었다. 우리는 3학년과 4학년 사이의 여름방학에 상이집트(Upper Egypt; 이집트의 남쪽, 나일강의 상류쪽)의 룩소(Luxor)과 아스완(Aswan)을 두 인솔교수와 함께 열차로 여행하면서 고대 이집트 문명의 유물들을 견학했다. 일행은 우리들 7명과 4학년의 특수반 학생들, 그리고 인솔 교수 등을 합해 약 20명이었다.

우리는 카르나크(Temple of Karnak)의 신전에서 파라오 시대의 건축미에 탄복하고, 왕가의 골짜기(Valley of the Kings; 나일강의 서쪽에 깎아세운 듯한 산 표면에 고왕국의 왕들을 매장한 곳으로서, 피라밋 시대 다음에 만들어진 것으로 BC 1580~1085년 사이의 왕과 왕비의 능: 역자 주)에서 신왕국 파라오의 무덤들을 탐방하고, 데일 엘 바하리(Deir el-Bahari) 신전에서는 핫셉수트(Hatshepsut) 왕비의 탄생 이야기가 그려져 있는 아름다운 그림을 감상했다. 밤에는 나일강의 돛단배 페루카(ferucca)를 타고 시원한 밤공기를 마시면서 주변의 야경을 즐겼다. 식당으로 가고 오는 강변도로에서는 음 쿨숨의 노래를 합창하기도 했다. 사진도 무척 많이 찍었다. 나 혼자서도 300장 넘게 촬영했는데, 지금도 대부분 간직하고 있다. 우리가 묵은 호텔은 아스완의 카타락트와 같은 화사한 호텔이었다.

또 한번은(이때의 나는 뮤이드였다) 사힐 알샤마리(sahil al-shamali)라고 하는, 알렉산드리아의 서쪽에 있는 해안과 바구시(Bagush)라는 곳에 갔었다. 이 때도 역시 인솔 교수 몇 분과 약 20명의 특수반 학생들의 여행이었는데, 해안 또는 사막에 천막을 치고 며칠을 함께 지냈다. 서로를 알고 친하게 되는 좋은 기회였다. 우리는 같이 음악을 듣기도 하고 노래를 부르기도 하고, 또 각종 놀이를 하면서 즐겁게 지냈다. 이런 여행이나 기타 각종 행사에는 꼭 지켜야 할 규칙들이 있었다. 여학생들과는 마치 남매간처럼 서로 대하긴 했으나 예의는 절대로 지켜야 했다. 그래도 대학의 경비지원으로 이루어지는 이런 여행을 통하여 남녀간의 교제가 이루어지고 개중에는 약혼단계까지 발전한 경우도 더러 있었다. 그러나 가정의 전통은 엄하게 지켜졌다.

당시 대학에서는 마지막 학년에서 우수 성적을 받고 나머지 학년에서는 최소한 준우수 성적을 받은 학생에게는 졸업식 때 학위기에 '명예로운 1등급 우수'라는 단서를 붙여주었고, 마지막 학년에서 우수 성적을 받고 나머지 학년에서는 최소한 준준우수 성적을 받은 학생에게는 '2등급 명예'라는 단서를 붙여주었다. 그 이하에는 '명예'자를 붙이지 않았다. 나는 당연히 최우수를 노렸다. 시험 때마다 내 성적이 어디쯤일 것이라고 짐작했고, 그래서 이 1등급 우수 명예를 딸 수 있으리라 기대했다.

1967년 여름, 드디어 발표날이었다. 나는 첫 입학했을 때와 마찬가지로 외삼촌 리즈크와 함께 대학으로 갔다. 초조한 마음으로 벽에 붙은 명단을 살펴보았다. 내가 있었다. 나와 또 한사람, '명예로운 1등급 우수' 학생이었다. 뒤에 들었는데, 내 성적은 93%였다. 외삼촌은 의기양양한 나를 데리고 다르위시 레스토랑에 가서 저녁을 사먹이고, 또 음 쿨숨의 음악회에도 데리고 갔다. 데수크의 부모는 잔치를 차려놓고 마을사람들과 같이 나를 기다리고 있었다.

나는 알렉산드리아대학 자연과학부에서는 수석이었다. 아델 나기브(Adel Naguib)와 나머지 6명의 우리 특수반 졸업생은 전원이 뮤이드로 발령받았다. 이중 마헤르 알셰이크(Maher al-Sheikh)는 현재 미국에 거주하고 있다. 다른 4명은 사미르 알사다니(Samir al-Sadani), 압달모다레프 유세프('Abd al-Motaleb Yousef), 오트만 알라이스(Othman al-Rais), 그리고 카말 칸딜(Kamal Kandil)이다. 카말은 내가 노벨상을 수상했을 때 모교 자연과학부 학부장을 맡고 있었다. 나는 천성이 작은 명예에 안주하는 형이 아니어서 뮤이드로 발령받는 그 순간부터 앞으로 무슨 연구를 할 것인가, 즉 연구 내용(*muqtat al-bahth*)에 대해 골돌히 생각하기 시작했다.

뮤이드가 된 이상 학생들을 가르쳐야 했다. 우리는 한반 30 내지 40명 되는 학생들의 실험을 맡았다. 뮤이드들은 강의를 맡는 것이 아니라 대개 실험을 맡는 것이 그 임무였다. 그러나 나만은 강의도 일부 맡았다. 그것은 잇사 교수의 강의였는데, 500명이나 되는 큰 반에서 교수가 가르친 화학강의를 저녁에 그 학생들에게 내가 되풀이 강의를 하고 또 보충설명을 하는 것이었다. 그 무렵 나는 이미 강의를 간단명료하게 잘 한다는 평판을 얻고 있었기 때문에 내가 하는 강의에는 강의실(알리 이브라힘 강당) 가득 학생들이 모여들었다. 지금도 나는 복잡한 개념을 단순 명료하게 설명하는 것을 큰 즐거움으로 삼고 있다. 나는 중요하고 기본적인 개념 뒤에는 항상 단순하고 명확한 사상이 그 바탕을 이루고 있다고 믿는다. 그렇지 않고 애매모호하고 설명도 복잡하면 그것은 잘 이해하지 못하고 있다는 증거이다.

나 자신의 연구에 관해서는 어느 교수와 같이 일할 것이냐를 결정하는 것이 중요한 문제였다. 우리는 특수반 3, 4학년 때

학과의 각 실험실을 순방하면서 그곳에서 하고 있는 일의 내용을 이미 들어 알고 있었다. 유세프 이스칸데르(Youssef Iskander) 교수는 물리유기화학을 전공하고 있었고, 핫산 알카뎀(Hassan al-Khadem) 교수는 탄수화물의 화학을, 그리고 홋세인 사데크(Hussein Sadek) 교수는 물리화학을 하는 식이다. 교수들은 모두가 활발하게 수준 높은 연구를 추진하고 있었고, 우리들에게 화학의 기본을 충실하게 가르쳐 주셨다.

성적이 우수하다고 하여 교수들은 다투어 나를 자기 방에서 석사 박사 과정을 밟으라고 권유했다. 그 중에서 특히 라파트 잇사 교수와 사미르 엘에자비(Samir El-Ezaby) 교수가 하는 일에 나는 매력을 느꼈다. 그래서 이 정력적인 두 젊은 교수 밑에 가서 화합물의 분광학적 연구를 할 생각을 했다. 당시 사미르 교수는 30대였고, 미국의 유타대학에서 막 박사학위를 따고 강사로 있다가 돌아온 분이었다.

사미르 박사에게는 연구실이 없었다. 그래서 그는 캐프테리아 옆에 있는 창고같은 건물 속에 한 방을 구해 쓰고 있었다. 더럽기 짝이 없고, 쥐구멍 투성이에 휴지와 먼지가 겹겹으로 쌓여있는 협소한 방이었다. 전망이 좋을 리도 없었다. 그래도 우리는 그 속에 책상과 실험대를 쑤셔넣고, 오붓하게 앉아서 토론에 열중했다. 방이 협소했기 때문에 오히려 나는 사미르 박사로부터 많은 것을 배울 수 있었다. 특히 문제를 푸는 데 있어서 그의 철저하고 정량적인 분석법을 많이 배웠다. 우리는 곧 친구처럼 친해졌고, 전갱이 같은 신선한 생선(miyas)이나 점보 새우를 먹으러 알렉산드리아의 여러 식당을 돌아다녔다. 또 예히아 엘탄타위(Yehya El-Tantawy)와 함께 아브 키르(Abu Qir)에 있는 유명한 식당 제피리온(Zephirion)에 거의 매주일 한번씩 다녔다.

라파트 잇사 박사는 사미르 박사보다 연장이었고, 또 연구분야를 결정하는 사람이었다. 그는 독일에서 적외선 연구로 박사학위를 받고, 돌아와서는 여러 화합물과 그들의 금속이온 복합물을 적외선과 가시광선-자외선 분광법으로 연구하고 있었다. 그는 논문도 많이 썼다. 그래서 대학원 학생들은 실험결과가 바로 논문으로 직결된다는 기대감으로 그의 밑에 많이 모여들었다. 그는 또 자상한 분이어서 학생들과 잘 어울렸고, 학생들의 좋은 상담역이었다. 우리는 알렉산드리아 시내의 그의 아파에도 자주 갔다. 우리가 가서 논문을 쓰고 있으면 그는 손수 음식을 만들어 우리를 대접하기도 했다. 라파트 박사는 또 과학도들의 축구동호회를 하나 거느리고 있었다. 축구는 이집트에서 가장 인기있는 스포츠인데, 나는 정상급 두 팀 중 한 팀의 열렬한 팬이었다. 그래서 시즌이면 매주 금요일 오후 TV에서 중계를 열심히 지켜보았다. 데수크에 있을 때는 나도 축구를 했으나 대학에 들어와서는 시간이 없어 라파트 교수의 동호회에도 참여하지 못하고 있었다.

당시로서는 라파트 박사도 사미르 박사도 나의 공식적인 지도교수가 될 수는 없었다. 지도교수는 정교수라야만 했기 때문이다. 그러나 이 두 분도 그렇고 나도 별로 그것에 구애받지 않았다. 나의 공식적 지도교수는 무기화학 교실의 주임인 타하니 살렘(Tahany Salem) 교수가 되었지만, 연구에서는 직접 위의 두 분의 지도를 받았다. 그런데 문제는 논문을 쓸 때 저자 이름에 공식 지도교수 이름을 넣느냐 마느냐 하는 것이었다. 그래도 우리는 이런 체제를 이해하고 그에 순응했다.

나는 내가 하는 연구에 분광법을 이용하는 데 흥미를 느꼈다. 다행히 화학과 안에 새 분광광도계가 하나 있었는데, 라파트 박사는 내가 그것을 충분히 쓸 수 있도록 시간을 배정해 주었다. 나는 이 분광광도계를 이용하여 열심히 실험하여 몇 달 안에 논문을 하나 끝내었다. 이렇게 내가 일할 수 있게 된 데에는 두 가지 요인이 있었다. 하나는 학과, 교수진, 그리고 내 주변 사람들의 친절한 도움이 있었기 때문이다. 밤늦게까지 일하고 있을 때 암 아흐메드(Amm Ahmed)가 커피도 끓여주고 저녁 간식도 갖다 준 일을 나는 지금도 생생히 기억하고 있다.

또 하나는 우리 뮤이드들의 학문 분위기였다. 뮤이드들은 대개 밤늦게까지 각자의 실험실에서 일하다가 밤중되면 함께 람레 정거장 근처까지 샌드위치를 사먹으러 걸어가곤 했다. 걸으면서도 우리는 항상 토론하고 있었다. 나는 이 밤나들이를 친절한 동료 사베르 샤라프(Saber Sharaf)와 함께 자주 다녔다. 뮤이드들은 극장에 영화보러도 자주 갔다. 극장은 바닥에 붉은 융단을 깔고 천장에는 크리스탈 샹데리에가 화려하게 불을 밝히고 있었다. 젊은 여인들은 보석으로 몸을 치장하고 무도회 가운을 걸치고 있었으며, 그 곁에는 정장한 미남자들이 서 있었다.

화려한 극장에 비해 우리 실험실은 너무 초라했다. 그러나 연구를 하는 데 필요한 시설들은 대개 갖추어져 있었다. 물론 이 장비들은 분광광도계를 제외하고는 최신식이라고 할 수 없는 다 구식이었다. 예컨대 나는 알렉산드리아에서는 레이저 (laser)를 구경해보지도 못했다. 1960년대인 당시 미국에서는 이미 보편적으로 쓰이고 있던 장비였는데 말이다 (레이저는 1960년에 출현했다). 그러나 장비가 구식이라고 해도 큰 지장이 없었던 것은 우리 연구 자체가 그다지 첨단적인 것이 아니었기 때문이다. 내 경우는 분광광도계를 이용한 실험에서 필요한 시약과, 스펙트럼을 측정하는 데 필요한 장비들은 다 갖추고 있었다.

우리가 쓰는 시약은 대개 브리티시 드러그 하우스(British Drug House, BDH)에서 구입했다. 참고서적이 필요할 때는 교수실의 문을 두들겨서 빌려볼 수 있었다. 또 나는 학생 때 매월 받은 장학금 13LE를 가지고 사둔 책도 있었다. 때로는 카이로의 국립연구심의회(National Research Council)까지 가서 필요한 문헌을 직접 복사해 오기도 했다. 나에 대한 교수들의 도움은 파격적이었다. 그래서 논문을 하나 써도 교수들이 개인적으로 도와주곤 했고, 특히 라파트 박사와 사미르 박사는 형편없는 나의 영어를 한줄 한줄 고쳐주셨다.

조교가 되니까 월급이 17LE가 나왔다. 학생 때 성적이 좋아 받은 장학금보다 겨우 4LE 정도 많은 액수였다. 그러나 이 돈으로 생활하는 데는 지장이 없었다. 자동차를 갖지 못했지만, 차는 필요하지도 않았다. 나는 유기화학 교실의 조교 아흐메드 가말(Ahmed Gamal)과 그의 친구 사미(Sami)와 셋이서 빌라를 하나 빌려, 캠퍼스에서 람레(Ramleh) 정거장까지는 대개 걷고, 거기서 전차를 타고 스포팅(Sporting)에 있는 이 빌라까지 다녔다. 빌라의 주소는 지금도 기억하고 있다. 스포팅의 포오트사이드 211번지이다. 나는 월급에서 빌라의 월세를 내고 나머지를 가지고 책도 사고, 밥값과 옷값을 치르고 또 극장에 가끔 가기도 했다. 또 개인적으로 학생을 가르치는 것이 가능했기 때문에 거기서도 용돈이 조금 나오기도 했다.

나는 한때 시디 가베르(Sidi Gaber)에 있는 아파트에서 나와 같은 조교인 마헤르 알셰이크(Maher al-Sheikh)와 함께 재미있게 지낸 적이 있었지만, 스포팅에 있는 이 빌라에서의 생활은 나에게 여러 모로 대단히 귀중한 경험을 안겨주었고 학문에 대한 열정을 북돋아 주었다. 최근에 절친한 나의 동기생(1967년 학부 졸업) 하니 하페츠(Hani Hafez)를 만났다. 화학과 지질학을 전공한 그는 지금 이집트에서 석유산업의 전문가로 널리 알려져 있다. 그는 우리의 학창시절을 회고하면서, 그때 이미 나의 목표는 너무도 뚜렷해 보였고, "아흐메드 즈웨일을 찾을려면 강의실, 실험실, 아니면 도서관에 가면 된다."고들 말했었다고 했다. 그의 말에 의하면, 나는 극장도 조교가 되고 나서 처음 가보았다고 한다. 또 마헤르 알셰이크는 내가 입버릇처럼 "알이름누르(al-'ilm nur)--지식은 빛이다."라고 말하고 있었다고 기억하고, 또 엘탄타위(El-Tantawy) 박사가 조직한 화학회(化學會)의 연속 강좌에 나가서 강의한 사람은 조교 중에서는 나뿐이었고 강의도 썩 잘했었다고 회고했다.

대학에서 석사학위를 받는 데는 최소한 2년을 재학해야 하고, 그리고 4년을 넘어서는 안 되었다. 그래서 나는 입학하고 8개월만에 석사논문을 써버렸으나 이 규정 때문에 졸업할 수는 없었다. 그러나 공식 지도교수인 살렘 박사는 내가 석사학위에 필요한 실험을 모두 마쳤다는 것을 서면으로 확인해 주었기 때문에 그것으로 나는 해외의 여러 교수들에게 박사학위를 위한 유학신청을 할 수 있었다. 석사학위 논문 외에도 나는 사미르 박사와 라파트 박사와 함께 몇 편의 논문을 썼는데, 이들은 1969년에서 1971년 사이에 인쇄되어 나왔다.

내가 석사과정을 밟고 있을 때가 1967년에서 1968년 사이였는데, 이 때는 이집트가 대단히 어려운 시기였다 (1967년의 중동전쟁: 역자 주). 전시여서 경제는 침체되어 있었고 기업들은 불황에 허덕이고 있었다. 승용차나 버스 또는 모든 기계가 부품을 구하지 못해 가동을 중지했고, 관광객도 모습을 감추었다. 대학생들도 군에 소집되어 일선으로 나갔다. 일선에서 전해오는 패배의 소식에 국민들의 사기는 땅에 떨어졌고 불신감만 키웠다. 왜냐하면 1967년 6월 전쟁이 일어난 초기에 당국은 우리의 혁혁한 전과만 선전하고 있었기 때문이다. 우리는 카키색 군복을 입고 비전투원으로 나서고 있었는데, 이 승전보가 다 거짓이었던 것이다. 나는 지금도 그 저명한 방송인 아흐메드 사이드(Ahmed Sa'id)의 허위 승전보도를 기억하고 있다.

대학도 전쟁이 끝날 때까지 문을 닫지 않을 수 없었다. 낫세르 대통령(Gamal Abdel Nasser, 1918~1970; 1952년 자유장교단의 혁명 주도자로서 당시의 왕조를 전복하고 1956년 대통령에 취임 : 역자 주)은 패전에 책임을 지고 사임을 선언했으나, 곧 국민들의 압력에 못 이겨 다시 권좌에 되돌아왔다. 젊은이들은 모두 실의에 빠져 전에 없이 이민을 가려는 사람들이 많았다. 원래 이집트인은 조국에 대한 끈끈한 정으로 이민을 가는 예가 극히 드물었고, 특히 대학 졸업생이 이민가는 일은 별로 없었다. 그러나 이제 전쟁에 패하고 경제가 파탄에 빠지고 보니 대학졸업생들도 이민을 심각하게 생각하지 않을 수 없었다.

나는 미국의 유타 대학에서 박사학위를 받고 돌아온 사미르 박사와 역시 펜실베이니아 대학에서 학위를 하고 귀국한 예히아 엘탄타위(Yehya El-Tantawy) 박사의 신선한 연구에 반하여 미국에 가기로 마음먹었다. 또 한 분 내가 존경하던 아시라프 엘바이오우미(Ashraf El-Bayoumi) 박사도 미국 플로리다 주립대학에서 공부한 분인데, 이 세분이 모두 나에게 미국으로 가기를 권하고 또 갈만한 곳을 추천도 해 주셨다. 내가 미국을 택한 이유는 또 한가지, 그것은 과학에서는 미국이 세계 제1이라는 것을 알고 있었기 때문이다. 달에 사람을 보내려 하고 있다는 것만 보아도 미국이 세계 제1인 것은 분명했다.

당시 이집트는 미국과 사이가 좋지 않았다. 그래서 국비유학생은 대부분 소련이나 동유럽 나라들로 보내졌다. 그러나 나는 내가 하고자 하는 연구의 최첨단은 미국이고, 나도 새로운 세계에서 일해보고 싶은 욕망으로 미국을 택했다. 그때는 몰랐지만, 미국의 과학이 세계 제1이라는 것은 노벨상 수상자의 수만 보아도 알 수 있다. 20세기의 첫해 1901년에 노벨상이 처음 제정된 후, 한세기 동안의 수상자를 보면 처음 약 반세기 동안은 독일, 영국, 프랑스가 대부분을 차지했으나 제2차대전 이후부터는 현재까지 미국이 압도적으로 많은 것이다.

1968년, 나는 석사과정을 마친 후 미국의 여러 대학의 정보를 수집하기 시작했다. 그리고 1969년 초에 유타, 펜실베이니아, 플로리다 세 대학을 선택하고 입학원서를 우송했다. 이 외에도 칼텍을 포함하여 몇 대학에도 역시 원서를 제출했다. 그리고 사미르 박사, 야히아 박사, 아시라프 박사의 도움을 받아 몇몇 교수들에게 직접 편지를 내기도 했다. 1969년 4월 화창한 어느 날, 빌라에 돌아온 나는 4월 2일자 소인이 찍힌 미국으로부터의 낯선 편지 한 통을 받았다. 지난 정월 5일에 내가 원서를 보낸 펜실베이니아 대학으로부터의 편지였다. 나는 두근거리는 가슴을 진정시키면서 그래도 떨리는 손으로 기도하는 마음으로 겉봉을 뜯고 편지를 읽었다. "화학과 대학원위원회는 귀하를 1969년 8월 25일자로 입학을 허가하기로 하였다.…" 나는 이제까지 내 평생에 이때만큼 감동을 느낀 적은 없었다. 나는 미국에 대해서는 그랜드캐년, 디즈닐랜드, 브로드웨이의 연극 등 관광지에 관해서도 아는 바가 별로 없었다. 내가 안다는 것은 이제부터 세계에서 제일 좋은 실험실에서 그리고 과학관련 서적과 학술지가 수두룩한 도서관에서 공부할 수 있으리라는 것 뿐이었다.

그 편지는 대학원 위원회 부위원장 도날드 피츠(Donald Fitts) 박사의 명의로 되어 있었는데, 입학허가 뿐만 아니고 또 하나 굉장한 뉴스가 담겨 있었다. 수업료 면제에, 1년에 2,700 달러의 생활비와 여름방학 중의 연구장학금으로 900달러를 지급한다는 것이다. 그리고 성적이 만족스러우면 기한 연장이 가능하다는 것이다. 나는 읽고 또 읽었다. 열두번도 더 읽었다! 나는 당장이라도 떠날 수가 있었으나, 대학의 규정에 따라 석사과정 학생은 만 2년간의 재학기간이 끝나지 않으면 학교를 떠날 수가 없었고, 따라서 나는 몇 달을 더 기다려야 했다. 앞에서도 말했지만, 나는 석사논문도 다 만들었고 모든 학과목도 이수했다. 그리고 장학금은 펜실베이니아 대학에서 온 것이고 이집트 정부가 준 것이 아니다. 이집트의 국비장학생은 아닌 것이다. 그런데도 못 나간다는 것은 순전히 대학의 행정 관료주의 때문이었다.

게다가 또 한가지 문제가 있었다. 그것은 '무명인에게의 편지'라는 문제였다. 마치 '무명용사'와 비슷한 것이다. 하긴 양쪽 다 용기가 있어야 한다는 점에서는 같다. 무슨 말이냐 하면, 펜실베이니아(펜)에서 온 편지는 나 개인 앞으로 온 것인데, 대학에서는 이와 같은 개인간의 교섭은 인정하지 않는다는 것이다. 펜에서는 알렉산드리아대학 화학과 앞으로 장학생 추천을 의뢰해야 하고, 누구를 보내느냐 하는 것은 이 학과에서 정해야 한다는 것이다. 펜으로서는 납득할 수 없는 일일 것이다. 누군지도 모르는 무명인을 초청할 수 없기 때문이다. 그래서 나는 나의 지도교수가 될 로빈 혹스트랏서(Robin Hochstrasser) 박사에게 편지를 띄워 이 이상한 관료주의를 양해하고 도와달라고 간청했다. 혹스트랏서 교수는 친절하게도 편지를 보내왔다. 그 편지에는 "귀 학과에서 누구를 추천하든 최종 선택은 본인이 하겠다."는 구절이 적혀 있었다. 말하자면 즈웨일 아닌 다른 학생을 추천하면 받지 않겠다는 뜻이다. 나는 이 편지를 학과 주임교수에게 전달했다. 그러자 이번에는 학과의 모든 조교들에게서 이 초빙에 관심이 없다는 서명을 내가 받아와야 했다. 말하자면 다른 사람들은 다 관심없고, 나 혼자만 단독 응모하는 형식을 취하는 것이다.

나는 수속에 필요한 서류들을 갖추기 시작했다. 서류 가운데는 2년을 채우지 않고 몇 달 먼저 떠나는 것에 대한 허가신청도 들어 있었는데, 이 신청서는 대학본부에 제출해야 하고 카이로의 고등교육부에까지 가야 하는 것이었다. 나는 매주, 어떤 때는 일주일에 두 번씩이나 카이로행 기차를 타고 다니면서 수속을 취했다. 샤트비(Shatby)에 있는 알렉산드리아대학 본부에 총장님을 만나뵈러 가기도 했다.

총장님을 뵈러 대학본부 현관에 들어섰을 때, 나는 우연히 대학의 우편물 담당자 (내 기억으로는 그 사람 이름이 암 마흐모드 Amm Mahmoud이다)를 만났다. 나를 보자 그는 무슨 일로 왔느냐고 물었다. 그는 내가 조교인 줄로 아는 듯했다. 내가 정장에 넥타이를 매고 있었고 손에 서류봉투를 들고 있었기 때문이다. 나는 그에게 다짐하듯 말했다. "나는 아흐메드 즈웨일이라고 하는 화학과 조교입니다. 급한 일이 있어 총장님을 뵈어야겠습니다." 나의 당돌한 용기가 재미있었는지 그는, "총장님 뵙기가 그렇게 쉬운 줄 알아요?" 라고 반문하는 것이었다. 뜻밖의 반문에 말문이 막힌 나는 "글세, 꼭 만나뵈어야 하는데, …… 말씀드릴 것이 있는데, ……" 하면서 더듬거렸다. 그러나 이 요령부득의 내 말이 오히려 그를 납득시켰는지, 그는 "그럼 이 우편배낭을 좀 들고 따라 오세요" 라고 말하는 것이었다. 나는 시키는 대로 그의 배낭을 받아들고 뒤따라 갔다. 꼭대기 층까지 올라가자, "여기서 잠깐 기다려요. 총장님께 여쭈어 보겠으니". 그는 총장실로 들어갔고 나는 복도에서 기다렸다.

알고 보니 총장은 당시 해외출장 중이었고, 총장 대리 압다 알라만 엘사드르('Abd al-Rahman El-Sadr) 박사가 방에 있었다. 나는 병아리처럼 떨면서 우편담당자의 안내에 따라 사무실로 들어가서 말했다. "아흐메드 즈웨일이라고 합니다. 일등급 우수생으로 졸업했습니다. 지금 미국의 펜실베이니아 대학으로부터 박사학위과정을 마칠 때까지 수업료 면제와 장학금을 지급받게 되었는데, 한 두달 안으로 그곳에 도착해야 한다고 합니다. 허가해 주십시오."

의과대학 출신의 미남자인 엘사드르 교수는 내 말을 들으면서 또 내가 건넨 편지를 보면서 잠깐 생각하더니 고개를 끄덕이면서 말했다. "싸인 하지. 그러나 자네는 다시 돌아올 생각이 없겠구먼." 마치 예언자의 말 같았다. 그러나 이 예언은 맞아떨어졌다. 나는 알렉산드리아대학의 교수로는 돌아오지 않았던 것이다. 이 예언자는 그 후 내가 칼텍의 교수가 되었을 때 바로 나를 찾아왔다. 그리고 나이 차는 많았지만 그때부터 우리는 친구처럼 다정한 사이가 되었고, 알렉산드리아에서 열린 어떤 회의의 공동위원장을 같이 맡기도 했다. 우리가 처음 만난 지 10년이 좀 지난 때이다.

내가 알렉산드리아대학본부를 다시 방문한 것은 엘사드르 교수의 싸인을 받은 후 30년이 지나서였다. 노벨상 수상이 보도된 직후 이 대학으로부터 명예박사학위를 받기 위해 대학본부로 총장을 방문한 것이다. 1999년 12월이었다. 그 때 나는 연설에서도 말했지만, 이번에는 내가 우편배낭을 들고 꼭대기 층의 총장실까지 간 것이 아니고 총장이 아래층까지 내려와서 나를 만난 것이었다.

엘사드르 교수의 싸인을 받은 1969년 여름, 나는 천신만고

끝에 고등교육부로부터 최종 허가를 받았다. 긴 터널의 끝이 비로소 보인 것이다. 이제 필라델피아에서의 새생활 설계를 할 차례였다. 그런데 혼자 갈 것인가, 아니면 결혼을 하고 갈 것인가, 당연히 나는 망설였다. 당시의 우리 세대는 20대 초반에서 결혼하는 것이 보통이었고, 그래서 조교들도 이때쯤 많이 결혼했고 해외에 나갈 때는 부부가 같이 가는 것이었다. 조교들의 경우는 동료 조교나 또는 학부 여학생과 결혼하는 것이 보통이었다. 그런데 나처럼 미국 간다고 하면 신랑 주가는 치솟을 것이 당연했다. 나이 23세의 젊은 나는 그래서 젊은 여성들의 인기가 상당할 것이었다. 그러나 나로서는 가정의 배경으로 보나 전통적이고 보수적인 나의 성격으로 보나 진실하고 전문지식을 지닌, 그리고 물론 매력적인 여성이 필요했다. 그러나 천진난만한 이 나이에 진정한 의미의 사랑을 알기는 어려웠고, 내가 진실로 원하는 것이 무엇인가도 알지 못했던 것 같다.

알렉산드리아에는 지적인 분위기는 아니라 하드라도 나름대로 사교의 장들이 있었다. 카페, 레스토랑, 스포츠 클럽(스포츠 클럽은 회원제였는데 당시 나는 돈이 없어 회원이 아니었다. 지금은 명예회원이다.) 등에서 우리는 주로 남자친구들을 만나 놀았다. 모함메드 아흐메드의 천하일품 별미요리, 브라질리안 커피 다방의 특제 원두커피, 아이노의 케이크, 엘리뜨 혹은 아티네오스 또는 쌩 루치아의 샌드위치와 파스트리(밀가루 반죽으로 만든 과자류) 등등, 이들 가게는 모두 도심지의 사드자그룰(Sa'd Zaghlul) 동상이 있는 람레 정거장 근처에 있었다. 이런 곳에서 내가 만난 젊은 여성들은 다 순진하고 또 전문교육을 받은 사람들이었다. 이런 데서 남녀가 서로 만나면 종이 쪽지에 메모를 건네거나 말을 몇마디 주고 받는 것이 고작이고, 만일 그 이상으로 진전하려면 남자가 여자의 부모를 만나야 했다.

　조교로 있으면서, 특히 실험실에서 나는 예쁘고 지적인 여학생들을 많이 만났다. 당연히 나는 그 중 어느 한 사람과 약혼해야겠다고 생각했고, 또 그렇게 했다. 그 때 메르바트(Mervat)는 3학년이었고 나는 그 학급의 실험을 맡고 있었으며 또 강의도 했다. 그 이듬해 그녀는 화학과 물리학을 전공하여 졸업하면서 학사학위를 받았다. 메르베트는 그저 웃고 떠드는 보통 여학생들과는 달리 만사에 진지하고 학문적이었다. 나는 그녀의 이런 점에 끌려 그녀의 아버지를 만나 청혼했다. 그리고 나의 아버지, 어머니, 삼촌들이 다 알렉산드리아로 와서 양가 가족들이 상견례를 갖고 약혼을 축하했다.

　이렇게 우리는 관례에 따른 절차를 밟아 드디어 결혼에 이르렀다. 펜에서의 장학금은 이미 확정되어 있으니, 박사학위를 딸 때까지 기다릴 필요없이 신부를 데려가도 될 것이고, 또 새천지에서 새로운 생활을 새신부와 함께 펼치는 것, 이 얼마나 로맨틱한가! 나의 가슴은 부풀어 올랐다. 결혼식은 미국으로 떠나기 불과 며칠전에 치렀다. 우리가 결혼하기로 합의한 것은 7월쯤이었고 8월에는 이미 미국으로 출발했으니, 이집트에서의 결혼생활이라는 것은 가져보지 못한 셈이다 (이집트에서는 대개 약혼하고 1, 2년 지난 뒤 많은 하객이 모인 자리에서 성대하게 결혼식을 올리는 것이 보통이다.). 나는 스물세살, 신부는 한 살 아래였다. 우리는 아직 너무 젊었던 것이다. 뒤에 생각해 보니 이 결혼은 확실히 좀 일렀다. 우리는 서로를 충분히 알고 이해할 만한 시간을 갖지 못했던 것이다. 우리는 서로를 존경하고 존중했다. 우리의 결혼이 처음 꿈꾸었던 것처럼 그렇게 낭만적으로 오래 가지 못한다는 것을 깨닫게 된 뒤에도 우리는 역시 서로를 존경했다. 그만큼 메르베트는 선량하고 세련된 여성이었다. 그러나 우리는 서로가 다른 사람이었다.

이제 미국으로의 출발에 필요한 모든 서류가 다 갖추어졌다. 난생 처음 만져보는 여권은 1969년 7월 17일자로 발급된 것이었다. 국제 예방접종증명서도 받았고, 트라코마(과립성 결막염: 역자 주)의 검사표도 받았다. 알렉산드리아대학의 휴학 허가증(6월 28일자), 고등교육부의 재학 2년 기한의 단축 허가증(7월 12일자), 그리고 역시 고등교육부의 박사학위를 위한 해외유학 허가증(7월 29일자) 등등, 출발 몇 주를 앞두고 다 갖추었다. 오늘날의 이집트 젊은이들은 더 이상 이런 관료주의의 번거로운 절차에 시간과 에너지를 낭비하지 않기를 절실히 바란다.

비행기표도 구입하고, 당시로서는 참으로 얻기 어려웠던 출국허가증도 받았다. 여권에는 출국시에 가져갈 수 있는 돈의 한도가 표시되어 있었는데, 미국에 정착할 우리들의 작은 '행복'을 위해 허락된 최대 액수는 미화 40달러였다. 메르베트는 고등학교를 미국계 학교에서 다녔기 때문에 영어를 나보다 잘 했다. 우리는 카이로에서 로마, 파리, 런던을 거쳐 필라델피아에 이르기까지 긴 비행기여행을 즐겼다. 그녀는 이 여행을 꼼꼼히 메모했다.

우리는 필라델피아에 도착하였으나 이제 어떻게 하면 되는지 막막하기만 했다. 가진 돈도 별로 없고, 들어갈 아파트도 없는 처지였다. 대학으로부터는 아직 한푼도 돈을 받지 못하고 있었다. 참으로 막연하기 짝이 없었다. 무엇보다도 우리에게는 도와줄 친척이 미국에 한 명도 없는 것이었다. 나는 대서양을 건너면서 그녀에게 "우리는 사고무친(四顧無親)이다. 외톨이다." 라고 말했었다. 이런 경우에 이집트에서 흔히 쓰는 말이다. 그러나 나는 곧 덧붙였다. "우리에게는 기회의 땅이 다가오고 있다."

3

미국 유학
필라델피아에서의 독립생활

1969년 8월 23일, 우리는 미국행 수속을 다 마치고 아침 7시 30분 카이로 공항에 도착했다. 가족들은 우리 내외를 전송하기 위해 모두 나와 있었다. 미지의 세계로 떠나는 흥분, 난생 처음 조국땅을 떠나는 슬픔, 사랑하는 가족들과 헤어지는 두려움 등을 안고, 어머니의 뺨에 흐르는 눈물을 보면서 탑승구로 들어가는 나의 마음 속에는 만감이 교차하고 있었다. 나는 외아들이다. 이집트에는 장자가 아버지의 뒤를 이어 가통을 이어받는 전통이 있다 (내가 군복무를 면제받은 것도 외아들이기 때문이다.). 가족들과 작별인사를 마치고, 짐무게의 초과로 27.45LE를 지불하고 난 뒤, 오전 9시 정각 우리를 태운 이집트항공기는 이륙했다. 도중 로마와 파리를 경유하고 런던에 도착한 다음, 우리는 TWA로 갈아타고 대서양을 건너 필라델피아로 향했다.

꿈은 현실로 다가오고 있었다. 그러나 내 앞에 펼쳐질 새로운 세계, 문화, 그리고 교육제도 등에 적응해 나가야 할 나의 책무에 대해서는 원래가 낙천적이기도 하고 또 흥분에 휩싸여 있었던 만큼 별로 생각하고 있지 않았다. 게다가 우리는 결혼한지 3일밖에 안되었다. 첫날밤은 알렉산드리아의 처가에서 보냈고, 이튿날 밤은 카이로의 세미라미스(Semiramis) 호텔에서 지냈으며, 셋째날 밤은 런던 공항근처의 한 호텔에서 보낸 것이다. 이것이 우리의 신혼생활 전부인 것이다. 필라델피아로 가는 비행기 안에서 우리는 서부활극 영화를 한편 보았다. 수많은 총격과 온갖 고난을 겪으면서 금을 찾아 서부로 서부로 가는 개척자의 영화였다. 마치 TWA가 우리 내외에게 황금을 쫓아 서부로 가는 데는 공짜가 없다는 것을 일깨워 주기 위해 보여주는 것 같았다.

미국 땅에 첫발을 내디딘 순간 우리는 마치 망망대해의 일엽편주와 같은 신세가 되었다. 주위를 둘러보니 지평선은 보이지도 않고 모든 것이 규모가 엄청나게 크고 잘 정돈되어 있는 것이 인상적이었다. 이집트에 있을 때 나는 미국을 번쩍번쩍한 마천루가 숲을 이루고 멋있게 다듬어진 푸른 잔디밭이 펼쳐져 있는 나라로 알고 있었다. 세상에 그렇게 클 수가 없었다. 펜실베이니아 대학에서 보내온 대학 안내책자에도 필라델피아 서쪽에 있는 대학캠퍼스의 사진이 실려 있었는데 그야말로 지상의 낙원이었다.

필라델피아 공항에 내린 나는 그 웅장함과 잘 짜인 조직성, 그리고 미국인의 친절에 우선 놀랐다. 세관원의 얼굴에서 미소를 보고, 사람들이 타인의 권리를 존중한다는 사실을 느끼면서 나는 이것이야 말로 미국사회의 핵심이구나 하고 생각했다. 공항 밖으로 나오면서 이제야 에덴의 동산이 펼쳐질 것이라고 기대한 나의 첫눈에 들어온 것은 폐차장에 쌓여 있는 산더미 같은 망가진 차들이었다. 그러나 세계 여러 나라를 돌아본 이제 나의 생각으로는 첫인상이라는 것은 상대적인 문제이고, 또 그릇된 사전 지식 때문에 생긴 편견이라고 생각한다.

'가족같이 따뜻한 도시(the City of Brotherly Love)'라고 하는 필라델피아에는 대학의 외국인 학생처에서 보낸 두 사람의 대학원 학생이 우리를 기다리고 있었다. 파드 쇼레이(Fahd Shoreih)와 소크리 샥세리(Shoukri Shakhsheri)였다. 두 사람 다 이집트인은 아니지만 중동에서 온 학생이었는데, 우리를 재빨리 알아보고 반갑게 맞이해 주었다. 냉방이 잘 되어 있는 공항건물을 나서서 우리가 처음 들이마신 미국의 '자연의 공기'는 후덥지근한 열풍이었다. 이집트에 비하면 기온은 낮은 편이었지만 결코 상쾌한 공기는 아니었다. 나는 대학 안내서의 그 푸른 잔디와 무성한 숲의 사진을 머리에 떠올리면서, 낙원은 이렇게 무더워야 아름다운 것인가 하고 의아해 했다. 마중 나온 두 사람은 차를 가지고 와서 우리를 태우고 바로 대학캠퍼스로 향했다.

펜실베이니아대학은 1779년에 주립대학으로 설립된 미국 최초의 대학으로서, 지금도 미국인이 가장 존경하는 인물의 하나인 벤자민 프랑클린(Benjamin Franklin)이 설립자이다. 당시로서는 획기적인 구상으로, 프랑클린은 당대 현안들을 불편부당(不偏不黨)한 입장에서 해결할 수 있는 인재를 키울 대학의 필요성을 느끼고, "학생은 유용한 지식은 모두 배워야 하며, 남의 귀감이 될 모든 것을 배워야 한다."는 신조 아래 이 대학을 설립했다. 오늘날 이 대학은 학부, 대학원, 전문대학원의 학생 20,000 여명을 거느린 고등교육의 명문으로, 그리고 하바드, 예일, 프린스톤 등과 더불어 아이비 리그(Ivy League)의 하나로 군림하고 있다.

대학에 도착하여 맨 먼저 간 곳은 교회 비슷한 건물 속에 있는 학생처 사무실이었다. 우리는 이 교회같은 건물에서 하루밤을 지낼 줄은 정말 몰랐다. 특히 회교 사원을 생활과 학습의

장으로 삼고 자라온 시디 이브라힘 알데수키(Sidi Ibrahim al-Desuqi) 출신의 이 청년에게 교회같은 건물은 어울리지 않았다. 그러나 호텔에 갈 돈이 없는 우리로서는 대학의 이 배려도 고마울 뿐이었다. 그러자 후아드 아가미(Fouad Agami)라는 친구가 자신의 아파트에 우리를 며칠 동안 재워주기로 했다. 우리는 그 집에서 처음으로 다리를 쭉 뻗고 기나긴 여독을 풀었다. 교회같은 건물에서 자고 난 첫날부터 우리 앞에는 엄청난 과제가 기다리고 있었다.

그것은 우리가 가지고 있는 쥐꼬리만한 돈으로 안락한 아파트를 구해야 한다는 초급선무였다. 대학 근처의 지도와 임대 아파트의 목록이 우리를 안내하는 길잡이의 전부였다. 우리는 여기서 자기일은 자기가 해야 한다는 미국식 독립생활의 맛을 톡톡히 보는 것이었다. 그렇다고 우리는 망망대해에 아무렇게나 내팽개쳐진 것은 절대로 아니었다. 신입생은 필요할 경우 자신의 첫달 장학금을 미리 가불해서 쓸 수 있는 제도가 있었던 것이다. 우리가 가진 돈으로는 아파트의 보증금이나 임대료를 낼 수 없었기에 나는 물론 이 제도를 활용하여 장학금을 가불받았다.

미국에 온 첫날 아파트 찾기에 나선 나는 어떤 허름한 동네에서 오래된 건물의 3층에 있는 아파트 하나를 보았다. 냉장고 등 비품이 갖추어져 있는 침실 하나짜리였다. 집주인 허얼리(Hurly) 부인을 만난 그날의 일을 지금도 잊을 수가 없다. 허얼리 부인은 이집트에 관해 아는 것이 전혀 없고 이집트 사람도 처음 보는 것 같았다. 게다가 내 영어는 형편없는 엉터리였으므로 그녀로 하여금 이집트에 대해 조금이라도 이해하게 할수는 없었다.

허얼리 부인은 친절하게 우리를 안내했다. "이것은 냉장고,

내앵-장으-고예요. 음식물이 상하지 않게 차게 보관하는 곳입니다. 어떻게 쓰느냐 하면 말이죠" 하면서 냉장고를 열고 선반, 냉동실, 야채바구니 등을 일일이 가르키고, 또 다른 가전제품의 설명을 장황하게 늘어놓는 것이었다. 꼭 나를 백치 취급하는 것 같았다. 나는 "부인, 우리는 이집트에서 왔어요!"라고 말했으나, 그녀는 "아, 그래 그래요, 그리고 말이죠, 냉장고는 일주일에 한번쯤씩 성애를 꼭 녹여내야 하거든요, 그리고…" 라고 계속하는 것이었다. 참다 못해 나는 그 엉터리 영어로 그녀의 말을 가로채고, "이집트에도 냉장고는 있어요!!!"라고 외쳤다. 내 얼굴은 벌겋게 상기되었던 것 같은데, 어쨌든 우리는 그 아파트로 옮겼다.

학생처 직원들과 주변의 학생들은 나에게 전화를 신청해서 달라고 권했다. 금방 달아줄 것이라고 했다. 그래서 그날은 금요일이었는데, 나는 서튼 영어로 전화회사에 전화를 걸어 아파트의 주소를 일러주고, 새로 온 대학원 학생인데 전화를 달아달라고 신청했다. 전화회사 직원은 월요일에 달아드리겠다고 했다. 그리고 약속대로 월요일에 전화기와 전화번호책을 가지고 나타나서 금방 달아놓고 나가는 것이 아닌가! 우리는 정말 놀랬다. 꿈을 꾸고 있는 것 같았다. 당시 이집트에서는 전화 한 대 달려면 몇 년을 기다려야 하고, 겨우 차례가 다가오고 있다는 연락과 함께 보증금을 납부하고 또 몇년을 더 기다려야 하는 그런 실정이었던 것이다.

나는 지도교수 로빈 혹스트랏서(Robin Hochstrasser)를 어서 만나보고 싶었다. 내가 이곳까지 온 것은 전적으로 그의 지도하에 박사학위를 따기 위해서인 것이다. 그리고 그의 실험실에서 분광학적 연구에 종사하게 되자 나는 신이 났다. 혹스트랏서 교수는 스코틀랜드 태생인데, 캐나다에서 몇년 지내다가

1960년대 초에 이곳으로 온 분이었다. 그는 2년간(1955~1957) 영국 공군에 근무하면서 하필이면 수에즈운하를 폭격하는 조종사들에게 전자공학을 가르쳤다고 한다. 훨씬 뒷날인 1996년, 나는 빌 이튼(Bill Eaton)과 함께 물리화학 저널(Journal of Physical Chemistry)의 한 특집호에 혹스트랏서 교수의 학문적 업적을 싣기 위해 편집작업을 할 때 들었는데, 그때 그에게 전자공학을 배운 조종사들은 이집트의 목표물들을 참으로 용케도 못맞추었다고 한다.

1969년 내가 그를 처음 만났을 때, 그는 38세의 정력 왕성하고 아이디어 풍부한 학자였다. 지금도 마찬가지이다. 나는 미국에 오기 전에 그와의 편지 교환을 통해 내가 그의 밑에서 일하게 되리라는 것과 그가 지도교수가 된다는 것을 미리 알고 있었다. 그리고 무엇보다 그는 그 '무명인에게의 편지'를 통해 나를 미국까지 올 수 있게 해 준 은인이다. 그런데 앞에서도 말했지만 내 영어는 형편 없어서 한 두마디 밖에 말이 안 되고, 또 상대방 말도 잘 알아듣지 못했다. 이집트에서 영어로 된 과학책과 학술지는 많이 읽었으되 회화는 해본 적이 없기 때문이다.

내가 그의 연구실에 가서 인사를 한 것은 미국에 온 이틀째인가 3일째 되는 날이었다. 엉터리 영어라 나 자신을 잘 소개할 수도 없었다. 그러나 그는 그후 늘 하는 말이 그 서툰 영어 속에서도 나의 열정은 분명히 표현되고 있었다고 한다. 내 말이 끝나자 그는 "알았어, 아흐메드. 그런데 말이야, 지금 내가 딴 데로 가야 되거든" 하는 것이었다. 딴 방에 좀 볼일이 있어 가보아야 된다는 뜻이었는데, 그 때 나는 그가 펜대학을 떠나야 한다는 뜻으로 알았다. 깜짝 놀란 나는 소리쳤다. "하지만 혹스트랏서 교수님, 저는 선생님 밑에서 공부하기 위해 여기까지 왔는데요!" 지금와서 돌이켜 보면, 내가 그의 말을 잘 알아 듣지 못하고 그도 내 말을 알아듣지 못한 그 초기에 그가 나를 지도해 주었다는 것이 신기할 뿐이다.

이렇게 몇번 만나다가 어느날 그는 나에게 몇가지 연구과제를 설명했다. 그러면서 나더러 좀더 공부하는 것이 좋겠다고 생각하는지, "지금 서둘지 말고 과제 전반에 걸쳐 좀더 알아본 뒤 정하는 것이 좋겠다." 고 말했다. 그러나 나는 당장 일에 착수하고 싶은 욕심에 고집을 부렸다. 그는 나의 이 열성을 이해하고는 "좋아, 그럼 생물학적 거대 분자의 스타르크 효과(Stark effect)에 대해 일해 보게."라고 했다. 그런데 사실 나는 그 스타르크(전기장 電氣場) 효과가 무엇인지 몰랐고, 또 생물학에 관해서는 아는 것이 전혀 없었다. 그러나 나는 "알았습니다. 고맙습니다." 하고 나와서는 이것이 무엇인가 알아보기 시작했다.

나는 이집트에서 비록 우수한 성적으로 졸업했다고는 하나, 미국의 대학원 수준의 과학은 나에게는 참으로 생소한 것이었다. 양자역학, 레이저, 전자기학 등은 내가 지금부터 해야 할 새로운 연구과제에서 빠질 수 없는 분야들이었다. 나는 혹스트랏서 교수가 준 과제를 곰곰히 생각해 본 끝에 다시 그를 찾아가서 말했다. "선생님, 이 과제는 제가 꼭 하고 싶어 하는 과제가 아닌데요", 나는 아주 조심스레 말을 하면서 please라는 단어를 꼭 붙였다. 그는 도대체 이 친구가 어디서 왔기에 지도교수가 주는 연구과제를 싫다 좋다 하는가 하고 놀랐을 것이다. "왜 그런가?" 그가 물었다. 나는 스타르크 효과에 대해 잘 알지도 못하면서 다만 직관적으로 그것은 너무나 정성적(定性的)인 과제라고 생각했다. 내가 원하는 것은 보다 정량적인 과제인 것이다. 나는 이 때 내 소질은 정량적인 과학 연구에 있다는 것을 확실히 자각하게 되었다. 그런데 교수가 준 과제는 분자는 너무 크고 효과는 너무 작아서 측정할 수 없고, 따라서 과제 전체가 잘못 설정되어 있다고 느꼈다.

"제가 원하는 것은 좀더 정량적인 그런 연구과제입니다." 이 말에 혹스트랏서 교수는 "그럼, 이걸 해보게" 하고 보다 작은 계로 된 과제를 제시했고, 나는 그것을 받고 비로소 신바람이 났다. 몇 달 후 나는 실험에 몰두하고 있었고, 1970년 9월에는 아질산나트륨의 삼중상태의 지이만(Zeeman) 효과에 관한 우리의 첫 논문을 투고하기에 이르렀다. 그리고 1971년 6월에는 벤젠에 관한 두 번째 논문을, 같은 해 7월에는 트리아진(triazene)에 관한 세 번째 논문을 잇따라 투고했다. 벤젠의 삼중상태에 대한 지이만 효과에 관한 논문은 몇 달 후 출판되어 나왔다. 그 무렵 나는 양자역학과 군론(群論)을 다룰 수 있게 되어 내 논문에 이 이론들을 도입할 수 있었다. 이렇게 일은 순조롭게 진행되어 나는 12편의 논문을 묶어 박사학위 논문을 작성했다.

알렉산드리아에서 필라델피아로의 이 여정은 나의 인생역정에 있어서 나를 과학의 세계로 확고하게 인도한 발걸음이었다. 그러나 인생에는 또 다른 차원도 있다. 아버지가 항상 말씀하신 대로 과학과 더불어 사람과도 친하려면 우선 미국의 생활방식을 이해해야 했다. 그런데 내 앞에는 세 가지 장벽이 가로놓여 있었다. 하나는 학문이고, 또 하나는 정치문제, 그리고 마지막 하나는 문화의 문제였다. 학문의 장벽은 또 무슨 말인가? 나는 알렉산드리아대학을 그렇게 우수한 성적으로 졸업했고, 재학시에 유기화학, 물리유기화학 등 화학의 모든 과목을 그렇게 좋은 성적으로 다 이수했는데, 이제 와서 학문의 장벽이라니? 그런데 그것이 아니고, 첫째는 현대화학과 물리학의 최신 지식에 대해 나는 도통 모르고 있었던 것이다. 그러나 이 장벽은 비교적 수월하게 극복할 수 있었다.

진짜 학문적 장벽은 복잡한 실험장치를 취급하는 데 있었다. 실험실의 장비들은 모두 최신의 것들이었고, 이들을 다루려면 특별한 훈련을 받아야 했다. 이런 일도 있었다. 한밤중에 혼자 실험하고 있던 나는 새로 들여온 초전도 마그넷 장치에 문제가 생겨 새벽 4시에 지도교수인 혹스트랏서 박사를 전화로 깨워야 했던 것이다. 그는 그 때 탓하지는 않았지만, 지금도 그 새벽전화는 기억하고 있다.

실험장비의 취급에 익숙하지 않다는 문제 외에 또 하나의 과학적 장벽은 시험에 관한 문제였다. 이집트에서는 시험도 영국식이어서, 예컨대 "비타민 B12에 대하여 아는 바를 쓰라"하는 식이었다. 나는 서론, 합성법, 화학적 성질, 인체 내에서의 작용 등등 몇 장이라도 쓸 수 있었다. 그런데 미국에서 처음으로 치른 시험은 소위 다지택일형(多肢擇一型)이어서, 100개나 되는 문제의 각각에 대하여 주어진 보기 속에서 정답을 고르는 것이었다. 그것도 예컨대 한시간 이내라는 등 제한된 시간에 해치워야 하는 것이었다. 나로서는 다 읽지도 못하겠고, 머리 속에서 정리하고 생각할 수도 없었다. 익숙하지 않은 이런 방식에 내 성적은 이집트에서의 화려한 성적에 어울리지 않게 비참할 수밖에 없었다. 그러나 다행히 그 시험은 학점을 위한 것이 아니었고, 내가 어떤 과목을 이수해야 할 것인가를 판단하는 자료에 불과했다.

어쨌든 나는 정신 바짝 차리고 나 자신을 재교육하지 않으면 이 장벽을 넘을 수가 없다는 것을 깨닫고, 물리학과 화학의 여러 과목을 청강하고 도서관에 가서 책도 많이 읽었다. 또 책도 많이 샀는데, 그 때 산 책을 지금도 가지고 있다. 처음에는 강의를 따라가기가 힘들었다. 교수들의 말이 너무 빠르기 때문이었다. 그러나 다행히 방정식이나 기호 등은 세계 공통이었기 때문에 이해하는 데는 큰 지장이 없었다. 이렇게 하여 몇 달 지나자 이제 언어는 큰 문제가 안 되었다.

첫학기 학기말 시험에서 나는 양자역학에서 A학점을 받았다. A학점을 받은 학생은 단 두 사람뿐이었다. 펜대학은 나처럼 기초가 약한 학생들을 위해 여러 가지 기초과목들을 개설하여 수강할 수 있게 하고 있었다. 과목 번호 501, 502, 503 등이 이런 과목들이었다. 내가 2년간에 수강해야 할 과목 수는 6과목이었는데, 이 과목들을 수강하기 위해 필요하면 위의 기초과목들을 이수할 수가 있는 것이다. 그래서 나는 15과목 쯤을 청강했다. 폭넓은 지식을 갖게 하는 참으로 좋은 제도라고 생각한다. 이런 과정에서 미국식 시험제도에도 익숙해졌고 실험장치를 다루는 데도 어느 정도 능숙해져 갔다.

나는 물질구조 연구실험실(Laboratory for Research on the Structure of Matter, LRSM)에 배치되어 실험하고 있었는데, 이 실험실에는 화학, 물리학, 신소재, 공학 등 여러 분야의 사람들이 모여 일하고 있었다. 이 실험실이 있는 건물은 월넛 스트리트(Walnut Street) 3231번지에 있었는데, 이곳은 캠퍼스의 중심이었고, 또 내가 주로 강의를 듣는 물리학과 및 전자공학과 건물과는 길 하나를 사이에 두고 있는 곳이었다. 이 건물에서는 오후 3시쯤 되면 교수와 학생들이 1층 로비에 모여들어 쿠키와 커피 또는 홍차를 들면서 담소하는 것이 관례였다. 나는 여기서 세계 1급의 거물교수들도 볼 수 있었고, 대학원학생, 박사후 연수생들과 각자의 연구과제에 관해서 이야기를 나눌 수 있었다. 당시 이 대학의 화학자와 물리학자들이 유기물의 전도와 초전도 현상을 연구하고 있었는데, 후일 물리학자로서는 초전도현상으로 쉬리퍼(Bob Schrieffer, 1972년 공동수상)

가, 그리고 유기중합체의 전도현상으로 히이거(Alan Heeger, 2000년 수상)가 노벨상을 받았다. 화학에서는 맥디알미드(Alan McDiarmid)가 히이거와 함께(그리고 시라카와 히데키와 공동으로) 노벨상을 받았지만 그는 이 실험실이 아니고 다른 화학과 건물에서 연구하고 있었다.

쉬리퍼 교수는 학생들에게 참으로 인상적인 교수였다. 나는 그의 수리물리학(數理物理學) 강의를 들었고, 혹스트랏서 교수에게서는 군론(群論)과 그 응용에 관한 강의를 그의 저서를 가지고 들었다. 혹스트랏서 교수는 어떤 문장을 쓸 때 "…임은 분명하다."라고 서두를 쓰는 것이 습관이었는데, 무엇이 그렇게 분명한가를 이해하는 데는 한참 공부를 해야 한다. 이런 과목들을 이수하면서, 한편으로 나는 누적시험(cumulative exams) 준비도 꾸준히 해서 비교적 단시일 내에 이에 합격했다.

물질구조실험실의 교수대 학생의 수적 비는 약 1대 10으로, 교수 약 10명에 학생이 대략 100명 정도였다. 그리고 오후의 티타임에는 30명에서 50명 정도가 모여 제각기 자신의 연구내용을 떠들고 있었다. 혹스트랏서 교수 밑에는 열두명 쯤이 있었는데 그들의 출신지도 다양했다. 우선 내가 이집트에서 왔고, 위즈마(Douwe Wiersma)는 네덜란드에서, 파라사드(Paras Parasad)는 인도에서 왔다. 미국인은 미차루크, 와아트맨, 프리드맨(John Michaluk, John Whiteman, Joel Friedman)이 있었고, 이외에도 세계 각국에서 온 대학원학생과 박사후 연수생이 여럿 있었다. 다양한 문화의 집단이었다. 이들 중 많은 사람이 나의 좋은 친구가 되었다. 또 전에 혹스트랏서 교수 밑에 있다가 나간 사람들도 이곳에서 가끔 만났는데, 그 가운데 특히 이튼(Bill Eaton)과 스몰(Gerry Small)은 뒤에 나와 좋은 친구가 되었다.

나는 서너 개의 과제를 동시에 수행하고 있었다. 욕심이 많아서이기도 하고, 또 실험실의 협동연구에 반해서이기도 했다. 그 내용은 대개 고체의 분광학, 결정체에 미치는 자기장과 전기장의 효과, 전기장에서의 분자의 운동, 자기공명의 광학적 검출 등이었다. 물론 혹스트랏서 교수와의 공동연구였지만, 실험실 내의 다른 사람들과도 같이 하는 경우도 있었다. 예컨대, 미국인 박사후 연수생이었던 웨셀(John E. Wessel)과 스코트(Gary W. Scott)와 같이 일을 했는데, 나중에 이들과 공저로 논문을 내기도 했다. 그 후 이들은 나의 절친한 친구가 되었다.

비록 논문을 같이 쓰지는 않았지만 내가 친하게 지낸 친구로는 위즈마가 있다 (그는 지금 네덜란드의 그레닌겐 대학 교수이다). 또 브레이(Bob Bray), 파라사드, 딤(Sally Dym), 미차루크와도 친하게 지냈다. 우리는 자나 깨나 연구 이야기뿐이었다. 때로 캠퍼스 내의 피자 가게인 기노(Gino)에 가거나, 불고기 샌드위치를 먹으러 시내 남쪽에 있는 닉크에 갔다가 돌아와 밤늦게까지 일했다.

실험실 내 분위기는 화목했다. 그러나 나는 처음부터 실험실의 몇 사람은 나의 능력을 별로 믿지 않고 있다는 것을 알았다. 대부분의 사람들은 나에게 친절하게 대해 주었고, 나의 견해가 그들과 달라도 역시 나를 하나의 인격체로서 그리고 젊은 과학자로서 잘 대해 주었다. 그러나 대학원 상급생 하나는 좀 달랐다. 그는 아랍제국에 대해 반감을 가지고 있었고, 때로는 과학과 국제정치를 뒤섞어 놓고 있었다. 그는 때로는 실험실에서 나를 도와주기도 했고, 또 1971년에는 나와 공저로 논문을 내기도 했으나, 이집트인이 무엇을 할 수 있겠느냐 하는 편견을 가지고 있었다. 그는 과학기술의 힘을 굳게 믿는 보수주의자였고, 특히 1967년에 이스라엘과의 전쟁에서 이집트가 패배하자 이집트인은 과학을 할 수 있는 민족이 아니라는 인식을 깊게 지니고 있었다. 그의 편견에 나는 가슴이 아팠다. 이집트인은 선천적으로 서구인이나 유태인 또는 미국인과 같이 과학의 최첨단에 설 수 없다는 투였다. 그러나 한편으로 이런 편견과 또 비슷한 몇가지 예들이 오히려 나를 더욱 분발시켰다. 어디 두고 보자, 내 실력을 보여주마! 그리고 실제로 나는 그 편견을 고쳐놓고 말았다. 그것은 내가 명예스런 피터 드바이상(Peter Debye Award)을 받았을 때, 식장의 앞줄에 앉아 있던 그가 이집트인인 나를 붙들고 진심으로 축하해 주었던 것이다.

정치적인 장벽은 비교적 쉽게 극복할 수 있었으나, 문화와 생활방식의 차이는 처음에는 도저히 해결될 것 같지 않았다. 매일 매일의 일상생활에서 문제들이 많았다. 물론 대개가 곧 해결되기는 했으나 초기에는 애를 먹었다. 우선 기후 문제였다. 필라델피아에 와서 처음 맞는 겨울, 우리는 난방을 어떻게 하는지 몰랐다. 집주인 허얼리 부인이 와서 가르쳐 주어야 했는데 기온이 0도 가까이까지 내려갔는데도 그녀는 오지 않았다. 할 수 없이 우리는 두터운 겨울용 외투를 샀고, 눈에도 익숙해졌다. 나는 외투와 담요로 몸을 마치 미이라처럼 똘똘 말아 밤을 새운 일을 지금도 잊지 않고 있다. 우리는 이집트 고유의 의상을 입고 있었는데, 이것도 화근이었다. 나는 이집트에서 가져온 굽이 없는 납작한 신을 신고 눈길을 가다가 눈에 미끄러져 길바닥에 반듯이 누워버렸다. 곁에서는 차들이 지나가고 사람들도 걸어갔다. 그러나 어느 누구도 나를 보고 멈춰서지 않았다. 카이로의 타리르(Tahrir) 거리 복판에서였다면 누군가가 들 것을 가져오고, 또 누구는 박하를 탄 뜨거운 차를 가져오거나 더운 물을 가져와서 내 얼굴에 묻혀 내가 깨어나도록 했을 것이다. 물론 모두가 내 잘못이다. 도대체 이 눈길에 그런 옷과 신발을 착용한 게 내 잘못인 것이다. 우리는 그것을 알았어야 했다.

슈퍼마켓에서 물건을 사는 것도 신기했다. 모든 것이 한곳에 다 있고 종류도 다양했다. 이집트의 전통적인 시장에서는 채소는 이 가게에서, 빵은 저 가게에서, 고기는 또 딴 가게에서 하는 식으로 산다. 없는 물건은 어느날 행상이 가지고 올 때까지 기다려야 한다. 그런데 이곳 필리(필라델피아)에서는 물건이 가득한 복도를 지나가면서 살 것을 바구니에 담기만 하면 되었다. 우리집 냉장고는 20달러면 가득 찼다. 우리는 특히 아이다호의 구운 감자를 좋아했다. 버터와 크림을 발라 먹으면 일품인 것이다. 우리는 전에 그렇게 큰 감자를 본 적이 없었다. 스테이크와 아이스크림도 이곳 생활에 익숙해지면서 우리가 좋아하게 된 단골음식이었다. 그래서 우리는 가끔 스테이크집에 가서 쇠고기를 먹었다. 여기 와서 얼마 안 된 어느날의 일을 나는 지금도 기억한다. 그날 우리는 스테이크를 먹고, 식후에 아이스크림을 맛보기로 했다. 나는 웨이터를 불러 "데져트를 부탁합니다."고 했다. 이 발음이 이집트의 사하라 사막과 같았던 모양이었다. 그 웨이터는 친절하게도 디저어트(dessert)와 사막의 데져트(desert)의 발음 차이를 인내심 있게 가르쳐주는 것이었다.

의복과 행동에서도 차이는 심했다. 나는 이집트에서 올 때 정장을 여러 벌 옷가방에 가득 넣어 왔다. 알렉산드리아에서는 조교였기 때문에 항상 정장을 하고 다녔고, 그래서 미국에서도 그럴 것으로 생각했던 것이다. 알렉산드리아에서는 양복이나 와이셔츠나 심지어 구두까지 단골집에서 맞추어 입었던 것이다. 그런데 때는 1960년대 말이다. 학생들은 구멍이 뻥뻥 뚫린 청바지에 커다란 부츠를 신고 알롱달롱한 셔츠를 입고 학교에 나오는 것이었다. 나는 저들이 왜 대중 앞에서 저런 옷을 입고 있는지 도대체 이해할 수가 없었고, 또 왜 저들이 이집트인이 정장하고 있는 것을 신기해 하는지 알 수가 없었다. 그래도 나는 매일 하얀 셔츠를 다려 입고 넥타이까지 매고 학교에 나갔다. 그런데 어느날 존 미차루크가 "너, 총장님 만나뵐려고 온 거니?"라는 것이었다. 나는 그 말뜻을 알아듣고, 그 뒤로는 좀 더 편한 옷을 입고 나가게 되었다. 청바지를 입은 것은 훨씬 뒤의 일이다. 그래도 옷에 구멍은 내지 않았다.

나의 행동방식도 이곳에서는 이색적이었겠지만, 내가 존중하는 몇가지 전통 문화와 관습은 고치지 않았다. 낮 12시가 되면 프랭크라는 사람이 우리 건물 옆에 트럭을 세워놓고 각종 샌드위치를 팔고 있었다. 나는 사러 갈 때마다 먼저 혹스트랏서 교수의 방에 들러, "샌드위치를 사다드릴까요"하고 물었다. 그가 사러 가는 것이 귀찮아 나에게 부탁하면 사다 드릴 작정이었던 것이다. 또 나는 내 방에 언제나 커피를 담은 병을 갖다 놓고, 점심 식사 후나 오후 서너시가 되면 "교수님, 커피 한잔 갖다 드릴까요?"하고 묻고, 깨끗한 잔에 커피를 부어 갖다 드리곤 했다. 미국 학생들은 이것을 이해할 수가 없었고, 내가 교수에게 지독하게 아첨하는 것으로 보는 것 같았다.

이집트에서는 이것은 교수에 대한 존경의 표시이다. 이집트에는 "너에게 단 한자의 글자를 가르쳤어도 그의 앞에서는 노예가 되어라"(man 'allamani harfan, sirtu lahu 'abdan) 라는 말이 있다. 교수가 이토록 좋은 교육을 나에게 베풀어주고 박사학위까지 따게 해 주니 커피나 샌드위치를 갖다 드리는 작으마한 일은, 그에 대한 나의 감사 표시인 것이다. 나는 이집트에서 올 때 혹스트랏서 교수에게 작은 선물을 가지고 왔는데,

이것도 이곳 학생들에게는 이해할 수 없는 일인 것 같았다. 지금 나에게는 아시아나 유럽에서 오는 학생이 이런 전통에 따라 상징적인 작은 선물을 가지고 오는데, 나는 이것을 정중한 감사의 표시라고 충분히 이해하고 있다.

이집트인의 행동 가운데는 고쳐야 할 것도 있다. 전혀 문화가 다른 곳에서 온 사람에게 어떤 농담을 글자 그대로 직역해서 말하는 것도 조심해야 한다. 예컨대, 이집트에서는 아주 친한 사람을 만나면 "너, 죽여버리겠다(ha'tilak!)"라고 말할 수가 있다. 누가 들어도 친근의 표시로 하는 농담인 줄 안다. 내가 미국에 와서 처음으로─그리고 마지막으로─ 이 말을 미국친구에게 했을 때 그 친구는 깜짝 놀라서 나를 쳐다보는 것이었다. 그 때 나는 그 친구와 함께 커피를 마시고 있었는데, 내가 "너, 죽여버리겠다!"라고 말하고 나서 (미국식으로 번역하면 이렇게 된다고 생각했었다) 그를 보고는 그가 어떻게 생각하고 있는지를 단번에 알 것 같았다. "이 친구, 진심인가? 이 친구 중동에서 왔지, 그러니 정말 죽일지도 모른다." 60년대 말과 70년대 초의 미묘한 분위기 속에서, 나는 오해살 만한 농담은 직역을 피하고, 이곳 언어에 익숙해져야 하겠구나 하고 절실히 느꼈다.

미국식 특징 가운데는 나를 놀라게 하는 것들이 많다. 미국 생활 첫해, 내가 강의 조교일 때였는데, 지금도 잊혀지지 않는 경험이 있다. 이집트에서는 학생들이 아직 박사도 아닌 나를 아흐메드 박사님이라고 불렀다. 이렇게 나는 항상 존경을 받고 살았었다. 그런데, 1969~1970학년도의 학부 1학년 화학시간이었는데, 학생들은 나를 마치 보모 취급하듯 했다. 비싼 등록금을 내고 있으니 나는 보모나 다름없다는 식이었다. 미국의 사립학교에서는 학생들이 수업료를 내기 때문에 선생은 그들을 위해 봉사한다는 사고방식이고, 이집트에서는 선생은 학생을 가르친다는 사고방식인 것이다. 나는 여기서 미국식 사고를 또 한가지 배웠다.

한번은 실험시간이었는데, 여학생이 옆 실험대의 남학생과 같이 용액의 적정실험을 하다가 잠시 기다리는 동안에 서로 키스를 하는 것이었다. 바로 나 앞에서, 그리고 모두가 보고 있는 데서. 나는 내 눈을 의심했다. 이집트에서는 상상도 못할 일이었다. 나는 그 실험시간의 조교였는데, 어떻게 해야 좋은지 일순 판단할 수가 없었다. 저걸, 가서 발길로 냅다 차주어야 하나? 저것들을 멀찌감치 떼어놓아야 하나? 어떻게 해야 하나? 나는 실험실을 나가서 담당교수에게 가서 물었다. 그런데 그 교수는 "글세, 저어…, 그런데 말이야, … 여기서는 그렇게들 한다고" 하는 것이었다. 그래서 나는 또 한가지 배웠다. 여기서는 만사가 저렇게 편하구나, 자유롭구나, 이집트에서 자란 나의 보수적인 사고방식과는 문화적으로 전혀 다르구나!

또 한번 내가 놀란 일은, 어느날 의예과 학생이 찾아와서 시험성적에 대해 항의하는 것이었다. 군론에는 점군대칭(点群對稱 point group symmetry)이라는 것이 있고 C2V로 적는데, 이 문제는 정답이 하나뿐이어서 맞으면 맞고 틀리면 틀린 것이지, 반점짜리 중간이라는 것은 있을 수 없었다. 그런데 그 학생은 C2h라고 썼고 그래서 반은 맞은 것인데 내가 오답으로 처리해버렸다는 것이다. 나는 맞거나 틀리거나 둘 중 하나뿐인 이런 문제에 대해 항의해 오는 그 의예과 학생의 뻔뻔스러움에 참으로 놀랐다. 여기서도 나는 문화적 차이를 느낄 수 있었다. 미국 학생들은 교수의 권위에 대해 당당히 맞설 수 있고, 또 실제로 그렇게들 한다는 것을 알았다. 이런 문화적 배경의 차이에도 불구하고 나는 그래도 학생들과 비교적 잘 지낸 것 같다. 그 이유는 잘은 몰라도 아마 내 설명이 군소리할 여지가 없도록 명백했기 때문일 것이다.

그러나 이와 같은 학문적, 정치적 또 문화적 차이들은 미국식 생활의 편리함과 미국인들의 친절로 대부분 상쇄되는 것이었다. 1969~1970학년도 첫학기 등록 때이다. 긴 줄을 서서 기다리다가 내 차례가 되어 창구의 직원에게 수표를 건넸다. 그리고 또 서서 기다리는데 그 여직원은 나를 보더니 놀란 표정이었다. 왜 안가고 서 있느냐 하고 의아해 하는 표정이었다. 그래서 나는 "도장은 안 찍어 주어요?" 하고 물었다. 그랬더니 그 여직원은 무슨 도장? 하는 듯하더니 상냥하게 웃으면서 손짓으로 그냥 가도 된다고 하는 것이었다. 나는 돌아서면서 미국 사회의 편리성과 상호신뢰성을 비로소 깨달았다. 이집트에서는 내 졸업장에도 도장이 얼마나 많이 찍혔는지 내 사진이 안 보일 정도이다.

이런 생활의 편리함과 사람들의 상호신뢰성은 캠퍼스 내의 모든 일상생활에서도 항상 느낄 수 있었다. 도서관에서 책을 빌릴 때, 책방에서 외상으로 책을 살 때, 실험실의 장비를 사용하면서 사용일지에 기록할 때 등 도처에서 볼 수 있었다. 한번은 이런 일도 있었다. 내가 이곳에 왔을 때 혹스트랏서 교수가 실험실에 내 책상을 마련해 주었다. 나는 당장 나가서 자물쇠를 하나 사와서 채웠다. 알렉산드리아에서는 각자 지급받은 시약이나 실험도구들은 자물쇠로 꼭꼭 채워놓고 있었던 것이다. 그런데 일주일쯤 지나서 보니 자물쇠를 채운 사람은 아무도 없었다. 무언가를 빌려쓸 때는 쪽지 한 장 적어놓고 가져가는 것이었다. 나는 자물쇠를 내다버렸다. 그 때 일을 생각하면 나는 지금도 웃음이 절로 나온다.

사람들의 친절은 우리의 마음을 편하게 해주었다. 내 영어는 여전히 엉터리였는데도 어떤 사람은 내 액센트가 듣기 좋다고 하면서 나에게 회화에 자신을 갖도록 도와 주는 것이었다. 아내 메르바트도 이 새 문화에 빨리 적응해갔다. 그녀는 영어가 나보다 나았고, 또 카이로에서 미국인 학교에 다닌 탓인지 이곳 문화에 빨리 익숙해졌다. 내 보기에는 이집트의 전통적 문화보다 미국식 문화를 여러 모로 더 좋아하는 것 같았다. 나는 이집트가 너무 그리워 학교 서점에서 녹음기를 한 대 월부로 사서 음 쿨숨의 노래를 듣곤 했는데, 그녀는 여기에 별반 관심이 있는 것 같지 않았다.

초기의 미국생활에서 받은 스트레스와 문화적 차이에서 오는 충격 때문에 나는 생활 어느 한 구석에 이집트 고유의 그 무엇을 간직하고 싶었다. 그래서 우리는 이집트에서 온 친구를 사귀기 시작했다. 공학부의 사메 사이드(Sameh Sa'id), 컴퓨터학과의 홋세인 샤히인(Hussein Shaheen), 알렉산드리아에서 와서 이 대학에서 박사과정에 있는 여학생 나글라 알-나도리(Naglaa al-Nadouri), 다만허 출신으로 알렉산드리아의 화학과에서 석사를 마친 오말 카릴('Omar Khalil) 등이다. 사교의 폭을 넓히기 위해 다른 외국인 학생들이나 미국인들과도 사귀고, 그들과 함께 캠퍼스 야외에 설치된 노천극장에서 무료 영화를 보기도 했다. 그러면서 나는 이집트의 문화와 미국 문화를 내 생활에 조화시켜 나갔다. 한번은 휴스톤 홀(Houston Hall)에서 열린 펜대학 아랍학생협회의 모임에 나가본 적이 있는데, 거기서 나온 정치이야기들이 너무도 비이성적이고 모두가 울분만 토하고 있어서 그 후로는 한번도 나가지 않았다.

아내 메르바트도 공부를 계속하기 위해, 또 집주인 허얼리 부인이 집에만 있지 말라고 권하기도 해서 여기저기 알아보다가, 역시 필라델피아의 펜대학과는 반대쪽 끝에 있는, 템플

(Temple)대학 화학과에 입학했다. 그런데 우리는 차도 없고 해서 밤이 되면 내가 버스를 타고 템플까지 가서 그녀를 데리고 집에 돌아와야 했다. 그녀 혼자 밤길을 다니는 것이 불안했던 것이다. 참으로 번거로운 일이 아닐 수 없었다. 그래서 그녀를 펜으로 전학시키기로 하고, 화학과 학과장인 와이트(David White) 교수에게 가서 사정을 해 보았다. 그는 나의 박사학위 자격시험 위원이기도 했고, 또 내가 상당히 잘 하는 학생임을 알고 있었던 터라 나의 부탁을 흔쾌히 들어주었다. (훨씬 뒤인 1997년, 내가 펜대학으로부터 명예박사학위를 받을 때, 그는 나에게 말하기로 그 때 내 성적이 너무나 좋아서 메르바트를 어떻게 해서라도 펜으로 전학시켜 주어야겠다고 생각했다고 말했다.) 이렇게 전학을 시켜놓고, 또 1970년에 처음으로 차도 사고 보니 우리 생활도 훨씬 편해졌다.

차는 하얀색 MG였고 수동이었다. 사실 나는 그때까지 운전할 줄을 몰랐다. 내가 처음 운전이라고 해 본 것은, 앞에서 이미 소개한 바 있지만, 데수크에서 강으로 돌진한 경험뿐이었다. 그러나 그까짓 운전쯤이야 하고 또 덤비다가 차문 한짝을 찌그러트리고, 자동차 대리점의 롱스타프씨의 팔꿈치를 다치게 했다. 하여튼 차값으로 200불을 지불하고, 60불에 차문을 고치고, 등록 등 기타 경비를 합해서 총 390불이 들었다. 멋있는 차였다. 친구 파라사드(Paras Parasad)의 도움을 받아 우리는 이 차로 독립기념관, 자유의 종, 필라델피아의 여러 박물관들을 구경하고 다녔다. 또 뉴욕에도 가고 워싱톤 DC에도 갔다. 그리고는 우리 단독으로 나글라와 그의 남편 니아지(Sa'id Niazi)를 방문하기도 했다. 또 우리는 주기적으로, 특히 가족이나 친지들이 모여 풍요로운 자연의 혜택을 축복하는 추수감사절 같은 때에는 우리를 처음과 두 번째로 초대해준 머틴(Mertin)씨

댁과 브룸(Bloom)씨 댁을 방문했다.

필라델피아는 미국이 아직 영국의 식민지였던 시절에 비공식적인 수도이기도 했기 때문에 박물관과 역사적 유적들이 많다. 미국 독립선언문은 이 도시에서 서명되었기 때문에 이곳은 미국 독립운동의 모태라고도 할 수 있다. 또 제2차 대륙의회(Continental Congress)가 개최되어 헌법 초안이 작성된 곳도 이곳이고, 조지 워싱톤(George Washington)이 1775년 미군 총사령관으로 임명된 곳도 이곳이다 (워싱톤은 1789년 미국의 초대 대통령으로 선출되었다.). 나는 특히 18세기 후엽의 위대한 학자이자 미국 건국의 아버지이고 또 저명한 과학자이기도 한 벤자민 프랭클린(Benjamin Franklin)의 기념관을 자주 찾았다.

차를 새 노바(Nova)로 바꾸고 나서는 좀더 먼곳까지 여행을 다니기 시작했다. 턴파이크를 거쳐 뉴욕에 갔던 일은 지금도 기억이 생생하다. 이집트에서는 지도를 잘 보지 않는다. 대신 사람들에게 길을 물어 가는데, 가다가 묻고 또 묻고 하면서 대여섯명에게 물어 가는 일이 보통이다. 이런 습관 때문에 나도 지도를 보지 않은 채 나섰다가 그만 길을 잃고 말았다. 할 수 없이 사람들에게 길을 물어 가다가 또 도로표지판을 보지 못한 채 지나쳐버렸다. 그래서 톨게이트에 가서 창문을 내리고 뉴욕에 기려는데 어떻게 가면 되느냐하고 물었다. 그랬더니 뭐라고 길게 말하는데 말이 어떻게나 빠른지 알아들을 수가 없었다. 그 사람은 하는 수 없이 "그럼 나를 따라 오시오." 하고 차를 몰고 앞서 가는데, 그 속도가 그 사람의 말만큼이나 빨라서 도저히 따라갈 수가 없었다. 어쨌든 이런 우여곡절 끝에 뉴욕에 도착한 우리는 엠파이어 스테이트 빌딩, 자유의 여신상, 하늘을 찌를 듯한 고층 빌딩들, 그리고 뉴욕의 문화를 감탄 속에서 구경하고 다녔다. 캐나다에 갔을 때는 사미와 훗세인이 동행했는데, 그곳에서 야영도 해보았다. 여름에는 애트랜틱 시티(Atlantic City)의 해변에 몇 차례 가서 어릴 때 알렉산드리아에서 놀았던 것처럼 해수욕을 즐겼다.

주말에는 음식과 음악을 준비해놓고 사람들을 모아 놀기도 했다. 하루는 푸울(ful)을 사러 나갔다. 푸울은 미국사람들이 햄버거를 먹듯이 이집트사람들이 잘 먹는 콩으로 만든 음식이다. 집 근처에서는 구할 수 없어서 필라델피아 외곽에 있는 도매시장까지 갔다. 10kg씩 포장해서 파는 도매시장이었다. 주인이 한 포대 가져와서 건네주면서 "이것 먹고 당신 말이 살찔 거에요"라고 하는 것이었다. 그 사람은 이 많은 콩을 설마 사람이 먹으리라고는 생각하지 않았던 것 같다.

친구 홋세인은 유머감각이 뛰어난 사람이었다. 다급한 상황에서도 농담을 잊지 않는 친구였다. 하루는 그가 심한 두통을 앓고 있어서 사미와 내가 병원으로 데리고 갔다. 의사는 어쩌면 치명적인 뇌종양일 가능성이 있다고 했다. 그러나 뒤에 알고 보니 그의 발뒤꿈치가 까져서 쓰린 것이 두통의 원인이었다. 이 이야기가 나올 때마다 우리는 배를 잡고 웃는다. 우리 숙소 건너편에 국제회관이 있는데, 나는 흔히 거기 가서 커피 한잔 들면서 세계 여러 곳에서 온 학생들과 이야기를 나누었다. 홋세인과 사미도 자주 왔었다.

이렇게 연구도 잘 되어 갔고, 이곳 생활도 익숙해져 가는 가운데, 우리는 아기를 출산하게 되었다. 1972년 1월 28일 눈오는 날, 첫딸 마하(Maha)가 태어난 것이다. 눈이 어떻게나 오는지 나는 경찰을 불러서 펜의 대학병원까지 데려다 달라고 부탁했다. 그런데 큰 문제가 하나 생겼다. 우리가 입학할 때 의료보험에 관한 서류를 받았었는데, 나는 잘 읽어보지도 않았고, 또 돈을 조금만 더 내면 받을 수 있는 선택보험이라는 것이 무엇인지 잘 이해하지도 못했었다. 그래서 출산에 관한 선택사항에 싸인도 하지 않았었는데, 하필이면 아내가 임신한 것이다. 우리는 1970년 8월에 캠퍼스 내 체스트넛 스트리트(Chestnut Street) 3650번지의 대학원 숙소(Graduate Towers) B-305호로 이사했는데, 이 아파트에는 우리처럼 결혼한 학생들도 많았고, 더러는 아기가 있는 가정도 있어서 우리에게는 살기가 좋은 곳이었다. 이곳에 이사 오고 몇 달 뒤에 아내가 임신한 것이다.

병원에 갔더니 출산보험 없이 아기를 낳을 경우 1, 2천달러나 돈이 든다는 것이었다. 나는 어찌 할 바를 몰랐다. 내가 가진 돈이라고는 월 300달러 받는 것과 메르바트가 받는 얼마간의 돈이 전부였던 것이다. 이 돈 가지고 우리는 집세, 전화요금, 식비, 월부금, 용돈 등으로 쪼개 쓰고 있는 것이다. 할 수 없이 나는 혹스트랏서 교수에게 가서 사정을 이야기했다. 여기서도 내 성적과 연구업적이 크게 도움이 되었다. 그는 곧 학과장에게 전화하여 병원의 경리담당에게 사정을 해보도록 부탁했고, 그래서 병원에서는 모든 경비를 월부로 낼 수 있게 주선해 주었다.

이 월부는 우리에게 큰 도움이 되었다. 이 돈은 미국 내에서라면 어디 가서 내어도 상관 없었다. 그러나 이집트에서는 병원에 두 종류가 있어서, 하나는 공립병원으로 무료이고, 또 하나는 사립으로 진료비를 사전에 내야만 진료받을 수 있는 병원이다. 또 출산의 경우는 돈을 조금만 주어도 산파를 집으로 부를 수도 있다. 이곳 펜대학의 부속병원은 캠퍼스 안에 위치해 있고, 우연히도 메르바트는 출산하는 그날 바로 이 병원의 한 실험실에서 실험을 하고 있었다. 이렇게 하여 우리는 귀엽고 건강한 우리의 첫아기를 얻었고, 모든 출산비용도 해결이 되었다.

1973년 여름, 나는 박사학위 과정을 다 마치고, 논문도 공저로 10여 편이나 발표했다. 학위논문의 제목은 '분자 결정(結晶) 속의 삼중 엑사이톤과 위치상태에 관한 광학적 및 자기학적(磁氣學的) 연구'였다. 엑사이톤(exciton)이란 빛에 의하여 흥분상태가 된 분자를 말한다. 나는 이 흥분분자가 결정 속에서 어떻게 움직이며, 또 이것이 단일 분자에 붙들렸을 때 그 성질이 어떻게 변하는가를 연구한 것이다. 이 학위논문을 나는 1973년 12월 20일에 완성했다. 이 논문을 쓰는 도중, 나는 오하이오주의 분자분광학 학술회의에 참석했고, 또 우리 실험실, 즉 분자구조 연구실험실(LRSM)에서 열린 분자결정학 심포지움에도 참가했다. 이 심포지움에서 기념촬영 때 나는 대담하게도 소련의 저명한 다비도프(A. S. Davydov)의 바로 옆에 서기도 했다. 나는 듀퐁(DuPont)의 연구실 사람들과도 자주 만났고, 샤로트빌(Charlottesville)에 있는 버지니어대학(U. Virginia)에 가서 자기원편광이색성(磁氣圓偏光二色性, magnetic circular dichroism)에 관한 공동연구를 하기 위해 처음으로 기차를 타고 남부로 여행하기도 했다.

학위논문 서문에서 내가 여기까지 오는 데 도움을 준 모든 분들께 감사의 뜻을 표했는데, 이 분들은 대개가 다 이 책에서 앞에 이미 나온 분들이다. 나는 최근에 이 논문을 다시 읽어보고 각 장마다 서두에 내가 인용한 문구들의 유려한 필치에 새삼 놀라움을 금치 못했다.

끝없이 넓고 넓은 진리의 바다가 출렁이는 해변가에서 조그마한 조약돌이나 조개껍질을 주우면서 즐거워하고 있는 소년, 그것이 바로 나였다고 생각한다.

— 아이작 뉴튼(Sir Isaac Newton)

과학은 마치 불처럼 더많은 과학을 만들어낸다. 그것을 키우고 발전시켜나가는 일은 같은 일이다.

— 존 R. 플랫(John R. Platt)

행복이란 바로 최선의, 가장 고귀한, 그리고 가장 즐거운 일을 말한다.

— 아리스토틀(Aristotle)

나는 미래를 걱정하지 않는다. 그것은 곧 닥쳐올 것이기 때문이다.

— 알버트 아인슈타인(Albert Einstein)

알았다!(Eureka!)

— 아르키메데스(Archimedes)

이 문구들은 과학과 인생에 대한 당시의 나의 생각을 대변하고 있다. 그리고 그 생각은 지금도 변하지 않고 있다. 그리고 서두에 인용한 란다우(R. Landau)의 다음 글귀에 나는 또 감명을 받았다.

아랍은 한때 서구의 지식의 밑거름이 된 그들의 신앙, 지성, 그리고 창조성을 언젠가는 되찾을 것이다.

이 마지막 인용구는 아마 당시의 조국, 그리고 서구에 비친 조국의 모습에 대한 나 자신의 안타까운 마음을 반영했던 것 같다. 당시 이집트인과 아랍인의 사기는 1967년의 패전이라는 바위에 부딪혀 산산조각이 난 상태였다. 낫세르 대통령은 이런 이집트를 사회주의 정책을 통해 번영과 현대화와 산업화를 이룰 수 있다고 낙관론을 펴면서 국민을 안심시키려 하고 있었다. 1952년 7월 23일의 혁명 주도자였던 그는, 지금 이집트는 새로운 길을 가고 있으며, 자신과 같은 무산계급의 이집트인이 바로 주인이 되는 나라가 되고 있다고 국민들에게 강조하고 있었다. 그는 왕족이나 고급관료의 아들이 아닌 우편배달부의 아들이었다. 그러나 이 모든 희망도 그가 16년간 집권한 후 심장마비로 1970년 9월 저 세상으로 가면서 물거품처럼 사라지고 말았다. 나는 1967년의 패전에도 불구하고, 이집트와 아랍 세계에 커다란 긍지를 심어주고 사라진 이 거물 정치인의 죽음을 진심으로 애도했다. 그래서 애도기간 중 나는 검은 넥타이를 매고 학교에 다녔다. 이런 나를 보고 혹스트랏서 교수와 펜대학의 동료들도 나에게 조의를 표했다.

1973년 10월 6일, 필라델피아에서 나는 이집트군이 수에즈 운하를 건너 바레브 방어진(Bar-Lev Line)을 공격하고 있다는 뉴스를 들었다. 바레브 방어진은 사막에 그어놓은 단순한 선이 아니고, 이스라엘군이 이집트군의 시나이(Sinai) 반도로의 진격을 막기 위해 사막에 쌓아 놓은 거대한 모래 성이다. 이 뉴스는 동시에 시리아군이 골란 고지를 향해 진격 중이라고 했다. 이집트 국민들의 자부심은 이 일로 어느 때보다 높아졌고, 사다트 대통령은 평화를 위한 외교 교섭에 나섰다. 그리고 이집트와 이스라엘은 1979년 3월 26일 워싱톤 DC에서 지미 카터 대통령이 지켜보는 가운데 평화협정에 조인했다. 그러나 유감스럽게도 오늘 이날까지 중동의 평화는 정착되지 못하고 있다.

나는 미국에 살면서 조국 이집트가 자존심을 되찾고, 아랍민족과 더불어 강인한 의지와 능력을 여전히 지니고 있음을 자랑으로 삼고 있다. 지금도 그렇지만, 나는 중동에 찬란한 장래와 원만한 평화가 기필코 올 것으로 믿고 있다. 앞서 말한 내 학위논문에서의 인용구는 당시의 나의 이러한 믿음을 반영한 것이다. 그 인용구에는 또 다른 의미도 내포되어 있다. 나는 과학자로서 아랍이 과학에 끼친, 그리고 서양에 끼친 공헌을 잘 알고 있다. 그러나 이러한 공헌을 서양의 지식인들이 잘 이해하지 못하고 있는 데에 대하여 울분을 느낀다. 아랍세계의 과학의 역사는 이슬람 과학의 역사와 밀접히 관련되어 있고, 8세기에서 11세기에 걸친 황금시대에 화려하게 꽃을 피웠었다. 아랍의 과학은 이 시기에 유럽에도 영향을 미쳐 궁극적으로는 르네상스에 이르도록 한 것이다. 이와 같이 아랍의 과학은 활발했고, 특히 스페인에서 꽃을 더욱 피우면서 저명한 과학자를 수많이 탄생시켰다.

학위를 끝내고 나니 이제 앞으로 어떻게 할 것인가 하는 문제가 남았다. 나의 학위논문은 1973년 8월에 실질적으로 다 끝내고 있었기 때문에 혹스트랏서 교수는 나에게 3개월 내지 5개월 간의 박사후연수생 대우의 수당을 주면서 이제까지 했던 다른 일들도 정리해서 논문으로 꾸미도록 했다. 조교로서의 월급도 올랐다. 나는 이집트에서의 조교(mu'id) 자리도 그대로 유지하고 있었기 때문에 돌아가면 교수, 정확히 말하면 전임강사가 될 수 있었다. 그러나 나는 이곳에서 박사후연수 자리를 찾아보기로 마음먹었다. 두 가지 이유에서였다. 하나는 내 연구실적이 괜찮았기 때문에 혹스트랏서 교수는 일류 연구기관에 나를 박사후연수생으로 추천하려고 애쓰고 있었으니, 한 2년 더 이곳에서 연구하여 이곳 교수생활도 해보고 알렉산드리아로 돌아가는 것이 좋지 않겠느냐 하는 것이었다. 또 하나는 이곳에서 돈을 좀 모아 이집트로 돌아갈 때는 좋은 차를 한 대, 옛날에 사미르가 우리를 아브퀴르(Abu Qir)에 있는 식당 제피리온에 가끔 데리고 가면서 태워다 준 임팔라(Impala)와 같은, 또는 좀더 큰 포드를 한 대 사 가지고 가서 미국에서 돌아왔다는 것을 과시해보고도 싶었던 것이다.

그래서 나는 다음 다섯 군데에 일자리를 알아보는 편지를 보냈다. 독일 시투트가르트의 볼프(H. C. Wolf) 교수, 네덜랜드 라이덴(Leiden)대학의 반델발스(J. H. van der Waals) 교수, 버클리의 캘리포니아(California, Berkeley)대학 해리스(Charles Harris) 교수, 어바인의 캘리포니아(California, Irvine)대학 마키(Gus Maki) 교수, LA캘리포니아대학(UCLA)의 이집트계 미국인 엘사이드(Mostafa El-Sayed) 교수 이렇게 다섯 군데였다. 모두에게서 오라는 답장이 왔다. 어디나 제각기 매력이 있는 곳이어서 다 가고 싶었다. 이 다섯 교수는 현재도 각자의 분야에서 활발히 활동하고 있는 저명한 학자들인데, 이제는 나도 그분들을 잘 알고 지내고 있다. 특히 엘사이드 교수와는 세계 여러 곳의 학회에 같이 참석하는 등 여러 모로 친밀히 지내고 있다.

최종적으로 나는 세계 최정상에 군림하고 있는 미국에 머물기로 작정하고, 그 중에서도 명성을 자랑하는 버클리의 캘리포니아대학을 선택했다. 혹스트랏서 교수 내외분은 자택에서 송별회를 열어주었다. 나는 지금도 이 송별회에서의 맛있는 음식, 특히 이웃의 이태리 가게에서 사온 레몬으로 만든 레모네이드의 맛을 잊을 수가 없다. 나는 이 자리에 모인 혹스트랏서 교수 실험실의 친구들('RMH 그룹')에게 작별인사를 하고 헤어졌다.

이렇게 해서 나는 미국에서 첫발을 디딘 필라델피아를 떠나게 되었다. 처음 올 때는 신혼부부였던 우리는 이제 세 식구가 되었다. 처음 올 때는 박사학위도 없던 내가 이제 박사가 되었고, 아내도 모든 과정을 다 이수했기 때문에 버클리에 가서 논문만 쓰면 되었다. 처음 올 때는 미국이라는 나라의 문화에 문외한이었던 우리가 이제는 이 문화에 적응해 있었다. 우리의 자신감, 결심, 그리고 피나는 노력이 우리를 여기까지 이끌어 왔다. 최근에 아내 메르바트는 나에게 연구와 노벨상의 중압감을 벗어버리고, 이제까지의 연구성과를 찬찬히 음미해보라고 권한 적이 있다. 나의 연구성과를 그녀는 나의 결단력, 통찰력 그리고 낙천성의 결실이라고 치켜세우고 있다. 사실이 그런지 알 수 없지만, 어쨌든 나는 내가 하는 일을 좋아서 했고, 또 어떤 명성에 안주할 생각은 추호도 없었다. 그리고 이제 캘리포니아 버클리로 황금을 찾아가지만, 그 황금은 일찍이 내가 필라델피아로 올 때 꿈꾸던 황금보다는 차원이 한층 높은, 과학의 최첨단을 개척해 보려는 의욕의 황금인 것이다.

4

캘리포니아의 황금

버클리에서 파사데나로

1848년 캘리포니아의 황금 러시 때 수많은 사람들이 이 동화 속 같은 신천지를 향해 일확천금을 꿈꾸면서 달려갔었다. 캘리포니아(California)라는 주 이름은 스페인 사람들이 마치 동화 속에서나 볼 수 있을 것 같은 밝고 청명한 이곳 경관에 반하여 전설적인 섬 캘리포니아를 연상하여 붙인 이름이다. 이 캘리포니아는 지금도 여전히 황금으로 축복받고 있다. 우선 그 긴 해안선의 황금빛 태양과 눈부신 모래는 그림과 같은 풍경이다. 또 과학자들에게는 황금의 위력을 여지없이 보여준다. 세계 일류의 연구소와 연구시설에 더하여 풍부한 연구비에 세계 정상급 과학자들이 모여든다. 캘리포니아의 골드러시(Gold Rush)는 아직도 끝나지 않은 것이다. 북쪽에는 스탠포드(Standford)와 버클리(Berkeley; University of California at Berkeley, UCB)가, 남쪽에는 칼텍(Caltech; California Institute of Technology, 캘리포니아 공과대학)와 스크립스(Scripps) 등 세계 유수의 과학기술계 대학과 연구소들이 진을 치고 있다. 이곳은 과학자들에게는 진정 낙원 그 자체이다.

캘리포니아의 골드러시와 과학자들 사이에는 또하나의 인연이 있다. 그것은 1849년 주 헌법이 제정될 때, 당시의 거치른 세태 속에서도 선각자들이 있어서, 헌법에 캘리포니아의 주민을 위하여 "입법기관은 지식, 과학, 도덕, 그리고 농업의 향상을 위해 모든 적절한 수단을 다하여 노력해야 한다."라고 규정한 것이다. 캘리포니아대학(University of California)은 이 헌법정신에 의하여 설립되었다. 대학 헌장에는 "캘리포니아의 부(富)를 위하여 공헌할 뿐만아니라 후세대의 영광과 행복에 공헌한다."고 명시되어 있다.

1974년 초, 그러니까 딸 마하의 두 번째 생일인 1월 28일쯤, 우리 세 식구는 캘리포니아주 버클리로 옮겨왔다. 샌프란시스코까지는 비행기로, 거기서 버클리까지는 헬리콥터를 타고 왔다. 하늘에서 본 해안지대의 경관은 마치 천국과 같았고, 동해안쪽 도시풍경과는 사뭇 달랐다. 태평양의 푸른 물결은 나로 하여금 알렉산드리아의 추억을 되살리게 했다. 도착한 날은 듀랜트 호텔(Durant Hotel)에서 쉬고, 침실이 둘 달린 마땅한 아파트를 찾아나섰다. 마침 허스트 스트리트(Hearst Street) 1836번지에 버클리 힐이 한눈에 들어오는 아파트가 있었다. 필라델피아에서 우리가 살았던 어떤 아파트보다 훨씬 훌륭한 집이어서 우리 마음에 쏙 들었다. 우리는 그곳에서 곧 각자의 일상생활에 몰두했다. 딸아이 마하는 몬테소리 아동학교(Montessori School)에 다니고, 메르바트는 자신의 학위논문을 집에서 완성하는 일에 몰두하고, 나는 연구실에 나가는 것이었다.

그런데 기이하게도, 미국에 벌써 4년을 살았는데, 처음 필라델피아에 갔을 때 느꼈던 그 문화적, 학문적, 정치적 장벽을 나는 이곳에 와서 또다시 느껴야 했다. 필라델피아에서 이곳 버클리로 와서 느낀 이 당혹감은 알렉산드리아에서 필라델피아로 갔을 때 느꼈던 당혹감과 거의 같았다. 버클리에 와서 나는 텔레그라프 거리(Telegraph Avenue)를 보고 눈이 휘둥그래졌다. 독특하고 자유분방한 문화로 널리 알려져 있는 이 거리에는 히피족이 화려한 문양의 셔츠와 청바지를 입고 활보하고 있었고, 그 청바지에는 필라델피아에서 본 것보다 훨씬 큰 구멍들이 뻥뻥 뚫려 있었다. 사람들은 접시처럼 폭이 넓어 할랑거리는 옷을 입고, 팔찌에 요란한 목걸이에 머리를 바람에 휘날리면서 톡톡 쏘는 말씨로 떠들고 있었다. 부모와 함께 길거리에 쭈그리고 앉아있는 아이들을 보면서, 나는 내가 겨우 익숙해진 깔끔한 펜대학(펜실베이니아대학)의 보수적 분위기와는 너무나 다른 새로운 문화에 직면했다. 펜대학의 학부 학생들은 대개 부유한 집안의 자제들이었고, 무슨 행사가 있을 때는 정장에 넥타이까지 매고 나왔으며, 평소에도 옷매무새는 깔끔했다. 그런데 이곳은 딴판이다.

펜대학과 버클리는 또 한가지 면에서 차이가 있다. 펜은 소위 아이비리그(Ivy League)에 속하는 명문대학으로서 자체의 기금을 가지고 있는 사립대학인 데 반하여, 버클리는 여러 캘리포니아대학 가운데 하나인 공립학교이다. 캘리포니아대학은 1868년에 사립대학인 캘리포니아 칼리지(College of California)와, 주정부가 토지를 제공하여 만든 농업, 광업, 및 기계기술 칼리지(Agricultural, Mining and Mechanical Arts College)의 두 대학이 합병함으로써 출범했다. 캘리포니아 칼리지의 이사회는 오클랜드(Oakland)에서 북쪽으로 4마일 떨어진 곳에 160에이커(약 647,520m^2; 약 20만평: 역자 주)의 땅을 사서 버클리라고 지명을 붙였다. 그리고 합병된 대학은 1873년에 이곳으로 이주했다. 당시 재학생은 191명이었다고 한다. 그 후 버클리는 발전을 거듭하여 최신의 장비를 갖춘 넓은 실험실, 수준 높은 연구성과와 논문들, 그리고 우수한 교수진과 학생으로 전세계에 명성을 떨치기 시작했다. 대학은 그때나 지금이나 개방적이어서 학생들은 자유분방하고 그들의 출신은 다양하다. 이런 배경 때문에 이 대학은 1960년대에 자유언론운동의 본거지가 되었고, 정치적 문제에 대한 표현의 자유와 멋대로의 생활 스타일은 1970년대 내가 이곳에 왔을 때까지도 이어지고 있었다.

버클리에 오자마자 강의를 맡았다면 아마 펜에서 처음 겪었던 것과 같은 경험을 했을 터이지만, 첫해는 박사후연수생으로만 있었고 다음해는 IBM의 장학생으로 있었기 때문에 학생을 가르칠 필요는 없이 연구에만 열중할 수 있었다. 그래서 이곳 학생들의 습성이나 농담을 약간은 알게 되었다. 그런데 한가지 놀라운 일이 어느 날 일어났다. 내가 실험을 시작한지 얼마 안 되었을 때, 그날도 밤늦게까지 래티머 빌딩(Latimer Building) 5층에서 일하고 있었는데, 한밤 중인 2시 무렵 어떤 학생 하나가 실오래기 하나 걸치지 않고 발가벗은 채 얼굴에는 복면을 하고 내 실험실 앞을 뛰어가는 것이었다. 뒤에 들으니 그 학생 이름은 마크(Mark)라고 했다. 나는 황당하기만 하고 무슨 일인지 도무지 이해할 수 없었다. 이것이 스트리킹(streaking)이라는 것을 나중에야 듣고 알았다. 주위의 사람들에게 이 일을 이야기했더니 대답은 "버클리에서는 별의별 일이 다 일어난다니까요." 였다.

그러나 시간이 지나면서 여기서도 나는 그럭저럭 이곳 문화에 익숙해졌고, 그래서 미국인 친구들도 많이 사귀게 되었다. 또 레바논에서 온 박사후연수생 스테판 이시드(Stephan Isied)도 알게 되었는데, 그는 스탠포드에서 노벨수상자 헨리 타우브(Henry Taube)의 밑에서 박사학위를 하고, 이곳에 와 화학과에서 켄 레이몬드(Ken Reymond) 교수와 함께 일하고 있었다.

나는 그와 자주 캠퍼스 내의 이태리 까페에 들러 서로의 연구 내용, 중동문제 그리고 장래문제 등에 대해 이야기를 나누었다.

나는 대학당국과의 관계도 원만했으며, 지도교수인 찰스 해리스(Charles Harris) 교수와도 친근하게 잘 지냈다. 별명이 쳐크(Chuck)인 이 교수는 매사추세츠 공과대학(Massachusetts Institute of Technology, MIT) 출신으로 최근 버클리에서 영년교수(永年敎授)직을 받았다. 그도 원 출신은 레바논이어서 그의 이름은 레바논식으로 하리스(Harees)라고 부른다고 했다. 나는 그와 이웃 식당에서 점심을 자주 함께 했으며, 밤늦게까지 과학을 논하기도 했다. 그는 네덜란드로 여행을 갈 때 그의 지프차를 나에게 빌려주고 갔다. 그러면 나는 그가 돌아올 때 그 지프차로 마중을 가기도 했다. 지프차를 운전해 보기는 처음이었는데, 돈이 제법 들어가는 차였다. 나는 그와 함께 교수회관에도 자주 갔는데, 거기서 또 한사람의 젊고 정력적인 교수 알렉스 파인스(Alex Pines) 박사도 알게 되었다.

그러던 중 우리는 실험실을 힐드브랜드(Hildebrand) 빌딩의 D층으로 옮기게 되어, 나는 봅 셸비(Bob Shelby), 빌 브라일랜드(Bill Breiland), 그리고 마크 룰린(Mark Lewellyn; 스트리킹했던 그 마크가 아님) 세 학생과 책상을 나란히 놓게 되었다. 나는 곧 이들과도 친해졌고, 그 중 두 사람과는 연구도 같이 하게 되었다. 우리는 자주 실험방법 등에 대해 토론을 했는데, 이 토론들은 뒤에 실험에서 큰 도움이 되었다. 이 토론에는 옆방에 있는 존 브록(John Brock)도 자주 와서 가담했다. 존은 옷차림이나 토론방식 등이 전형적인 버클리 학생이었지만, 추수감사절에 그의 부모집에 초대받아 가보고는 놀랐다. 그의 집은 몬테리의 세븐틴마일 드라이브(Monterey, Seventeen-Mile

Drive)라고 하는 대단한 고급주택지에 있었는데, 거기서 나는 이 존이 과연 그 존인가 하고 놀란 것이다.

국제정치 문제에 있어서도 나는 이곳에 와서 새로운 경험을 했다. 내가 만난 학생들 가운데는 중동에 대해 비판적인 학생이 많았다. 나는 내 나름대로 중동에 관한 견해를 가지고 있었기 때문에 이 학생들과 이야기를 나누다 보면 토론에 불이 붙는 것이었다. 그러나 지금 생각해도 인상적인 것은 그렇게 열띤 토론을 하면서도 우리는 정치를 과학과 연결시키지는 않았던 점이다. 그리고 미숙한 우리의 정치감각을 가지고 그토록 열을 올려 토론했던 그 시절이 지금은 그리워지기도 한다. 그 무렵 나는 미국의 정치에 대해 점점 비판적이 되어 갔다. 특히 당시의 워터게이트 사건을 보고 들으면서 비판적인 견해가 깊어갔다. 이 스캔들이 터진 것은 1972년 6월 17일이었고, 청문회가 그 다음 해 개시되고, 닉슨 대통령은 1974년 8월 9일 드디어 사임했다. 청문회 광경은 한밤중에 녹화 방영되었는데, 나는 실험실에서 샌드위치를 야식으로 먹으면서 미국의 정치제도에 대하여 호기심을 갖고 지켜보았다.

과학연구는 펜대학에서나 버클리에서나 다를 바 없었지만, 연구 스타일은 양자가 상당히 달랐다. 펜에서 버클리로 온 나는 꼭 어릴 때 시골 마을 데수크에서 난생 처음 거대한 도시 카이로에 간 것 같은 기분이었다. 펜의 명성은 국제적으로 저명한 교수를 중심으로 한 개개 연구집단의 우수성에서 우러나온 것이다. 펜에는 예컨대 혹스트랏서 교수 팀과 같은 그런 우수한 연구집단이 특히 화학과에는 상당히 많이 있다. 또 학생들이나 박사후연수생들도 우수하고, 수행하고 있는 연구들도 물론 최첨단이다. 그러나 이런 펜과는 달리 버클리에서 내가 본 것은 연구과제가 대형이고 연구비 규모가 엄청나게 크다는 것이었다. 버클리의 연구집단들은 소위 실력파들이었고, 대학원 학생들은 전세계에서 선발된 수재들이었다.

풍족한 연구비와 장비를 앞세운 연구는 규모가 그야말로 대형이었다. 그래도 사람들은 더 큰 연구과제를 찾아 혈안이었다. 연구비의 출처는 여러 곳이었다. 첫째는 과학재단(National Science Foundation)의 심사를 거쳐서 나오는 연방정부의 연구비였다. 교수들은 자신의 혁혁한 연구실적을 앞세워 연구비를 원하는 대로 따냈다. 둘째로, 이곳 화학과는 하나의 학과가 아니고 사실상 하나의 단과대학이어서 주정부로부터 엄청난 액수의 연구비를 받고 있었다. 셋째로 버클리에는 미국 연방정부의 에너지성(Department of Energy)으로부터 자금지원을 받는 로렌스 버클리 연구소(Lawrence Berkeley Laboratory, LBL)가 설치되어 있는데, 화학과 교수들은 대개 공동연구를 통해 이 연구소로부터도 연구비를 받고 있는 것이다.

이 로렌스 버클리 연구소에서는 노벨수상자가 몇 사람 배출되었다. 세계 최초의 사이클로트론(cyclotron)을 만들어 1939년에 노벨물리학상을 받은 어네스트 로렌스(Ernest O. Lawrence)도 그 중 한 사람이고, 초우라늄 원소(transuranium elements)들의 발견으로 1951년 노벨화학상을 공동수상한 에드윈 맥밀란(Edwin McMillan)과 글렌 시보그(Glenn Seaborg)도 여기서 연구를 했다. 시보그가 발견한 원소번호 106번은 그의 이름을 따 시보쥼(seaborgium)이라 명명되었다. 로렌스 버클리 연구소은 버클리의 목가적(牧歌的)인 언덕 위에 자리잡고 있었다. 나는 그곳을 처음 가보고는 그 엄청난 규모에 압도되었고, 쳐크 교수 밑에 와서 이곳에서 같이 일할 수 있게 된 행운을 기뻐했다. 어쨌던 나는 이제부터 이런 환경에서 어떻게 연구를 해야하는가를 배워야 했다.

대규모 과학이구나 하는 인상은 약 200명이 모이는 학과의 세미나에서도 느낄 수 있었다. 화학과에서는 매주 화요일, 물리화학/화학물리 방면의 저명한 인사를 학내외에서 초빙하여 세미나를 가졌다. 연사는 국내에서만 오는 것이 아니고 전세계에서 초청되어 왔다. 학생, 박사후연수생, 교수, 누구라도 들어와서 들을 수 있었다. 이제는 돌아가셨으나, 조지 피멘텔 (George C. Pimentel) 교수는 커다란 장화에 스카프를 목에 둘른 전형적인 캘리포니아 스타일로 나타나서 질문을 유도하는 것이었다. 참 좋은 사람이었고, 사려깊은 그리고 유능한 화학자였다. 역시 저명한 화학자 켄 피쳐(Ken Pitzer)는 항상 제일 앞줄에 앉는 것이 버릇이어서 눈에 잘 띄었다. 그는 세미나 내내 졸고 있는 것처럼 보이는데, 끝무렵에 가서는 돌연 눈을 뜨고 핵심을 찌르는 질문을 던지는 것이었다. 쳐크와 알렉스도 늘 질문을 했는데, 개중에는 내가 알아듣지 못하는 것도 더러 있었다.

쳐크 교수는 흔히 '큰 그림'을 그리라면서 여러 분야의 용어를 끌고 와 전문가들도 알아듣기 힘든 복잡하고 애매한 말들을 많이 했다. 특히 내가 기억하고 있는 한 가지가 있다. 당시 나는 봅 셀비와 함께 피코초(피코秒 picosecond; 1피코초는 1조분의 1초, 1×10^{-12} 초: 역자주) 유리 레이저 장치를 만들고 있었는데, 문제가 많아 잘 되지 않았다. 그래서 나는 쳐크 교수에게 여러번 그 문제에 대해 물어보았는데, 대답은 늘 '진공상태의 상하요동' 때문이라는 것이었다. 무슨 뜻인지, 우리 실험과 무슨 관계가 있는 것인지 아무도 알 수 없었다. 어느날 15시간을 계속 실험하다가 새벽녘이 되었을 때 나는 복도에 있는 흑판에 커다란 글씨로 "진공상태님, 제발 상하요동을 말아 주십시오!"라고 쓰고 내 이름도 그 밑에 적어놓았다. 내 답답

한 심정을 적은 것이었다.

이 흑판은 그로부터 훨씬 뒷날, 1997년 2월 18일, 내가 조지 피멘텔 기념 강좌에 초청되어 버클리에 다시 왔을 때 화학과 세미나실에 그대로 보존되어 있었다. 화학과 교수들은 나에게 이것을 보관하고 있는 이유는 아마도 무슨 좋은 일이 생길 것 같아서라고 했는데, 그들은 이때 이미 노벨상을 예상하고 있었던 것이 아닌가 생각된다. 나는 이 때 딸아이 아마니(Amani)를 데리고 왔었는데, 아마니는 알렉스 교수 댁에서의 환대, 교수들의 친절, 아름다운 캠퍼스 등에 반해 이 대학 학부에 입학하기로 이때 결심한 것 같았다. 나는 텔레그라프 스트리트의 그 고약한 문화가 생각나서 망설였지만, 그녀는 끝내 이 대학에 입학하여 2001년 여름에 졸업했다. 졸업식에 온 우리 가족은 우리가 1974년 버클리에 처음 왔을 때 묵었던 그 호텔 듀랜트 호텔에 들었다.

버클리에 와서 전에는 상상도 못했던 대규모 시설과 연구분위기를 보고 나는 미국의 과학을 이해할 것 같았다. 미국의 과학이 세계 최첨단을 걷는 힘은 어디에서 나오는가? 그것은 몇 군데의 출중한 연구기관에 있다. 미국의 대학은 모두가 값비싼 시설과 유능한 교수진을 가지고 있는 것은 아니다. 언젠가 나는 이집트에서 과학을 발달시키려면 어떻게 하는 것이 좋은가를 생각해 본 적이 있는데, 내 결론은 우수한 집단을 몇 개 만들어 그곳에 유능한 연구자를, 젊은 사람과 원숙한 사람을 섞어서, 모아 토론하고 아이디어를 교환하면서 연구를 시키는 것이었다. 이런 집단에 필요한 모든 기반 시설을 갖추어 주는 것이다. 나는 후일 칼텍에 갔을 때, 그 규모는 작으나 발군의 우수성을 자랑하는 연구집단을 보고 이것을 모델로 삼아야 한다고 생각했다.

버클리에서의 첫 1년간은 나에게 큰 자극이었다. 나는 도착 즉시 일에 착수하여, 얼마 안 있어 3편의 논문을 쳐크와 공저로 만들었고, 2편을 내 단독명의로 만들었다. 첫 논문이 투고된 것은 1974년 5월이었으니까 내가 이곳에 온지 불과 몇 달밖에 안 되었을 때였다. 이렇게 하여 버클리에 있는 동안 나는 8편의 논문을 꾸몄다. 이것은 나의 학문적 행로에서 하나의 큰 전환점이 되었다. 우리는 그때 결정체 내에서의 전자-스핀 전이(轉移)에 관하여 조사하고 있었고, 쳐크 교수는 결정체 내에서의 입자성 엑사이톤(exciton)을 연구하는 방법을 개발하는 데 열중하고 있었다.

나는 박사학위 논문에서 다룬 바도 있고 해서, 이곳 사람들에게 한쌍의 분자(二合體 dimer)에 관한 나의 관심을 설명하고, 이 연구를 통해 두 분자 사이의 흥분 전이를 물리학적으로 이해할 수 있을 것이라고 역설했다. 그때 나는 이합체 흥분에 관한 물리학적 이론에 대해 집중적으로 연구하고 있었다. 이들 스핀계에서의 간섭현상을 분석하면 원자와 분자의 간섭적 또는 비간섭적 행동의 해명에 도움이 될 것이라고 나는 생각하고 있었다. 그래서 간섭이론을 비롯하여 직접 관련되는 논문들을 다 읽었고, 양자광학(量子光學 quantum optics), 양자전자학(量子電子學 quantum electronics), 총합간섭성이론(總合干涉性理論 ensemble coherence theory) 등 새로운 분야의 기초지식도 흡수했다. 그리고 버클리에서의 마지막 해에는 당시 피코초 레이저라고 부르던 새 레이저에 대해 공부하고, 이것을 나의 관심사에 응용할 방법 등을 골똘히 생각하고 있었다.

버클리에서는 몇 사람을 제외하고 나를 알아주는 사람이 별로 없었던 것 같다. 조지 피멘텔, 브래드 무어(Brad Moore), 알렉스 파인스 교수 등이 스핀 간섭에 관해 나와 주로 토론하는 사람들이었다. 지금은 조지아 대학(University of Georgia)에 가 있는 프리츠 셰퍼(Fritz Schaefer)도 나의 토론 상대였다. 최근 내가 칼텍을 방문했을 때 셰퍼가 말하기를, 버클리의 그 화요일 세미나 때 그는 늘 나를 지켜보고 있었는데, 내가 출석도 잘 했고 또 핵심적인 질문을 많이 하더라는 것이었다. 그는 확실히 나를 옳게 지켜보고 있었던 것 같다. 나는 버클리를 떠날 무렵이 되어서야 겨우 학과 안에서 인정을 받기 시작했다. 몇몇 교수들이 내 논문을 읽었고, 또 내가 여러 일류대학으로부터 일자리에 관해 인터뷰 요청을 받고 있다는 것을 알게 되면서부터였다. 그러나 이 일자리는 버클리에서의 2년이 다 지날 무렵까지 별 진전이 없었다.

버클리의 생활은 일이 워낙 바빠서 사교라는 것은 거의 없었다. 우리는 낡은 VW를 타고 주말이면 샌프란시스코나 소사리토(Sausalito)에 놀러가기도 했고, 버클리의 수상식당에서 바다를 내다보면서 식사도 했다. 또 늦은 밤 실험을 마치고 나서 학생들이나 박사후연수생들과 함께 유니버시티 아베뉴에 있는 유명한 팬케이크 점에도 가끔 들렀다. 스테판이나 쳐크 교수들을 비롯하여 여러 사람을 가끔 집으로 초청하기도 했다. 이렇게 우리들의 버클리에서의 2년간은 일종의 과도기와 같아서 단 한번을 빼놓고는 장거리 여행 한번 할 시간이 없었다.

1975년 8월, 나는 가족과 함께 이라크 정부로부터 초청을 받았다. 왕복 항공표와 체재비는 모두 1등급 대우였다. 위대한 아랍의 과학자 이븐 알하이담(Ibn al-Haytham(Alhazen)의 이름을 딴 레이저 및 광학 연구센터를 마르완 나크시반디(Marwan Nakshbandi) 박사의 주도하에 바그다드에 세우는데, 미국에서 나를 포함한 다섯명이 초청받아 유프라테스강 언덕에 있는 강습장에서 강연을 하는 것이었다. 우리가 도착하자 당시의 부통령 사담 훗세인(Saddam Hussein)이 우리를 영접했고, 이라크의 관리 한 사람은 나더러 이라크에 남아달라고 요청하기도 했다. 각종 문화행사에 초대받아 간 것도, 그리고 그곳 학생들과의 만남도 즐거웠다. 이때 만난 학생들 가운데 몇 명은 지금 미국에서 영년교수로 활약하고 있다.

이라크로 가는 도중 우리는 필라델피아에 내려 메르바트의 박사학위 시험을 치르고 갔다. 이라크에서 돌아오는 길에는 세 살 반 밖에 안 된 마하를 데리고 베이루트와 파리를 구경했다. 베이루트는 우뚝 솟은 산, 하얀 거품이 눈부신 바닷가, 함라(Hamra)를 비롯한 여러 거리에서 볼 수 있는 풍부한 아랍문화 등이 좋았고, 파리에서는 카페, 각종 유적, 샹제리제 등 유명한 장소, 콩코드 광장, 래틴 구역(Latin Quarter) 등이 인상적이었다. 일개 박사후연수생이었던 나에게는 말할 수 없는 호강이었다. 이 여행은 눈코 뜰 사이없이 일에만 미쳐 지냈던 지난 6년간을 되돌아보는 기회도 되었고, 또 중동을 방문함으로써 나의 장래를 다시 한번 생각게 하는 계기도 되었다.

이라크로 여행하기 얼마 전인 1975년 2월 4일, 이집트의 라디오 방송은 정규방송을 취소하고, 위대한 한 사람의 죽음을 애도하면서 코란의 구절을 낭독하고 있었다. 음 쿨숨이었다. 카이로의 시민 400만 명이 거리로 쏟아져 나와 그녀의 죽음을 애도했다. 카이로뿐만 아니라 전 아랍세계에서 수천만 명이 '아랍 가요계의 피라미드'라고 찬양하던 이 위대한 가수의 죽음을 애도하고 있었다. 나 역시 깊은 슬픔에 빠져, 그녀의 노래 알아트랄(al-Atlal; 폐허)의 레코드를 틀어놓고 듣고 또 들었다. 전통적 아랍 음율의 이 노래를 그녀는 그 맑은 목소리에 몸속 깊이에서 울어나는 감정을 실어 열창했었다. 그래서 이 노래는 카페, 택시, 유람선 또 길거리 등 어디에서도 들을 수 있었다.

우리는 사랑에 취해 있었어요
우리는 꿈 속에 숨어 있었어요
우리는 달빛 고요한 거리를 걸었어요
아! 달빛 고요한 거리를 걸었지요
우리 앞에는 환희가 춤추고 있었지요
우리는 아이들처럼 즐겁기만 했지요
그래서 그림자보다 더 빨리 달렸지요

이제 그녀는 가고 그녀가 남긴 그림자만이 그녀에 대한 우리들의 사랑을 감싸주고 있다.

이라크 여행을 마치고 버클리로 돌아와서 일상생활로 복귀했다. 버클리에 1년 있으면서 나는 장래문제를 여러 가지로 생각했다. 이곳 미국 서부에 그대로 있을까, 이집트로 돌아갈까, 아니면 중동의 어떤 다른 곳으로 가볼까 등등. 이집트로 돌아가고 싶기도 했지만 지금 연구는 잘 진행되고 있는데 알렉산드리아대학에 가면 시설이 빈약하니 이 연구를 계속할 수는 없을 것 같았다. 얼마 전에 방문한 적이 있는 베이루트의 아메리칸대학(American University)의 명성에도 매력을 느꼈다. 그러나 여기서 또다시 내 인생의 행로를 결정한 어떤 일이 생겼다. 다름 아닌 쳐크 교수의 권유이다. 그는 나에게 미국 내 유수한 대학에 교수자리를 알아보도록 강력히 권유했다. 미국에는 옛부터 이런 말이 있다: "우선 해보라(Just try it)", 그리고 이런 말도 있다. "물어보아서 손해될 것 없다(It doesn't hurt to ask)". 이것이 바로 쳐크 교수의 생각이었다. "기회를 만들어라. 좋은 대학을 골라 우선 문을 두들겨 보아라." 나는 쳐크 교수의 호의가 진심으로 고마웠다.

주위의 미국인 친구들도 "우선 알아보고, 가능성 있는 곳을 조사해보라"고 권유했다. 게다가 가령 신청을 한 몇 대학으로부터 제의를 받고 인터뷰하러 가게 되면, 여비는 그쪽에서 주는 것이니까 공짜로(!) 그쪽 연구실도 구경할 수 있고 또 미국을 여행할 수도 있는 것이었다. 나는 아직 알렉산드리아대학에 적을 보유하고 있었으며, 매년 휴직계를 갱신하고 있었기 때문에 지금이라도 돌아가면 복직할 수 있었고, 몇 년 동안 누적되어 온 봉급도 받을 수 있었다. 그 무렵 내 월급은 20LE를 조금 넘는 액수였다. 대학에서는 이 돈을 미국으로 보내주지는 않았지만 내 계좌에 예치해 놓고 있었던 것이다.

버클리에서의 첫해에는 칼텍을 포함한 몇몇 대학에만 신청서를 내고 말았지만, 이듬해 즉 1975년 가을에는 본격적으로 나서서 근 10 군데에 신청을 해보았다. 시카고, 라이스, 하바드, 프린스톤, 칼텍, 노스웨스턴 대학 등에서 인터뷰하자는 연락이 왔다. 그래서 내 미국친구들 말마따나 나는 공짜로 여러 곳을 여행하면서, 저명한 과학자들을 만나보게 되고 그들의 연구를 직접 눈으로 볼 수 있었다. 그러나 프린스톤에서만은 나는 씁쓰레한 경험을 하게 되었다. 그곳의 교수 한 사람이 굉장히 감정적으로 나를 대한 것이다. 이때는 1973년의 이집트와 이스라엘 사이의 전쟁, 그리고 미국인 누구나가 생생히 기억하고 있는 오일 쇼크로부터 겨우 2년 지난 때이다. 그래서 그 교수는 나를 보자, "아니, 당신 왜 당신 나라로 돌아가지 않는 거요? 당신 나라에는 기름도 풍부하지 않소?" 라고 말하는 것이었다. 나는 그 말을 지금도 잊지 않고 있다. 도대체 수많은 이민들로 구성되어 있는 미국에서는 있을 수 없는 말이고, 또 이집트에는 사우디아라비아나 쿠웨이트처럼 기름이 많지도 않다. 그러자 유명한 화학자 돈 맥클류(Don McClure) 교수가 학과를 대신하여 나에게 사과하는 것이었다. 어쨌든 이렇게 하여 프린스톤에서는 나를 채용하지 않기로 했다. 얼마 전 이 대학으로부터 강연부탁을 받았을 때 나는 지난날의 이 일을 머리에 떠올리지 않을 수 없었다.

편견 때문에 일어났던 이런 불쾌한 일은 이 경우뿐이었던 것 같다. 그러나 인간사회에는 어디에 가도 이런 다양한 의견이 있는 법이고, 꼭 누가 이집트인이다, 혹은 아랍인이다, 또는 무슬림이다 해서 그런 것은 아니라고 생각한다. 유태인을 싫어하는 기독교인도 있을 수 있고, 마찬가지로 기독교인을 싫어하는 유태인도 있을 수 있다. 흑백간 또는 남녀간의 차별도 있는 것이 현실이 아닌가. 그래서 이런 편견이 나의 일을 방해하는 것은 아니었다. 이 일을 나는 생생히 기억은 하고 있지만, 그렇다고 내가 그것에 얽매이고 있지는 않았다. 나는 내 일만 열심히 하고 내 행동만 똑바로 하고 있으면 되는 것이다. 그러면 나에게 편견을 가졌던 그들도 생각을 바꿀 날이 있을 것이다. 그렇지 않고 그 일에 신경쓰고 속상해 있다면 내가 얻을 것이 무엇이겠는가?

칼텍에서의 인터뷰는 성공적이었다. 인터뷰할 때 나는 이틀 동안을 그곳 화학과와 화학공업학과 교수들을 30분 정도씩 만나보느라고 지쳐 있었다. 그러나 그 만남은 참으로 유익하고 기억에 남는 시간이었다. 이때 만난 분들 가운데에는 오늘날까지 내가 친교를 맺고 지내는 이들이 있다. 3년 전 이곳에 조교수로 왔다는 피터 더반(Peter B. Dervan) 교수도 그 중 한 분이다. 내 공개강의는 4시부터였는데, 나는 3시 반까지 사람들을 만나느라 지쳐 있었다. 그 때 피터는 물도 떠다주고 아스피린도 두 알 주면서 자기방에서 쉬게 해주었다. 또 빈스 맥코이(Vince McKoy) 교수와 그때의 교수전형위원회 위원장이었던 풍채 좋은 해리 그레이(Harry B. Gray) 교수는 나를 중동식 식당 버거 콘티넨탈(Burger Continental)에 데리고 가서 점심을 사주고, 일류 식당에서 저녁도 대접했다. 내가 바로 그들이 찾는 사람에 해당되는 것 같은 눈치였다. 그 후 빈스는 특히 나하고 가까워졌고, 연구실도 이웃에 있어서 자주 학문과 또 인생에 대해 이야기를 나누는 사이가 되었다.

칼텍에서의 인터뷰 도중 웃지 못할 일이 하나 벌어졌다. 나는 간섭현상을 기술하면서 중요한 이론 하나를 설명하고 있었다. 그 이론은 저명한 세 사람의 과학자의 이름을 따서 FVH이론이라고 하는데, 그 세 사람 중 하나가 칼텍의 물리학 교수이자 노벨물리학상 수상자인 파인만(Richard P. Feynman) 교수라고 설명했다. 그러면서 나는 흑판에 이 세 사람의 이름을 쓰려고 했다. Feynman, Vernon, Hellwarth였는데, 어떻게 된 영문인지 파인만의 이름을 쓰려다가 그만 철자가 생각이 나지 않았다. F-e-y---라고 쓰다가 꽉 막혀버린 것이었다. 쓰다가 말고 당황한 나는 청중을 돌아보면서, "아마, 파인만의 이름을 쓸 줄 모르는 사람은 없겠지요?" 라고 하였다. 순간 폭소가 터졌다. 청중은 아마 내가 농담을 한 줄 아는 모양이었다.

인터뷰를 다 마치고 나니 라이스, 시카고, 하바드, 노스웨스턴의 4개 대학에서 채용하겠다고 통지가 왔다. 그러나 내가 초조하게 기다리고 있는 칼텍에서는 아무런 연락이 없었다. 그런데 이때도 내 인생의 행로를 결정지우는 어떤 일이 하나 출현했다. 다름아닌 빈스 맥코이 교수가 그 무렵 버클리에 세미나를 하러 온 것이었다. 쳐크 교수가 나를 그에게 다시 소개하면서, "이 친구의 인터뷰가 어땠습니까?" 하고 물었다. 빈스는 "참 좋았어요. 나는 그가 초빙될 것으로 기대합니다."라고 대답했단다. 나는 그때의 인터뷰를 회상하고 그 뒤 오고간 이야기들을 떠올리면서 칼텍이 나를 틀림없이 부를 것이라는 느낌을 가졌다. 그러면 나는 주저없이 간다. 나는 전형위원회의 위원장 쿠페르만(Aron Kuppermann) 교수에게 전화를 걸었다. 그러나 그의 대답은 나를 지극히 곤혹스럽게 만들었다. 그는, 아직 결정이 안 났는데, 당신이 가다릴 수 없다면 다른 데로 갈 수밖에 없지 않겠느냐는 것이었다.

그래서 나는 맥코이 교수에게 전화를 걸어, "지금 몇 군데에서 초빙하겠다고 연락이 와 있어서 어딘가로 결정을 해야 되는데, 쿠페르만 교수는 그쪽에서는 아직 결정을 안했다고 합니다. 그러나 교수님 이야기를 들어보니, 그리고 또 인터뷰의 과정을 생각해 보니 칼텍에 될 것 같기도 해서 이 전화를 겁니다."라고 말했다. 맥코이 교수는 왜 이렇게 결정이 더딘가 이해할 수 없다면서 즉석에서 해리 그레이 교수에게 전화를 걸었다. 그레이 교수는 또 학부장 존 볼드시빌러(John D. Baldeschwieler) 교수에게 전화를 걸었고, 학부장은 화학물리학 교수들과 기타 관계자들에게 즉시 전화를 걸었다고 한다. 뒤에 그레이 교수에게 들은 이야기인데, 이때 학부장 볼드시빌러 교수는 전화로 다음과 같이 호통을 쳤다고 한다. "여보시오, 당신들 지금 즉시 회의를 하세요. 이 친구는 하바드, 시카고, 또 어디 어디에서 초빙받고 있다 하지 않소? 도대체 뭘하고 있는 겁니까? 빨리 결정하세요!"

이렇게 하여 칼텍은 나를 채용하기로 결정했다. 그레이 교수가 그 소식을 전화로 나에게 전하면서, "아흐메드, 우리는 당신이 꼭 있어야 해! 당신이 필요해요."라고 그의 독특한 말투로 외쳤다. 나는 좋아서 웃음이 연방 터지면서, "해리, 내가 가면 당신 돈깨나 쓰게 될게요."라고 말해주었다. 그도 기분이 좋았는지, "빨리 오시오, 빨리 만나자!"라고 대답했다. 그리고 나는 공식적인 초빙을 받고, 이번에는 처음 방문했을 때처럼 교수회관에서 자는 것이 아니고 힐튼 호텔에 아내와 마하와 함께 묵었고, 극진한 대접을 받았다. 대학에서는 우리가 집을 구할 때까지 이 호텔에 그저 묵을 수 있게 배려해 주었고, 심지어는 마하를 돌보는 유모(베이비 시터)까지 붙여 주었다.

칼텍에서의 대우는 특별했다. 그래서 나는 칼텍을 더욱 좋아한다. 그들은 실험실이 혹시 좁지 않으냐 하고 걱정해주었고, 심지어는 전용 주차장을 마련하여 내 이름을 붙여놓기도 했다. 이곳에 온 지 몇해 후, 서니 찬(Sunney Chan) 교수의 비서로 있던 티나 우드(Tina Wood)가 나에게 말하기를, 엘리베이터에서 처음 나를 보았을 때 그녀는 찬 교수에게 "바로 저 사람이예요, 채용해야 할 사람은"이라고 말했다는 것이다. 나는 그녀에게 그것이 사실이라면 지금 당장 당신을 전형위원회의 위원으로 모셔야겠다고 농담으로 말했다. 티나 우드는 1978년부터 1990년까지 나의 비서로 일했었다.

칼텍으로 오기는 왔지만, 사실 그 선택은 쉬운 일이 아니었다. 특히 시카고대학은 매력적인 화학물리학의 연구계획을 가지고 있었고, 또 나에게 더없이 잘 해주었기 때문에 거절하기가 매우 어려웠다. 학과장 스튜어트 라이스(Stuart Rice) 교수는 그의 자택에서 나를 위한 파티까지 열어주었다. 다른 대학들도 학문적으로나 인간적으로 나에게는 대단히 매력적이었다. 라이스대학 교수들의 친절은 나로 하여금 고향집에 간 것 같은 아늑한 기분에 젖게 했다. 그들은 부부동반으로 만찬에 나를 초대하여, 나를 남부의 따뜻한 인심으로 포근히 감싸주었다. 노스웨스턴대학에서도 마크 래트너(Mark Ratner) 교수 부부는 나를 자택으로 초청하여 성찬을 베풀어 주었고, 하바드대학에서는 마틴 카플러스(Martin Karplus) 교수가 나를 역시 집으로 데리고 가서 간식을 내놓았고 또 밖에 나가 저녁식사를 대접해 주었다.

하바드대학에서는 내가 세미나를 끝내자 칼텍의 라이너스 폴링(Linus Pauling) 교수의 제자였던 브라이트 윌슨(E. Bright Wilson) 교수가 나를 캠퍼스 여기저기 안내하면서 신사다운 매너로 하바드의 장점을 설명해주는 것이었다. 후일 내가 미국 화학회로부터 1997년도 윌슨상(E. Bright Wilson Award)을 수상했을 때, 나는 그의 가족들에게 하바드에서 옛날 내가 그로부터 받은 친절과 자애로운 인상을 회상하면서 감사의 뜻을 피력했다.

일리노이대학(University of Illinois)도 한때 나에게 관심을 갖고 세미나에 초청한 적이 있다. 그리고 채용 후보자의 한 사람으로 인터뷰에 부르기도 했지만, 결국 딴 사람을 채용하고 말았다. 그런데 이제와서 보니, 그때 채용된 그 사람은 영년(永年)교수직(tenure)을 받지 못했다. 당시 전형위원회 위원장이었고, 그래서 나에게 불채용 통지서를 보내왔던 이가 루디 마르크스(Rudy Marcus) 교수였는데, 그가 1992년 노벨상을 수상한 후 그를 칼텍으로 데려오기 위해 애쓴 사람 가운데 하나가 바로 나였다.

교수를 채용하는 미국식 방식의 특징은 신진들을 대단히 후하게 대해준다는 점이다. 나도 사실은 아무것도 아닌 존재였는데도 마치 거물같은 대우를 받은 것이었다. 유명한 리처드 스몰리(Richard Smalley)도 나처럼 그 당시 일자리를 찾고 있었는데, 그는 후일 로버트 컬(Robert Curl)과 해리 크로토(Harry Kroto)와 함께 퓰러렌스(fullerenes; 탄소원자 집단의 한 형태. 탄소원자는 흑연이나 다이아몬드와 같은 형태 외에 제3의 형태를 갖는데, 이 형태를 Richard Buckmister Fuller의 이름을 따 퓰러렌스라고 부른다. 가장 대표적인 것으로 탄소원자 60개로 구성된 C60이 있다. 이것은 탄소원자들이 상호 결합하여 12

개의 5각형과 20개의 6각형을 이룬 형태여서 축구공과 같은 모양을 하고 있어 (buckyball이라고도 부른다. : 역자 주)의 발견으로 1996년도 노벨상을 수상한 바 있다.

유망한 젊은 과학자를 찾는 것, 그것이 미국 대학의 특징이라고 할 수 있다. 학과에서는 이 유망성을 따져 사람을 고르고 인터뷰를 한다. 당시 나는 20편의 논문을 가지고 있었고, 추천서는 확실히는 모르지만 아마도 모두가 나를 격찬하는 것이었을 것이다. 유능한 젊은 사람을 골라내고, 그들에게 독립적으로 일을 마음껏 하게끔 기회를 제공함으로써 그들이 단시일 내에 세계 정상에 오르게 하는 것, 참으로 좋은 제도가 아닐 수 없다. 나는 조교수로 채용되었으나 연구는 독자적으로 했고, 정교수나 마찬가지의 권리와 특전을 누렸다. 박사과정 학생들은 나를 바로 지도교수로 삼을 수 있었다. 연공서열을 따지는 알렉산드리아대학이나 유럽 또는 일본의 대학들과는 판이한 제도이다.

여러 곳에서 제의를 받아 선택을 망설인 나는 각 대학의 명성, 학생의 질, 기타 대학으로서의 중요한 요인들에 대하여 채점표를 만들어 보았다. 이 채점표는 지금도 가지고 있다. 나는 좋은 연구를 하는 데는 무엇보다 좋은 대학원 학생이 있어야 한다고 생각하고 학생의 질을 첫째로 삼았다. 다음은 연구비, 이것 없여는 연구를 수행할 길이 없기 때문이다. 모두 7 가지 항목을 선정했는데, 그 중에는 대학의 명성도 들어 있고, 자극이라고 썼지만 같이 일할 동료들의 질도 포함되어 있다. 나는 독불장군이나 우물안 개구리가 되지 않기 위해서 유능한 동료들과 같이 생활하면서 항상 그들로부터 자극과 도전을 받아야 한다고 생각하고 있었다.

장기 체류의 가능성도 재직기간(tenure)이라는 항목으로 6번째에 올렸다. 또 '학과 내에서의 나의 위치'라는 항목을 설정하여 학과 내에서의 내 전공의 비중과 대학원 학생들에 대한 매력도를 평가했다. 가족에 관한 항도 만들어 보았는데, 거기서는 주거문제를 첫째로 삼았고, 아내의 직장 문제도 고려에 넣었다. 캠퍼스 전반의 안전성 문제도 역시 평가 대상이었다. 그리고 처음에는 월급이라는 항목도 두었으나 곧 지워버렸다. 생각지 않기로 한 것이다. 그 때가 1975년, 내가 스물여덟살 때였다. 나는 지금도 이 생각에는 변함이 없다.

백점 만점으로 친다면 칼텍이 95점이었고, 또 몇가지 장점도 있었다. 우선, 이 대학은 실험화학물리학 분야에서 나를 필요로 했다. 특히 라이너스 폴링(Linus Pauling), 하든 맥코넬(Harden McConnell), 윌스 로빈슨(G. Wilse Robinson)과 같은 거물들이 떠나고 난 뒤였기 때문이다. 내 앞에는 내가 마음껏 헤엄칠 수 있는 망망대해가 놓여있는 것 같았고, 그 속에서 나는 내 진로를 마음대로 정할 수 있을 것 같았다. 그러나 시카고대학은 사정이 달랐다. 그곳에는 이미 많은 거물들이 활거하고 있었던 것이다. 칼텍의 융숭한 대접도 매력이었다. 실험실, 연구실, 연구보조원 등 나무랄 데 없었다. 대학의 규모가 작다는 것도 나에게는 큰 매력이었다. 규모가 작아서 여러 방면의 유능한 사람들과 쉽게 사귈 수 있는 것이다.

칼텍에는 몇가지 단점도 있었다. 하나는 실험화학자가 많지 않다는 점이었다. 또 학과장은 화학물리학보다는 생물화학 쪽에 더 관심이 많다는 소문도 있었다. 게다가 내 느낌으로는 내가 하는 화학이 정통 화학이 아니라는 이유로 달갑지 않게 생각하는 사람들이 있는 것 같았다. 뿐만 아니라 내가 들어올 때 미온적이었던 사람들이 있었고, 개중에는 "어디, 좀 더 두고 보자."하면서 약간은 냉소적인 사람들이 있었다. 그러나 나의 낙천적 성격은 이런 단점들을 다 무시하고 칼텍을 선택했다. 이 것은 확실히 최상의 결정이었고, 나는 지금도 나의 채점표가 옳았다고 믿고 있다.

캘리포니아 공과대학(California Institute of Technology, Caltech 칼텍)은 과학과 공학의 고등교육기관으로서, 900명의 학부학생과 1,100명의 대학원 학생이 있다. 우수한 교수진과 더불어, 제트 추진연구소(Jet Propulsion Laboratory, JPL), 팔로마 천문대(Palomar Observatory), 케크 천문대(W. M. Keck Observatory) 등 비상설 연구기관들을 거느리고 있는 이 칼텍은 수월성(秀越性) 위주의 세계적 연구중심 대학으로 최고의 명성을 자랑하고 있다. 칼텍의 교수진과 졸업생들이 획득한 노벨상은 29개에 달한다. 칼텍의 약 280명의 교수진에서, 4명에 한 명은 미국학술원(National Academy of Sciences)의 회원이다. 미국 내 대개의 대학이 학술원 회원 한두 명만 있어도 그것을 자랑하는 것에 비하면 엄청난 수라 아니할 수 없다. 칼텍의 기금 15억 달러는 학생 규모로 볼 때 미국 내에서 최고액이다.

칼텍의 124에이커(약 500,000m^2; 약 17만평)에 달하는 캠퍼스는 인구 135,000의 도시 파사데나에 자리잡고 있다. 이 도시는 산가브리엘(San Gabriel) 산맥의 자락에 위치하고 있으며, 태평양 해안에서 약 25마일 내륙에 있고, 로스앤젤리스의 중심부로부터는 약 10마일(약 16km) 거리이다. 남부 캘리포니아에서는 가장 매력적인 지역의 하나이고, 매년 정월 1일 이곳에서 열리는 유명한 장미행진(Rose Parade)에는 수백만 명에 달하는 관광객이 모여드는 곳이기도 하다. 파사데나 근처에는 산마리노 등의 넓고 시원하게 뚫린 길과 야자수 그리고 풍부한 햇볕으로 유명한 도시들이 많다. 칼텍 캠퍼스 내에는 신선한 인

상을 주는 스페인-아랍 풍의 건축물이 많아 오랫동안 파사데
나의 명물이 되어 왔다.

칼텍의 전신은 1891년 에이모스 트루프(Amos G. Throop)에
의해 설립된 기술학교였다. 이 학교는 약 20년간 학사학위 졸
업생을 배출하면서 파사데나의 지역사회 발전에 공헌했고, 또
초등학교와 개방대학도 운영하다가, 마운트 윌슨 천문대
(Mount Wilson Observatory)의 초대소장을 역임한 천문학자
조지 엘로리 헤일(George Ellery Hale)이 1907년에 이사로 취
임하면서 학교의 면모가 일신되었다. 헤일이 이 대학의 진로를
과학과 기술의 세계최고 연구기관으로 고정시킨 것이다. 그리
고 1921년에는 물리학자 로버트 밀리칸(Robert A. Millikan)과
화학자 아서 노이스(Arthur A. Noyes)가 초빙되어 왔다.

헤일은 밀리칸 및 노이스와 힘을 합쳐 칼텍으로 교명을 바
꾼 이 학교를 수학, 물리학, 화학 등 기초과학과 공학의 최첨단
연구 및 교육의 명문으로 키워냈다. 그들은 기본적으로는 과학
기술대학이지만 여기에 인문학의 교육도 소홀히 하지 않았다.
밀리칸의 뒤를 이어 그의 제자들인 리 두브리지(Lee DuBridge),
해롤드 브라운(Harold Brown), 마빈 골드버거(Marvin
Goldberger), 토마스 에버하르트(Thomas E. Everhart) 등은
이 대학이 과학교육과 연구에 있어서 세계적인 명성을 확립하
게 하는 데 크게 공헌했다. 그러는 동안에 이 대학에는 지질학,
생물학, 항공학, 천문학, 천체물리학, 몇몇 사회과학, 컴퓨터과
학, 컴퓨터와 신경계 등 여러 학과가 증설되어 갔다. 지금의 총
장은 저명한 생물학자이며 노벨상 수상자인 데이비드 발티모
어(David Baltimore) 박사이다.

나는 공식적으로는 1976년 5월 26일자로 취임했다. 그때까지
나는 버클리에서 가져온 그 낡고 녹쓸은 VW(독일제 승용차

폴크스바겐)를 끌고 다녔는데, 이 차를 명성높은 대학의 내 지정 주차장에 세워놓는 것은 아무리 보아도 어울리지 않았다. 그래도 할 수 없이 내 실험실과 연구실이 있는 아서 에이모스 노이스 기념 화학물리학관(Arthur Amos Noyes Laboratory of Chemical Physics) 바로 옆에 있는 지정 주차장에 세워놓았다. 내 차 옆에는 더반(Dervan) 교수의 구형 포르셰와 맥코이(McKoy) 교수의 볼보가 서 있었다. 내 낡은 차를 보고 학과장 발드시빌러(Baldeschwieler) 교수는 "곧 새차를 사야겠군." 하고 농담반으로 말하는 것이었다. 그래서 나는 "월급만 좀 올려주면 곧 사겠습니다."라고 대꾸하고서는 둘이서 웃곤 했다. 그러다가 나는 학교에서 가까운 동캘리포니아 불러바드(East California Boulevard) 550번지에 침실 두 개 짜리 아파트를 구한 직후 새차를 샀다.

칼텍에 부임한 젊은 조교수라면 누구나 칼텍의 명성에 압도당할 수밖에 없을 것이다. 도대체가 기를 펴고 살 수가 없다. 나도 부임하여 첫 몇주 동안은 '거인들의 섬'에 갇혀있는 심정이었다. 주위를 둘러보면 온통 세계 최정상급 거물들뿐이다. 물리학에는 양자전자역학(quantum electrodynamics) 발전의 공으로 1965년 노벨상을 받은 리차드 파인만(Richard Feynman), 양성자와 중성자의 구성입자인 쿼크(quark)의 존재를 입증하여 1969년 노벨상을 수상한 뮤레이 겔-만(Murray Gell-Mann), 반물질(反物質 antimatter) 즉 반전자(反電子 일명 양전자 陽電子 positron)의 발견으로 1936년도 노벨수상자인 칼 앤더슨(Carl Anderson), 이 우주의 모든 원소가 최초에는 별 속에 압축되어 있었다는 것을 이론적으로 증명하여 1983년도 노벨상을 수상한 윌리 폴러(Willy Fowler), 전기소량(電氣素量) 측정으로 1923년 노벨상을 수상한 전 칼텍 이사회의 의

장 로버트 밀리칸(Robert Millikan) 등이 있었다.

화학, 생물학, 천문학, 지질학, 공학 등에서도 저명한 학자들의 명단은 한없이 이어진다. 라이너스 폴링(Linus Pauling)은 1954년에 노벨화학상을 수상하고 1962년에는 노벨평화상을 받았다. 로저 스페리(Roger Sperry)는 대뇌 좌우반구의 서로 다른 기능을 발견하여 1981년 노벨 생리의학상을 받았고, 맥스 델브릭(Max Delbrueck)은 바이러스의 증식기구와 유전학적 기전에 관한 기초연구로 1969년에 역시 노벨 생리의학상을 받았다. 공학에서는 1930년대 항공기술과 제트 항공의 개발로 캘리포니아의 남부를 세계 항공기술의 메카로 변모시킨 테오도르 폰 카르만(Theodore von Karman)이 있었다. 1944년 칼텍에 설립된 제트추진연구소(JPL)는 이 분과 그 제자들의 선구적 연구 산물이다.

지질학에서는 1930년대에 지진의 강도 측정용 리히터 진도계를 발명한 물리학자 찰스 리히터(Charles Richter)와 수학자 베노 구텐버그(Beno Gutenberg)를 들 수 있고, 또 1953년에 지구의 연령을 처음으로 46억년으로 추정한 클레어 패터슨(Clair Patterson)도 이곳에 있었다. 천문학에서는 1964년에 우주 먼 곳에서 강력한 전파를 내는 항성상천체(恒星狀天體), 즉 퀘사(quasar)의 존재를 새롭게 밝힌 마르텐 슈미트(Maarten Schmidt)가 있었다. 이 이외에도 내노라 하는 수많은 학자들이 포진하고 있었는데, 이들의 그 혁혁한 연구성과를 들을 때마다 세계 최고의 과학자들과 한 캠퍼스에서 생활한다는 것, 그리고 알버트 아인슈타인(Albert Einstein)과 같은 과학자도 이곳을 방문하는가 하면 원자탄의 아버지라고 불리우는 로버트 오펜하이머(J. Robert Oppenheimer)도 한때 이 대학에 재직하고 있었다는 사실 등에 나는 무엇엔가에 짓눌리는 중압감을 느끼지 않을 수 없었다.

　나는 칼텍이라는 세계 과학연구의 메카에 몸담고 있다는 것을 새삼 실감하게 되었다. 그리고 이집트로 돌아가는 것을 일단 포기했다. 이 명예로운 칼텍에 와 있는 이상 알렉산드리아 대학으로 복귀하는 문제는 일단 접어 두어야겠다고 생각한 것이다. 이렇게 작정하고 나니 마음이 홀가분하여 마음놓고 새로운 실험과 연구에 몰두할 수 있었다. 나는 영년제도(tenure)에도 구애받지 않았다. 미국식 영년제도에서는 6년간 재직 후에 영년 보장을 받지 못하면 의례적인 악수나 하고 대학을 떠나야 한다. 그런데 바로 그 무렵, 알렉산드리아대학으로부터 즉시 돌아오거나 아니면 면직이라는 최후 통첩이 왔다. 물론 나는 돌아가지 않기로 이미 작정한 터였다. 그동안 알렉산드리아 대학에서 보관하고 있는 내 월급은 아마 2,000LE 쯤 될 것인데, 나는 이것에 약간의 과태료를 보태 변상해야 했다. 대학에서는 1974년 8월 23일자 문서번호 869호로 이미 나에게 정직 처분을 내린 뒤였다.

　칼텍에서는 나에게 실험실(노이스 빌딩 036호실) 바로 옆에 연구실을 마련해 주었고, 실험실은 별도로 018호실에도 하나 더 만들어주었다. 학부장 존 발드시빌러는 내가 부임할 때까지 전기나 수도를 차질없이 해놓겠다고 했었고, 사실 그대로 완벽하게 다 되어 있었다. 학과 교수들의 정신적 지원도 고마웠다. 모든 이가 나의 학문적 성공을 바라고 있다는 호의가 고맙게 느껴졌다. 나에게는 50,000달러의 연구비와 각종 공과금 15,000 달러가 배정되어 있었다. 또 비서도 배정되었고 기타 모든 시설과 행정이 이 신출내기 조교수를 위해 만반의 준비를 갖추고 있었다.

　게다가 운이 좋았던 것은, 내가 1976년 정월 칼텍에서 인터뷰를 마치고 밖으로 나오자 두 명의 대학원 학생이 다가와서, "저희는 아직 지도교수를 결정 못하고 있는데, 혹 선생님께서 칼텍의 교수로 오시게 되면 선생님 방에서 공부하고 싶습니다."라고 말하는 것이었다. 듀안 스미스(Duane D. Smith)와 댄 도슨(Dan Dawson)이었다. 그래서 그 해 5월에 내가 부임했을 때에는 이미 나에게서 박사학위를 받고자 하는 두 사람의 일꾼이 확보되어 있었던 것이다. 그리고 부임 후 실험에 능한 톰 올로스키(Tom Orlowski)와 두뇌명석한 케빈 존스(Kevin E. Jones) 두 명이 내방에 합류했다.

1976년의 내 연구비 사정은 괜찮은 편이었지만, 앞으로의 계획을 수행하려면 50,000달러 정도의 연구비가 더 필요했다. 레이저, 새 전자계기 등이 있어야 했던 것이다. 그래서 레이저 회사에 교섭하여 레이저를 싸게 공급받고, 또 전자기기들은 세를 주고 빌려 쓰기로 했다. 전자기기들을 임대하는 것은 사실 커다란 모험이기도 했다. 실험이 채 끝나기 전에 기기들이 회수되어 갈지도 모르는 것이고, 또 실험이 잘 안 되었을 때는 임대료만 날리는 것이니, 말하자면 계란을 모조리 한 바구니에 담아놓는 격이었다. 그러나 나에게는 매력적인 하나의 아이디어가 있었다. 무엇보다도 안전 위주로 연구를 진행시키는 것보다는 새로운 일에 도전해 보는 것이 보람있는 일이라는 신념이 있었다.

이 새로운 일이라는 것은 스핀(spin)이 아니고 간섭성(干涉性 coherence; 결맞음이라고 번역하는 학자도 있음: 역자 주)에 관한 일이었다. 분자간의 간섭에 나는 흥미를 가진 것이다. 그래서 레이저를 사용하여 이 일을 새로운 각도에서 진행시켜 보고자 했던 것이다. 이 일을 위해 나는 칼텍에 부임하기 전부터 이미 대학원 학생 듀안, 댄, 그리고 톰과 연락을 취하고 있었고, 일부 장비는 미리 발주해 두었기 때문에 부임했을 때는 벌써 약간의 준비가 되어 있었다. 당시의 일지를 보면 준비해야 할 사항들이 깨알같이 적혀 있고, 준비상황이 일일이 체크되어 있는 것을 볼 수 있다. 그 초점은 분자간의 간섭성을 검정하는 것이었다.

간섭성이라는 개념은 그렇게 어려운 것이 아니다. 예컨대 길을 걷고 있는 수많은 사람을 생각해보면 쉽게 이해할 수 있다. 가령 어떤 시간에 10,000명의 사람이 길을 걷고 있는데, 각자는 서로 아무런 관련없이 걷고 있다고 생각하자. A가 어디로 가든, B가 어디로 향하든, 혹은 C가 또 어디로 가든 서로간에 전혀 관계가 없다고 생각하는 것이다. A는 동쪽, 서쪽, 북쪽, 또는 남쪽 아무 데로도 갈 수 있고, 마찬가지로 B도 동서남북 어느쪽으로도 갈 수 있다. 10,000명 각자가 이와 같이 제멋대로 걷는다는 것이다. 이 현상을 비간섭성(非干涉性, incoherence)이라고 한다. 이런 운동은 대체로 느리고 사방으로 확산되어 간다. 왜냐 하면, 서로가 충돌할 가능성이 크고 보행방향도 제멋대로이기 때문이다. 집단 전체로 볼 때 이런 운동은 대단히 비효율적이고 느리고 무질서하다.

반면에 이 10,000명 각자가 다른 사람의 운동방향을 정확히 알고 자신도 그 방향으로 움직인다고 생각해 보자. 이 집단의 운동은 일사불란하게 조화되어 있고 효율적이다. 각자가 다른 사람의 행동에 맞추어 움직이기 때문에 한 사람이 팔을 내밀면 옆의 사람도 팔을 그 방향으로 내민다. 이것이 간섭성(干涉性 coherence)운동이다. 이와 같은 간섭성 운동은 여러 현상에서 볼 수 있다. 레이저도 그 한 예이다. 광선이 통과하는 길목의 원자나 분자가 한결같이 동일 방향으로 움직이는 것은 이 원자나 분자의 운동이 간섭성이기 때문이다. 이것은 일반 사회에서도 마찬가지여서, 간섭성의 사회는 효율적이고 비간섭성 사회는 비효율적이며 또 혼란스러워 보인다.

레이저를 이용하여 분자들의 간섭성을 연구하려는 아이디어는 성공적이었다. 우리는 기체와 고체에 대하여 실험적 관찰을 하고, 칼텍에 부임한지 두 달만인 1976년 8월에 칼텍에서의 첫 논문을 투고하고 이어서 계속 논문을 발표하면서 우리 일은 주위의 관심을 끌게 되었다. 그 후 우리 연구범위는 점점 가지를 쳐서 분자들의 광학적 간섭성과 고체 속에서의 불규칙성 등으로 확대되어 나갔다. 또 분자의 운동에너지의 전이(轉移)를 이용한 새로운 기기를 개발하기도 했다. 이 기기는 발광성 태양집광기(Luminescent Solar Concentrator, LSC)라고 불리는 것으로, 태양 에너지를 모아 전기로 전환시키는 것인데, 이것으로 특허도 따고 논문도 여러 편 썼다. 우리 연구는 또 시간분해분광광도법(時間分解分光光度法, time-resolved spectro-scopy)이라는 새로운 기술을 개발하는 데도 초점을 맞추었다. 이렇게 하는 동안 우리 연구팀은 점점 커졌고, 그래서 연구실도 확장되었다.

연구에 집중하고는 있어도 나는 교수였기 때문에 강의 부담도 면할 수 없었다. 그러나 학과의 동료교수들이 첫해에 나의 강의 부담을 많이 덜어주었기 때문에, 레이저와 분광학에 관한 개론을 대학원에서 강의하는 정도였다. 칼텍의 강의는 좀 독특해서, 학생 수가 10명에서 40명 사이로 매우 작기 때문에 나는 학생 개개인을 이름과 함께 다 외울 수 있었다. 학부나 대학원이나 학생들은 전국에서 또 전세계에서 모여든 수재들이어서 이들을 가르친다는 것은 참으로 보람있는 일이었다.

그러나 여기에도 약간의 문화적 이질감은 있었다. 한가지 예를 들면, 1977년 어느 학부 강의시간이었는데, 학생 하나가 앞

사람의 의자에 발을 얹어놓고 있어서, 얼굴이 아닌 발바닥이 나를 향하고 있었다. 그 학생은 대학의 모든 규정도 잘 지키고 있는 성적 우수한 학생이었으나, 나는 그를 불러서 얼굴 아닌 발바닥이 나를 쳐다보고 있을 필요는 없다고 타일렀다. 칼텍에서는 일반대중을 위하여 어네스트 왓슨 강좌(Earnest C. Watson lectures)를 일년 내내 개설하고 있었는데, 매번 천명이 넘는 수강자가 몰려들고 있었다. 나는 이 강좌에서 몇번 강의를 했는데, 과학을 쉬운 말로 일반대중에게 이해시키는 것을 좋아하는 나로서는 역시 보람있는 일이었다.

연구하고 강의하고 또 대학원 학생을 지도하는 것은 문제가 아니었으나, 연구비를 마련하는 일은 특히 나같은 무명의 신출내기로서는 쉬운 일이 아니었다. 연구비 신청을 위한 연구계획서를 우선 작성해야 했다. 첫 신청서는 신진들이 대개 해보는 것처럼 국립과학재단(National Science Foundation, NSF)에 내보았다. 파사데나에 온 첫해였고, 대학으로부터 영년직(永年職)을 받기 전이었다. 과거에는 신진과학자로서 확실하게 연구비를 딸 수 있게끔 조그만한 연구계획서를 써서 내본 적이 더러 있었지만, 지금은 교수로서 그럴 수는 없고 과학재단이거나 에너지성(Department of Energy, DOE), 또는 국방성 산하의 공군과학연구처(Air Force Office of Scientific Research, AFOSR)나 해군연구처(Office of Naval Research, ONR)에 낼 수 밖에 없었다.

드디어 과학재단으로부터 연구비가 나왔다. 지금은 시카고대학에 있지만 당시 NSF의 연구심의관이었던 프레드 스태포드(Fred Stafford) 박사는, 내 연구계획서 심의를 담당했던 어떤 심사위원으로부터 이 연구는 너무 새로운 것이어서 심사할 수가 없다는 말을 들었다고 후일 나에게 말했었다. 미국에서는

NSF의 연구비신청서 같은 것은 보통 전문가 5~8명의 심사를 받도록 되어 있는데, 이들이 우수에서 빈약까지 여러 단계로 평가한 심사의견서를 제출한다. 그런데 위의 그 위원은 아마 "즈웨일의 연구계획은 10%만 성공해도 노벨상 수상감"이라고 하면서 내 계획서에 회의적이었던 모양이다. 그러나 프레드는 미지의 분야에 젊은이가 도전하는 것은 도와주어야 한다는 소신을 갖고 나에게 연구비를 지급토록 결정한 것이었다. 노벨상 운운 하는 이야기는 내가 노벨상을 실제 받고 난 뒤 프레드가 나에게 보내온 축하편지에서 비로소 알게 된 것이다. NSF로부터의 연구비에 이어 몇해에 걸쳐 나는 과학재단, 공군과학연구처, 해군연구처 등으로부터 계속 연구비를 받게 되었다.

과학에의 심취, 연구비 획득, 새로운 세계로의 도전 등에 나는 흠뻑 빠져들었다. 시간 가는 줄 모르고 온종일 일하면서 여기 저기에서 잠깐 잠깐 눈을 부치곤 했다. 아파트도 가까웠고 캠퍼스 안은 안전했기 때문에 나는 아무 때라도 연구실에 나갈 수 있었다. 불쌍한 학생들은 할 수 없이 나를 따를 수밖에 없었다. 이 무렵 나는 학생들의 태만에 대해서 극히 엄격했다. 나로 하여금 그토록 미치도록 일을 하게 한 것은 다름아닌 나 자신의 일에 대한 열정이었다. 그래서 차차로 사람들이 나를 알아주게 되었고, 각종 학술회의나 세미나에 나를 연사로 초청하게 되었다. 이렇게 칼텍에서 일년을 지내고 나니 신출내기 조교수에게는 대개 맡기지 않는 주제강연(主題講演)이나 발제강연(發題講演) 의뢰가 쏟아져 들어왔다. 그야말로 눈코 뜰새가 없이 바빠서 나 개인이나 가족을 위한 자유시간은 얻을 틈이 없었다.

언젠가 나는 집사람과 함께 무슨 일로 UCLA에 가게 되었다. 고속도로로 가지 않고 헐리우드를 거쳐가는 유명한 선세트 불러바드(Sunset Boulevard)로 가는데, 도중에 알리바바(Ali Baba)라는 중동식 식당을 발견했다. 식당 건물의 겉모습이나 내부가 꼭 '알리바바의 동굴'을 연상케 했다. "들어가 볼까?" 하고 우리는 들어가서 타볼라(*taboulah*)와 쉬쉬케바브(*shish kebab*) 등의 요리로 저녁 식사를 했다. 중동풍의 밴드 피르카(*firqa*)가 경음악을 은은하게 흘려주고 있었다.

나는 꼭 알리바바의 동굴 속에 있는 기분이었다. 꼭 "열려라 참깨!(*Iftah, ya-simsim!*)"(「아라비안 나이트」 중의 「알리바바와 40인의 도적」 이야기에서 돌문을 여는 주문 : 역자주)하는 소리가 들리는 것 같고, 눈앞에 경이와 마술과 부귀가 가득찬 세상이 보이는 것 같았다. 나와는 달리 아내는 별로 흥미를 느끼지 않는 것 같아서 그 뒤로는 나 혼자 가서 음악을 듣기도 하고, 악단의 이집트인과 이야기를 주고 받기도 했다. 연주를 마치고 나면 이 악단원은 고향사람을 만난 기쁨에 내게로 와서 이집트의 농담을 주고 받으면서 웃기도 했다. 악단은 나의 주문에 따라 음 쿨숨의 노래를 연주해주기도 했다. 나는 칼텍에 세미나 등으로 온 사람들을 흔히 이 집으로 데리고 왔는데, 그들도 모두 이 식당의 음식과 분위기에 매료되는 듯 했다. 때로는 빈스 맥코이(Vince McKoy)와 함께 밤에 가기도 했다. 마침 알리바바가 UCLA와 칼텍 중간쯤에 있었기 때문에 UCLA에 있는 모스타파 엘사이드(Mostafa El-Sayed)와 이곳에서 몇 차례 만나기도 했다. 알리바바가 지금은 영업을 하지 않지만, 그곳에 다니면서 다른 중동식 식당들도 알게 되었다. 그러나 곧 일이 바빠지면서 갈 기회도 없어져버렸다.

내가 칼텍에 온 지 18개월이 된 1978년의 초, 학부장 존 발드시빌러 교수가 와서 영년직(永年職) 이야기를 꺼냈다. 나의 연구는 사람들의 관심을 끌고 있었고, 많은 사람들이 연구성과를 주시하고 있던 때였다. 존의 말에 의하면 화학-화학공학부의 교수들은 나의 연구성과에 만족하고 있고, 그래서 외부 전문가의 평가가 어떻게 나올지는 모르지만 영년직 부여를 고려해볼 만하다고 한다는 것이었다. 그 무렵 UCLA와 시카고대학에서 나에게 영년직 제의가 와 있었고, 이것이 아마 칼텍으로 하여금 서둘도록 한 것이 아닌가 생각된다. 그래서 칼텍에서는 나의 이력서와 논문목록 등을 외부 전문가에게 보냈고, 그들의 평가가 좋았던 것 같았다. 이렇게 하여 나는 보통 5년에서 6년이 걸린다는 영년교수직을 2년도 채 못되어서 획득하게 되었다.

내가 영년직을 받던 그 무렵, 아내와 나의 사이가 점점 어려워져 갔고 잘 풀리지 않았다. 아내 메르바트는 우리가 버클리에 있을 때 박사학위를 따서 근처의 앰버사도어 대학 (Ambassador College)에서 교편을 잡고 있었는데, 우리가 파사데나로 옮겨온 이후 새 직장에 잘 적응하지 못하고 있었고, 또 네 살짜리 마하를 돌보는 데도 지쳐 있었다. 그러다가 임신 소식이 있었고, 1979년 3월 11일 둘째딸 아마니(Amani)가 파사데나의 헌팅턴 병원(Huntington Hospital)에서 태어났다. 그래도 아내와 나는 각자의 세계를 헤매고 있었고, 각자의 일에 치여 서로간의 대화가 끊기다시피 했다. 그녀는 항상 정당하고 정직했으며 예의가 발랐다. 그러나 우리는 서로 생활문화 조차도 달랐다. 별거를 결심하지 않을 수 없었고, 급기야 이혼까지 생각하게 되었다. 나로서는 참으로 견디기 어려운 일이었다. 나의 부모님은 50년 넘게 해로하고 있는데 나는 이게 무슨 일인가? 게다가 가슴을 찢는 아픔은 두 딸과 헤어져야 한다는 것이었다. 물론 주말과 공휴일에는 만날 수 있었지만.

아내와 헤어지고 난 뒤부터 나는 오로지 연구에만 몰두하기로 결심했다. 재혼 따위는 생각하지 않기로 하고, 하루 24시간 중 7시간을 뺀 나머지 모든 시간을 연구에만 투입하기로 결심했다. 나는 은행대출을 받아 칼텍의 재정담당 부총장 데이비드 모리스로(David Morrisroe)의 주선으로 학교에서 머지 않은 곳에 콘도미니움을 하나 샀다. 칼텍의 주소가 이스트 캘리포니아 불러바드(East California Boulevard) 1200번지인데, 이 콘도는 같은 불러바드의 1000번지여서 사실상 캠퍼스 안이나 다름없었다. 메르바트와 두 딸은 둘째딸 아마니가 태어나기 두달 전인 1979년 정월에 우리가 구입한 코르도바 스트리트(Cordova Street) 260번지의 단독주택에 살고 있었다. 첫째딸 마하의 생일이 정월인데, 우리가 버클리로 온 것도 정월이었고, 처음으로 이 집을 산 것도 역시 정월이어서 꼭 마하의 생일에 맞추어 이사를 한 것 같았다.

새로 산 콘도의 위치는 더할나위없이 좋았다. 박사후연수생들과 대학원 학생들을 데리고 논문을 쓰기에는 안성맞춤이었던 곳이다. 실제로 펨토화학(femtochemistry)의 발달에 관한 최초의 논문 두 편은 처음부터 끝까지 이 콘도에서 쓴 것이다. 콘도의 서재는 조용하고 창 너머로 꽃과 나무들이 내려다 보였다. 그래서 때로는 동료교수들이나 친구들을 이곳으로 초대하기도 했다. 이 서재에서 한 밤중에 일을 마치고 나면 나는 흔히 차를 몰고 비벌리(Beverly)나 산타모니카 불러바드(Santa Monica Boulevard)에 있는 중동식 식당에 가서 가벼운 식사를 하고 또 돌아와서는 새벽 4시, 5시까지 논문을 읽곤 했다. 모든 신경을 연구에만 쏟는, 알렉산드리아에서의 생활과 같은 그런 상황이었다.

이 콘도에 와서 나는 처음으로 큰 지진을 경험했다. 1987년 10월 1일 오전 7시 42분에 일어난 휘티어 지진(Whittier

Quake)이었다. 우리가 노벨상으로 연결된 그 발견을 한 바로 그 해이다. 리히터 진도계 6.0인 이 지진은 참으로 무서웠다. 나는 파자마 바람으로 콘도를 뛰쳐나갔다. 그 때 같은 건물의 옆 콘도에 들어 있던, 역시 칼텍의 교수로서 지진의 전문가인 클라렌스 알렌(Clarence Allen)이 나를 보고, "이 지진은 대수롭지 않은 거요. 어서 콘도로 돌아가시요."라고 말하는 것이었다. 그에게는 대수롭지 않은지 몰라도 나에게는 엄청난 지진이었다.

클라렌스는 내가 칼텍에서 사귄 많은 교수들 중 한 사람이다. 그와 나는 칼텍의 다른 교수들과 함께 12시 정각이면 규칙적으로 교수식당 아테늄(Athenaeum)에 모여 식사를 했다. 이 자리에는 여러 분야의 교수들도 모여들어 과학, 정치, 사회, 기타 여러 화제를 놓고 토론이 벌어졌다. 참으로 재미있고 유익한 시간이어서, 나는 칼텍에 있는 동안 늘 이 식탁의 멤버였다. 우리 식탁은 좀 유별났었는데, 대개 8~10명이 항상 앉았다. 그 멤버는 프란시스 클로서(Francis Clauser), 봅 크리스티(Bob Christy), 네드 멍거(Ned Munger), 잭 로버츠(Jack Roberts), 마르튼 슈미드(Maarten Schmidt), 리 실버(Lee Silver), 에드 스톨퍼(Ed Stolper), 그리고 나였다. 화제는 중동문제에서부터 우주의 대폭발 이론까지 다양했다. 각자가 누구를 옹호하고 또는 누구를 비난하는 등 자유롭게 떠들곤 했었다.

1982년, 나는 화학물리학 정교수가 되었다. 연구진행은 순조로웠고, 4개의 연구분야에서 계속 논문이 나오고 있었다. 상도 몇군데에서 받았다. 그 중 미국의 원로 과학자에게 주는 알렉산더 폰 훔볼트 상(Alexander von Humboldt Award)은 1983년에 받고 6개월간 독일의 뮤니히(Munich)에 가서 체류하기도 했다. 뮌니히에서는 에드 슈라그(Ed Schlag) 교수 내외분의 환대를 받았다. 1984년에는 과학재단으로부터 창의적 연구를 위한 장기 연구비를 지급받게 되었고, 1985년에는 벅-휘트니 훈장(Buck-Whitney Medal)을 받았다. 이 훈장은 우리들의 연구에 대한 최초의 국가적 평가였다. 또 1987년에는 존 사이몬 구겐하임 재단(John Simon Guggenheim Foundation)의 지원금으로 한동안 UCLA에 가서 머물기도 했다.

이 무렵 나는 이미 새로운 연구방향을 잡고 일로 매진하고 있었다. 이것은 칼텍에서의 나의 연구생활에 새로운 전망을 활짝 열어주는 것이었다.

5

보이지 않는 원자
칼텍에서의 연구

　내 고향 이집트의 데수크에서 마을 밖을 조금만 나가보면
오렌지와 탄제린(tangerine, 유럽 온대산 오렌지 일종: 역자주)
과수원이 있고, 또 녹색의 넓다란 밭이 펼쳐져 있다. 밭에는 나
일강의 로제타 지류에서 끌어올린 물이 흐르는 수로가 여기
저기 뻗어 있다. 이 밭 가운데는 목화밭도 볼 수 있을 터이다.
사람의 허리춤만한 높이의 목화나무에는 다래(꼬투리)가 조롱
조롱 달려 있을 것이고, 수확 직전이라면 이 다래에서 삐져 나
온 희고 광택나는 섬유뭉치를 볼 수도 있을 것이다. 다래 한
개를 따서 섬유를 잡아 당겨보면 하얀 솜이 따라 올라올 것이
다. 이것이 유명한 이집트 목화이다.
　다래에서 삐져 나온 이 솜은 실이 되고 천이 되고 재단되어
궁극에는 여러 가지 옷감이 된다. 밭에서 우리가 보는 것은 이
옷감의 기초재료인 솜인데, 솜이 길고 약간은 곱슬거리는 것이
나중에 실로 뽑았을 때 섬유끼리 서로 단단히 붙들어주기 때
문에 좋은 솜이다. 물리학자나 화학자가 원자를 들여다 보는
것은 이 다래 속에 감추어져 있는 솜의 섬유를 보는 것과 같

다. 이 원자의 크기는 얼마나 될까? 다래 속의 솜과 같은 이 원자는 실제로 우리가 관찰할 수 있을까?

가령 직경 약 10cm의 활짝 핀 다래를 1m 거리에서 본다고 하자. 그리고 원자를 이 다래만한 크기로 확대한다고 가정하자 (원자의 실제 크기는 0.000 000 01cm 정도이다). 그러면 우리는 이 다래를 달보다 더 먼 거리에서 보는 셈이 된다 (지구에서 달까지의 거리는 약 385,000km이다). 바꾸어 말하면 원자의 크기와 다래 크기의 비는 1대 10억(10^9)이 되는 것이다. 이런 척도로 생각해 보면 1미터의 100억분의 1가량 밖에 안되는 (또는 그보다 더 작은) 작은 원자이기에 이제까지 상상의 세계에만 머물러 있었던 이유를 이해할 수 있을 것이다.

원자라는 개념은 현대에 와서 생긴 것이 아니고, 고대 그리스(희랍)에서부터 이미 있어 왔다. 그리스어로 원자 atom이라는 말은 '더 쪼갤 수 없는' 이라는 뜻인데, 이후 이 단어는 자연계의 기본입자로서 더 나눌 수 없는 최소의 입자를 뜻하는 말이 되었다. 초기 그리스의 철학자들은 오늘날 우리가 말하는 철학자라기 보다는 차라리 자연과학자라고 하는 것이 오히려 더 알맞다. 그들은 자연을 관찰하면서 자연현상을 설명하려 애썼던 것이다.

그들은 모든 물질의 근원은 무엇인가, 우주를 구성하고 있는 것은 무엇인가, 사람은 무엇으로 구성되어 있는가 등을 깊이 생각했다. 어떤 사람은 지구와 모든 생물은 물을 필요로 하므로 물이 자연에서 가장 근본이 되는 물질이라고 생각했고. 또 어떤 사람은 불이 제1차적인 요소라고 주장했으며, 또 다른 학자들은 자연의 모든 것은 항상 유전(流轉)하고 있으며 변하지 않는 것이 없다고 주장했다. 이런 논리들은 모두가 철학적 사변(思辨)이면서 우주를 이해하려는 과학적 노력이라고도 할 수 있다.

현재 그리스의 주화 10드라흐마(drachma) 짜리에 새겨져 있는 초상의 주인공인 데모크리투스(Democritus)는 스승 류시푸스(Leucippus)가 생각한 원자의 개념을 확대 발전시켜, 이 지구상의 모든 물질은 더 쪼갤 수 없는 가장 작은 기본입자들로 구성되어 있고, 이 기본입자는 우리 눈으로 볼 수 없는 것이라고 했다. 최초의 원자론자(原子論者)라고 할 수 있다. 그에 의하면 이 세상은 수많은 알갱이들로 구성되어 있으며, 이 알갱이들의 배열상태에 따라 복잡성이 결정된다는 것이다. 또 이 알갱이 혹은 기본입자, 즉 원자는 무게(질량)를 가지고 있으며, 진동(vibration)을 하면서 서로 충돌하고 그 충돌의 결과 새로운 물질이 생성된다고 생각했다. 지금부터 2500년이나 전인 당시 아무런 실험적 자료도 없이 이와 같은 사고를 하고 있었다는 것은 참으로 경이스러운 일이 아닐 수 없다. 그들은 이러한 사변을 통하여 물질의 복잡성에 대한 새로운 통일성 이론을 제시하기도 했다.

그러나 데모크리투스의 이 원자론은 그 후 세월이 지남에 따라 폐기되어 갔고, 아리스토틀(Aristotle)조차 이를 부정했다. 사람들에게 데모크리투스의 이 원자론은 "이 세상에는 원자와 빈 공간만이 있다."고 말하는 등, 신의 존재를 부정하고 이 세상을 순전히 물질로만 설명하려 하는 것처럼 보였기 때문이다. 또 초기의 원자론자들은 그들의 과학적 견해를 윤리적 철학적 사상과 결부시켰기 때문에, 그들이 인생의 최고 가치를 즐거움과 행복에 있다고 말한 것을, 후세의 종교지도자들이 쾌락주의 즉 오직 술과 여자와 노래를 위해 사는 쾌락주의자라고 받아들이게 되었다. 그러나 이것은 왜곡이었다. 사실은 원자론자들도 행복은 물질의 소유나 금전으로 얻어지는 것이 아니며, 도덕적으로 올바른 행동과 진리의 추구로써만 얻어진다고 말하고 있었던 것이다. 그런데도 이런 오해로 말미암아 원자론자들의 자연관은 사람들의 머리에서 사라져갔다.

이 원자론이 부활의 기미를 보인 것은 1600년쯤 근세에 와서이다. 돌이켜 보면, 1924년 루이스 드 브로이(Louis de Broglie)가 물질의 이원론(二元論 dualism)을 제창한 것을 두고 알버트 아인슈타인이 "커다란 비밀의 베일 한쪽 끝을 살짝 들어올렸다."고 찬양한 것처럼, 데모크리투스는 합리적인 사고를 통하여 원자를 가린 비밀의 베일을 살짝 들어올렸던 것이었다. 한스 크리스찬 폰 베이어(Hans Christian von Baeyer)도 그의 저서 『원자 길들이기(Taming the Atom)』에서 "어떤 강력한 제국도 이 원자론의 힘과 수명을 제압하지 못할 것이다."라고 말하고 있다. 시실 2500년이 지난 지금도 우리는 이 원자론이라는 개념을 신봉하고 있는 것이다. 나는 2001년 6월 그리스의 크레테(Crete)에 갔을 때 오나시스 공개강좌(Onassis Public Lecture)에서 데모크리투스로부터 21세기에 이르기까지의 원자론에 관해 강연한 적이 있는데, 그 때 그리스인들이 그들 선조의 자연과학적 업적을 자랑으로 알고 있는 것을 보고 깊은 감명을 받았다.

근대 과학에서 원자라는 단어가 등장한 후에도 개념의 혼란은 끊이지 않았다. 원자는 어떤 모양을 하고 있는가, 원자 속에는 그 원자를 구성하는 성분들이 또 있는가, 원자는 몇 종류나 있는가, 원자들은 어떻게 상호 결합하는가, 이 결합에는 어떤 규칙성이 있는가? 이런 의문을 해결하기 위해 수많은 실험들이 행해졌고 엄청나게 많은 실험결과들이 축적되어, 현재 우리는 원자 그 자체뿐만 아니라 원자들이 어떻게 분자를 구성하며 또 그 분자들이 어떻게 상호 작용하는가에 대해서도 많은 지식을 가지게 되었다. 이 지식이 바로 화학의 기초이다. 그래서 우리는 이제 어떤 물질들을 어느 정도씩 어떻게 섞으면(반응시키면) 어떤 물질이 생긴다는 것을 알고 있는 것이다. 이런 연구를 통해 화학자들은 원자에 대해 더 깊이 이해할 수 있게 되었다.

19세기 말엽에 러시아의 화학자 드미트리 멘델레예프 (Dmitry Mendeleyev)는 당시까지 알려져 있던 약 60종의 원소를 그 성질에 따라 몇 가지로 분류한 주기율표(週期律表)를 만들었다. 지금 우리가 알고 있는 원소 종류의 약 절반에 해당하는 수이다. 당시 원자는 원자량이라고 하는 무게에 따라 몇 종류로 분류될 수 있다는 것이 알려져 있었다. 1800년 경에는 영국의 화학자 존 달튼(John Dalton) 등의 연구에 의해 여러 종류의 원자들이 모여 화합물을 형성하는 과정에 대한 기초적인 이해가 가능하게 되었다.

그러나 그 후 몇 세기 동안 원자에 대한 개념은 여전히 추상적이었고 추리적인 범주를 벗어나지 못하고 있었다. 사진으로 찍거나 어떤 다른 수단으로 직접 그 존재를 확인해 볼 수 없었던 것이다. 그런 기술이 없었기 때문이다. 과학자들은 화합물의 화학적 조성은 하나하나 알아냈지만 그 구조에 대해서는 거시적인 현실세계의 상식에만 의존하거나 또는 '다른 세상', 예컨대 마법의 세계, 무속(巫俗)의 세계, 또는 생기론(生氣論 말하자면 신의 세계: 역자 주)의 논리에 의존하는 수 밖에 없었다.

19세기 중엽, 건축가 출신의 유능한 과학자 프리드리히 아우구스트 케큘레(Friedlich August Kekule)는 화합물의 화학구조에 관심을 갖고, 특히 탄소원자가 어떻게 배열되어 벤젠 (benzene 실험실뿐만 아니라 일반 시중에서도 많이 쓰는 화학

약품이다)분자를 형성하는가를 밝히기 위해 연구하고 있던 중, 하루는 불꽃을 쳐다보면서 생각에 잠겨 있다가 지쳐서 잠에 빠졌다. 잠 속에서 그는 불꽃이 빙빙 꼬이면서 공중으로 올라가 마치 뱀처럼 또아리를 틀면서 머리가 꼬리를 물고 있는 형태를 꿈꾸었다. 벤젠 분자의 구조는 이렇게 하여 그의 머리에 떠오른 것이다. (벤젠 분자는 탄소원자 6개가 연결된 고리 모양이다: 역자 주).

1895년에는 독일의 뢴트겐(Röentgen)에 의해 X-선이 발견되었고, 1910년대에는 윌리암 브래그(William H. Bragg)와 로렌스 브래그(W. Lawrence Bragg) 부자가 이 X-선으로 결정체(結晶體)의 구조를 연구하면서 X-선에 의한 분자구조 연구에 획기적인 업적을 남겼다. 이 방법은 마치 우리가 X-선으로 뼈 사진을 찍어 보듯, 분자의 구조를 원자의 수준에서 볼 수 있게 하는 것이다. 이런 업적으로 뢴트겐은 1901년에, 그리고 브래그 부자는 1915년에 각각 노벨물리학상을 수상했다.

원자가 양성자(陽性子 proton), 중성자(中性子 neutron), 그리고 전자로 구성되어 있다는 것이 알려진 것은 20세기 초에 이르러서이다. 전자가 알려진 것은 사실은 이보다 앞선 1897년이어서, 케임브리지 대학의 톰슨(Joseph John Thomson)이 음극선(陰極線 cathode ray)의 본질을 밝힌 것이 최초의 전자 발견이다.

음극선이라는 것은 양극과 음극 두 전극을 유리관 속에 장치하고, 관속의 기압을 낮춘 상태에서 약간의 전기를 흘리면 발생한다. 톰슨은 음극에서 나온 음극선이 양극에 뚫려 있는 작은 구멍을 통과하면 유리관에 녹색 불빛이 비치는 것을 관찰했다. 그리고 이 빛은 자석(磁石)에 의해 진로가 꺾인다는 것도 알았다. 불빛이 이와같이 꺾인다는 것, 음극이 어떤 물질이든 그리고 기체가 어떤 기체이든 불빛의 이동에는 관계가 없다는 사실, 기타 여러 상황을 종합하여 톰슨은 이 음극선이 전기를 띄고 있는 입자들의 흐름이라고 생각했다. 그리고 이 입자의 무게는 당시 알려져 있던 수소원자 무게의 약 2000분의 1이라는 계산결과까지 내놓았다.

톰슨의 입자, 즉 전자가 모든 물질의 구성요소이고 또 비전하(比電荷 specific charge; 질량에 대한 전하의 비 e/m)를 가졌다는 사실은 그 후의 연구에 큰 공헌을 했다. 그는 이것으로 1906년에 노벨물리학상을 받았다. 그의 아들(George Paget Thomson)은 전자는 입자성도 지니고 있으나 파동(波動 wave)성도 지니고 있다는 발견으로 대비슨(C. J. Davisson)과 공동으로 1937년에 노벨물리학상을 획득했다. 나는 1997년 케임브리지에서 톰슨의 전자 발견 100주년을 기념하는 강연회에 초청받아 톰슨의 전자발견이 현대화학의 발전에 이바지한 공헌에 관해 강연하는 영광을 가졌었다.

원자가 양성자와 중성자로 구성되어 있다는 것을 증명한 사람은 1908년에 노벨화학상을 수상한 언스트 러더포드(Ernst Rutherford)이다. 그리고 입자물리학은 이 구성입자들이 다시 쿼크(quark)라는 더 작은 입자들로 구성되어 있다는 것을 증명했다. 더 쪼개질 수 없는 알갱이인 원자가 이와 같이 더 작은 구성입자들로 이루어져 있다는 것이 밝혀진 오늘날에도 원자론이라는 것은 여전히 기본적인 개념으로 남아 있다. 파인만(Richard P. Feynman)의 말을 빌리면, "우리가 알고 있는 과학적 지식 가운데 가장 중요한 것을 딱 한마디로만 말한다면 무엇이라고 하겠습니까? 그것은 '모든 것은 원자로 구성되어 있다'입니다."

이와 같이 원자에 대한 구체적 개념이 발달하기 시작한 것은 1900년 쯤부터 양자역학(量子力學)이 발전한 결과이다. 이 발전에 이바지한 사람들 가운데 대표적인 과학자로서는 영국에서 연구한 뒤 귀국하여 덴마크의 코펜하겐에 연구소를 세운 닐스 보어(Niels Bohr), 독일의 베르너 하이젠베르그(Werner Heisenberg), 오스트리아 태생으로서 초기에 취리히(Zurich)대학에서 연구를 한 어윈 슈레딩거(Erwin Schroedinger) 등을 꼽을 수 있다. 보어가 생각한 원자의 모양은 마치 여러 행성(行星)이 태양을 중심으로 제각기 일정한 궤도를 돌고 있듯이, 양성자와 중성자로 구성되어 있는 원자핵을 여러 전자가 제각기 일정한 궤도를 그리면서 돌고 있는 그러한 모양이었다.

그러나 곧, 이러한 전자의 궤도는 태양을 돌고 있는 지구의 궤도와 같은 그러한 명확한 궤도가 아니고, 그곳에 전자가 존재할 확률을 나타내는 것뿐이라는 것으로 개념이 바뀌었다. 그럼에도 불구하고 보어의 원자모형은 여전히 원자핵의 주위를 전자가 돌고 있다는 개념을 이해하고 또 원자의 스펙트럼을 이해하는 데 큰 도움이 되고 있다. 보어는 1922년 노벨물리학상을 수상했다.

원자를 태양계와 비유하는 것은 옳지 않다. 원자의 세계는 태양계와 같은 거시적 세계와는 다르기 때문이다. 원자(그리고 분자)와 같은 미시적 세계의 물질은 이중성(二重性)을 지니고 있어서, 입자로서의 성질과 파동으로서의 성질 양쪽을 같이 지니고 있는 것이다. 우리가 생각하는 물질이라는 것은 가만히 있거나 움직이고 있는 물질인데, 그것이 파동이라니! 참으로 희한한 일이다. 뿐만 아니라, 미시세계에서는 우리의 지식이라는 것이 도대체 불확실하다는 것이다. 우리 일상생활에서는, 공간에서의 우리 위치를 알고 있고, 우리가 현재 어디에 있는가도 알고 있으며, 또 우리가 얼마만한 속도로 어느 방향으로 움직이고 있다는 것도 안다. 뉴튼의 역학(力學)에 의하면 우리는 모든 물체의 운동 경로를 정확히 예측할 수 있는 것이다.

그러나 원자와 같은 미시세계에서는 이런 확실성은 있을 수 없다. 하이젠버그(Heisenberg)가 말하는 불확실성만이 있을 뿐이다. 우리 일상생활에서는 이런 불확실성이 아무런 의미가 없다는 것을 알고 있고, 또 이 불확실성의 정도를 계산할 줄도 알고 있다. 여기에 관해서는 뒤에 다시 언급할 것이다. 미시세계에서의 이와 같은 불확실성에도 불구하고, 우리는 양자역학을 여기에 적용하고 또 입자의 파동성과 전자를 발견할 가능성 사이의 관계를 정립할 수 있다. 원자들이 결합하여 분자를 만들 때도 우리는 역시 양자이론(量子理論)을 적용할 수 있다.

양자이론이 출현하기 전까지의 고전(古典)화학에서는, 분자 속의 원자 결합은 인접한 원자끼리 전자를 공유하고 있거나 (화학에서는 이 전자를 점으로 표시한다), 또는 전자가 한쪽 원자쪽으로 치우쳐 존재함으로써 두 원자에 각각 음전하와 양전하가 존재하거나 (이와 같이 전하를 가진 원자를 이온이라고 한다) 함으로써 이루어진다고 설명하고 있었다. 이런 설명방식은 분자의 화학구조와 성질을 이해하는 데 큰 도움이 되었다. 20세기 초에 이 방면에서 큰 공헌을 한 사람은 버클리대학의 루이스(G. N. Lewis)였다. 양자역학 출현 이후에는 칼텍의 폴링(Linus Pauling) 교수 등이 이러한 화학결합 연구에 크게 공헌했는데, 그들은 고전적 원자 궤도론과 양자역학적 이론을 병용하여 원자의 공간배치 등을 아주 쉽게 설명했다. 폴링 교수의 1954년도 노벨화학상은 이 화학결합의 본질에 관한 업적으로 받은 것이다.

화학결합의 본질에 관한 폴링과 기타 학자들의 연구는 1926년 발표된 슈레딩거(Schroedinger)의 파동역학(波動力學)을 기초로 한 것이었다. 슈레딩거는 이 이론으로 1933년의 노벨물리학상을 디락(Paul A. M. Dirac)과 공동수상했다. 2001년, 나는 슈레딩거의 첫 방정식 발견 75주년을 기념하는 슈레딩거 기념강연회에 초청되어 취리히대학에서 강연하면서 화학결합의 상태와 그 유동성에 관해, 그리고 슈레딩거의 방정식이 여기에 공헌한 바를 설명했다. 진실로 이 방정식은 현재도 물리학의 모든 분야에 응용되고 있으며, 금세기 들어 가장 중요한 방정식의 하나로 평가되고 있다.

원자, 외톨박이 원자거나 화학결합으로 연결된 원자이거나 간에 정지상태의 원자 사진을 과학자들이 찍은 것은 1980년대 이므로, 닐 암스트롱(Niel Armstrong)이 1969년 7월 20일 달에 첫발을 내디딘 후 십년도 더 지나서였다. 그 후 전자, 전하를 띤 원자(이온), 그리고 중성 원자가 속속 분리되어 전기장과 자장을 이용하여, 그리고 레이저를 이용하여 정밀하게 연구되었다. 이 방면의 연구로 노벨상을 수상한 경우를 몇몇 들면, 전자 및 이온 포획법(捕獲法 trapping)과 분광학(分光學 spectroscopy) 연구로 1989년 데멜트(H. G. Dehmelt)와 파울리(W. Pauli)가 받았고, 레이저 포획법과 냉각법으로 1997년 스티븐 추(Steven Chu), 코헨-탄노우지(Claude Cohen-Tannoudji), 필립스(William D. Phillips)가 공동 수상했으며, 주사터널링 현미경의 개발에도 역시 주어졌다.

주사터널링현미경(走査터널링顯微鏡, scanning tunneling microscopy, STM)을 이용하면 분자 속에 결합되어 있는 원자들과 표면 원자들의 정지상태 상(像)을 얻을 수 있다. IBM의 취리히 연구소의 거드 빈니히(Gerd Binnig)와 하인리히 로러(Heinlich Rohrer)는 이 방면의 연구로 1986년 노벨물리학상을 획득했다. 바늘의 끝과 금속표면을 아주 가까이 접근시켜 놓고

전류를 흘리면 바늘 끝에서 전자들의 터널링이 급속도로 감소되어 표면물질의 해상(解像)이 원자 수준까지 나타나게 된다. 이렇게 하여 물질의 표면을 마치 등고선을 그리듯이 윤곽선으로 표시할 수 있게 된다. 이 방법으로 1988년 처음으로 금속표면에서 벤젠 분자의 모습을 찍을 수 있었다. 케큘레가 이것을 보았다면 아마 좋아서 기절했을 것이다.

정지상태의 원자와 그 구성성분을 사진찍는 기술이 위와 같이 발전했어도 과학자들은 움직이는 원자를 포착하지는 못하고 있었다. 단지 화학반응에서 원자들이 움직이는 데는 실제시간(real time)이 필요할 것이고 그 시간이라는 것은 원자 또는 분자 수준의 극히 짧은 시간일 것이라는 막연한 생각을 가지고 있을 뿐이었다. 나는 1976년~1978년 사이의 연구결과에서 분자 속의 간섭성(干涉性 coherence)에 생각이 미쳤었는데, 이 발상이 후일 화학결합의 동역학을 원자 수준에서 검출하는 데 큰 역할을 했다.

제4장에서 예를 든 거리의 군중을 다시 상기하자. 만일 한 사람이 왼쪽 발을 앞으로 내디디면 간섭성에 의하여 모든 사람이 다같이 왼발을 앞으로 내밀 것이다. 그래서 가령 20번째 열에 서 있던 사람도 첫째 줄에 선 사람과 마찬가지로 보조를 맞추어 움직일 것이다. 분자에서도, 이 경우는 그 수가 수십억이나 되는 큰 수일 테지만, 이들을 서로 간섭하도록 만들면 분자 전체가 간섭성을 갖도록 할 수 있을 것이다.

나는 간섭성이라는 아이디어와 움직이는 분자의 모습을 관찰하는 데 이것이 유용할 것이라는 생각에 완전히 사로잡혀 있었다. 그러나 칼텍이나 다른 곳에서도 이 간섭성에 대한 연구에는 별로 관심이 없는 듯 했다. 어떤 학술회의의 공개강연에서 강연하고 있는데, 한 저명한 화학자가 소감을 말하면서 간섭성이라는 것은 도대체 화학과는 관계없는 것이라고 말하기도 했다. 그러나 이것은 물리현상에서는 대단히 중요한 개념이어서 나는 여러 물리학 학술회의에 초빙되어 우리의 연구결과를 발표했다. 그래서 간섭성의 중요성에 대한 나의 신념은 그 후로도 변함이 없었다. 아니나 다를까 간섭성이라는 이 개념은 후일 펨토화학(femtochemistry)에서 가장 중요한 개념으로 등장하게 되었고, 이제는 분자의 운동을 원자의 척도에서 검출하고 조절하는 데 없어서는 안 될 요인으로 공인되고 있다.

1980년 5월 릭크 스몰리(Rick Smalley)가 칼텍에 와서 '제트 냉각된 다원자에서의 진동 이완(弛緩)(Vibrational Relaxation in Jet-Cooled Polyatomics)'이라는 제목으로 강연을 했다. 강연 내용은 나프탈렌(naphthalene)이라는 커다란 다원자분자(多原子分子 polyatomic molecule)의 스펙트럼에 관한 자신의 재미있는 연구에 관한 것이었다. 그는 이 스펙트럼과 관련하여 이완시간(relaxation time)이라는 말을 썼는데, 그것을 듣고 있던 나는, 간섭성이라는 내 생각도 있고 해서, 분자의 운동을 검출하는 것은 표면적인 스펙트럼으로는 되지 않고 레이저기술을 적용해야 가능하다고 더욱 확신하게 되었다. 이러한 나의 믿음은 분자 내 에너지의 재분포 속도의 측정, 즉 나프탈렌과 같은 커다란 분자 속에 있는 에너지가 얼마만한 속도로 모든 원자운동에 재분포되는가를 측정하는 필요성이 대두됨에 따라 더욱 굳어졌다.

나의 이러한 아이디어를 검증해보기 위해서는 분자의 빔(molecular beam)이 초음속으로 움직이는 커다란 진공통이 필요했다. 우리는 이런 장치를 만들 원리는 알고 있었지만 실제 만드는 기술은 가지고 있지 않았기 때문에 이 진공통은 엄청나게 커다란 것이 되었다. 아무튼 우리는 이 진공통과 함께 초고속 레이저도 만들어야 했다. 그래서 비교적 짧은 시일 내에 설계를 마치고, 처음부터 끝까지 우리 손으로 만들어보았다. 두 대학원 학생이(그 중 한 학생은 아마 커피를 수백 킬로그램 은 마셨을 것이다) 여기에 매달려 애를 썼다. 이렇게 하여 우 리는 겨우 분자 빔의 흐름과 피코초(10^{-12}초) 레이저를 결부시 킨 장치를 만들었는데, 이것이 이후의 우리 연구에 있어서 가 장 중요한 단계였다.

처음 우리 목적은 이 피코초 레이저를 써서 진동에너지의 재분배 속도를 단일 분자를 대상으로 하여 직접 측정하는 것 이었다. 레이저가 한 원자(원자핵)의 진동운동에 에너지를 주 면 이 에너지가 모든 다른 원자의 운동으로 옮겨갈 것으로 생 각했다. 즉, 처음 여기(흥분)된 진동상태의 분자의 수는 시간이 지남에 따라(지수指數적으로) 감소하고, 반대로 에너지의 재분 배에 의해 새로운 운동상태의 분자수가 증가하리라고 생각한 것이다. 이렇게 하여 어떤 한 과정을 그 시초부터 끝까지 시간 경과와 함께 관찰할 수 있을 것으로 생각했다.

그런데, 우리가 사용한 안드라신(anthracene)이라고 하는 커 다란 분자에서 관측한 것은 위와 같은 생각과는 전혀 딴판이었 다. 진동운동의 에너지 배분이 일어나는 과정에서 전체 분자는 다함께 앞뒤로 일정한 주기와 진동폭을 가지고 진동하고 있는 것이었다. 다시 말해 어떤 운동상태의 분자수가 감소하는 일은 일어나지 않고, 모든 분자는 마치 앞서 비유한 거리에서 사람 들이 일사불란하게 똑같이 움직이는 것처럼 상호 간섭적으로 진동하고 있는 것이었다. 전하는 바에 의하면, 16세기에 갈릴레 오(Galileo)는 피사의 사탑에서 램프가 흔들리고 있는 광경을 보고 추(錘; 振子 pendulum)와 같은 물체의 주기적 그리고 간 섭적 운동의 개념을 얻었다고 하는데, 마찬가지로 커다란 분자에서도 각 원자의 진동운동은 추의 운동과 같다. 다만 분자 속에는 수많은 원자들이 들어 있으므로 이 진동운동이 굉장히 많다는 것뿐이다. 이 원자들의 운동이 상호 간섭성을 지니고 있지 않다면 위와 같은 결과는 결코 나올 수 없는 것이다.

우리는 이와 같이 복잡한 분자 속에서도 원자들의 간섭성이 존재한다는 것을 알고 크게 고무되었다. 나는 이것을 발표하면 많은 사람들이 관심을 가질 것이고 또 회의론도 대두할 것이라고 생각했다. 그래서 실험을 거듭하면서 결과를 확인하고 또 확인한 다음, 1981년 학술지 Journal of Chemical Physics의 '통신(communication)'란에 이것을 발표했다. 이보다 앞서 어떤 연구팀이 이와 같은 거대분자의 양자(量子) 간섭성 효과를 관측한 적이 있었으나, 후일 그 관측은 실험상의 착오에 의한 것이었음이 확인되었다. 이 발표가 나가자 과연 회의론이 대두되었고, 특히 이론가들은 안드라신과 같은 분자는 진동상태에서 양자간섭성을 관찰하기에 너무 큰 분자라고 지적했다. 또 어떤 이론가는 분자는 진동과 동시에 회전도 하고 있을 것이므로 회전운동과 진동운동이 서로 상쇄하여 그런 잘못된 결과가 나온 것이라고 반론을 제기했다.

첫 논문을 낸 후 우리는 계속하여 몇 편의 논문을 더 발표했는데, 그 내용은 한결같이 이 간섭성 효과는 시간분해능이 짧을수록 보다 더 분명해진다는 결과였다. 드디어 물리학자들이 주목하기 시작했고, 우리는 『Physical Review Letters』에 고립계에서의 이 질서정연한 양자운동의 성질에 관한 논문을 발표했다. 마침 1981년 노벨상 수상자인 블렘버겐(Nico Bloembergen)이 그 무렵 칼텍에 와 있었는데, 우리는 그와 논의를 거듭한 후, 1984년 우리들의 발견과 레이저 화학과의 관계에 관한 종설(綜說 review)을 집필하여 발표했다. 곧이어, 우리와 함께 미국과 캐나다의 연구진들이 이러한 현상은 다른 대형분자에서도 현저하게 나타난다는 것을 증명했다. 지나고 나서 보니, 과학에서는 흔히 있는 일이지만, 일단 어떤 사실이 밝혀지고 나면 그 현상이 더 분명하게 잘 보이게 되고 그래서 금방 받아들여지는 것 같다. 지난 일을 되돌아 보면 우리들의 그 예기치 않았던 새로운 관측결과가 학문체계에 커다란 변화를 초래한 것 같다.

간섭성에 관한 이와 같은 발견은 몇 가지 이유에서 앞으로의 학문발전에 중요한 의미를 가지고 있었다. 특히 보통 예측되는 바와 같은 분자 속의 무질서한 운동 외에, 그리고 에너지와 간섭성을 모조리 빨아들이는 소위 '열함정(heat sink)'의 존재에도 불구하고, 질서있는 간섭성 운동을 볼 수 있다는 점에서이다. 이 간섭성이 과거에 복잡계에서 검출되지 않았던 것은 간섭성이 없었기 때문이 아니고 적당한 검출장치가 없었기 때문이라는 것을 이제 나는 알고 있다. 우리들의 안드라신 실험에서는 시간분해능과 에너지 분해능을 동시에 도입하여 측정했는데, 이럼으로써 우리들의 결과가 장차 펨토화학의 발전에 기여하게 된 것이다.

우리는 진동에너지의 재배분에 관한 연구를 확대 진행시키는 한편, 여러 가지 화학반응을 일으키는 분자들과 회전운동을 하는 분자들을 대상으로 보다 더 시간을 단축시키면서 간섭성을 관측하는 연구도 병행했다. 안드라신에서 성공한 우리는 유리된(遊離 isolated) 복합계의 회전운동의 간섭성도 연구했다. 그런데 어떤 이론에 의하면 복잡한 분자들의 상호작용에서는 간섭성이 파괴되어버리므로 회전운동의 간섭성이란 있을 수 없다고 했다.

그래서 실험을 해보았으나 그 결과는 딴판이었다. 가령 분자들을 편광(偏光)초고속레이저로써 나란히 세우고 다른 레이저로써 진동하는 분자를 관측하면 거기서도 간섭성이 나타나고 (재귀현상再歸現象 recurrence), 그것이 회전의 한 주기를 이룬다는 것이 밝혀진 것이다. 마치 분자가 회전했다가 원 형태로 환원되는 것과 같았다. 이 회전주기로부터 그 분자의 관성(慣性)모멘트를 알 수 있고, 구성 원자들의 질량을 알고 있으므로 원자간 거리를 계산할 수 있다. 따라서 아주 큰 분자라 할지라도 그 분자구조를 알 수 있다.

위의 재귀현상은 실제로 정밀하게 관측되었고, 그로부터 분자구조도 유추되었다. 이러한 연구결과는 오랜 학설을 바꾸지 않을 수 없게 만들었다. 복합계의 분자 속에서도 회전운동의 간섭성은 분명히 존재하며, 우리가 진동운동의 간섭성을 관측했던 그 방법으로 실제로 관측할 수 있는 것이다. 이것으로 분자구조를 추정하는 데 대해서는 회의론도 있었지만, 이 방법은 현재 분자구조를 구명하는 가장 강력한 무기로 인정받고 있다. 이 방법으로 이미 120개 이상의 구조가 밝혀져 있는 것이다. 이 방법은 현재 회전간섭성분광법(廻轉干涉性分光法, rotational coherence spectroscopy; RCS)이라고 명명되어 많은 연구실에서 사용되고 있다.

이야기가 좀 바뀌지만, 1980년대 초엽에 나는 어떤 일로 이집트를 방문하게 되었다. 1969년에 떠난 후 처음으로 가는 모국 방문의 길이었다. 엘사드르(El-Sadr) 박사의 초청을 받은 것이다. 이 의학박사는 내가 알렉산드리아대학을 떠날 때 대학의 승인 결재를 해주신 분이다. 로스앤젤리스 방문차 미국에 온 그는 이곳 칼텍에서의 나의 연구성과를 전해 듣고, 의논할 일이 있는데 만날 수 없겠느냐고 연락해 왔다. 나는 그를 다시 만난다는 일에 가슴이 떨렸다. 알렉산드리아대학의 본부에서 처음 면담했을 때와 같은 그런 두려움에서가 아니고, 그가 나를 찾아왔다는 사실에 놀랐기 때문이었다.

약속장소에 갔더니 이미 여러 사람이 모여 그의 L.A. 방문을 환영하고 있었는데, 나는 한눈에 그를 알아보았고, 그도 나를 알아보았다. 나의 펜실베이니아대학에의 유학신청에 서명한 것을 그는 분명히 기억하고 있는 듯 했고, 나는 물론 그것을 잊을 리가 없었다. 우리는 만나자마자 그 일부터 상기하고 서로 크게 웃었다. 그는 "이제는 당신이 나를 좀 도와주어야겠습니다."라고 말하는 것이었다.

엘사드르 박사가 의논하자고 한 것은 몇 가지 계획에 관해서였다. 그 하나는 알렉산드리아대학의 한 연구센터에 와서 학생들에게 몇 차례 강연을 해달라는 것이었는데, 나는 물론 쾌히 이를 승낙했다. 또 한가지는 그 센터에서 계획하고 있는 과학프로그램에 대하여 자문을 해달라는 것이었고, 마지막으로 이 센터에 새로히 설치될 UN 알렉산드리아 연구센터(United Nations Alexandria Research Center, UNARC)에서 적극적으로 연구활동을 지도해달라는 것이었다. 이 UNARC는 현대과학의 최첨단 연구를 수행할 새로운 연구기관으로서 정부의 행정간섭을 받지 않는 완전히 독립적인 기구로 구상되고 있었다. 나는 일단 이곳을 방문하겠다고 약속했다.

1980년 12월, 나는 꿈에도 그리던 가족과 조국을 만나러 11년만에 이집트로 갔다. 알렉산드리아, 다만허, 데수크를 차례차례로 방문하고, 가족과 만나 며칠 동안 같이 지냈다. 양친의 얼굴에 새겨진 11년의 발자취를 보고 나는 진작 찾아뵙지 못한 죄책감에 마음이 무거웠다. 부모 형제와 되도록 많은 시간을 함께 하려고 카이로에 갈 때 같이 모시고 갔다. 어머니의 흐느낌은 우리가 다시 헤어질 날이 가까워질수록 더욱더 잦아졌다.

알렉산드리아에서는 UNARC에서 세 차례 강연을 했고, 옛

친구들도 만났고, 옛날에 자주 다니던 아브 퀴르(Abu Qir)의 제피리온(Zephirion) 등 몇 군데도 찾아가 보았다. 나는 모스타파 엘사이드(Mostafa El-Sayed)와 함께 세실호텔에 묵으면서 즐거웠던 시절의 옛 이야기에 꽃을 피우면서 오랜만에 즐거운 시간을 보냈다. 여전히 한가한 이집트의 생활문화는 대학에도 아직 남아 있었다. 일례를 들면, 어떤 교수가 내일 11시에 강연을 해달라고 부탁을 하면서 아침 9시까지 호텔로 차를 가지고 오겠다고 하기에 나는 미국식으로 좀 일찍 8시반에 로비에 내려와 그를 기다렸다. 그런데 기다려도 기다려도 그는 나타나지 않다가, 11시 30분이나 되어서야 겨우 나타나는 것이었다. 나는 초조한 나머지 인사도 하는둥 마는둥, "강연이 11시부터라면서요?"하고 물었다. 그런데 그의 대답은 태평스러웠다. "걱정하지 마세요. 오늘은 어디가서 점심이나 천천히 하고, 강연은 내일 해도 됩니다." 칼텍이라면 이런 일이 있을 수 있을까? 그러나 어쨌든 나는 그날 점심을 맛있게 먹고, 강연은 그 이튿날 했다. 그래도 세상은 끝나지 않았다!

엘사드르 박사와 함께 그의 계획에 관한 일을 하면서 나는 국제학술대회를 하나 조직하여 1983년 1월 5~10일 사이에 알렉산드리아에서 개최하기로 했다. 그래서 대회 준비를 위해 비서 티나 우드(Tina Wood)를 데리고 1982년 12월 재차 이집트를 방문했다. 카이로를 거쳐 알렉산드리아에 간 우리는 지중해가 한눈에 바라보이는 팔레스타인호텔에 묵으면서 대회를 UNARC에서 치르고 난 다음, 상이집트로 여행을 갔다. 나는 룩소르(Luxor)와 아스완(Aswan)에서 5,000년의 기나긴 역사를 피부로 느끼면서 학생시절 이곳을 찾았던 추억을 되새겼다.

국제회의는 성공적이었다. 세계 각국에서 200 여명이 모여들었고, 그 중에는 후일 노벨상을 받은 분들도 여럿 있었다. 유안리(Yuan Lee), 루디 마르크스(Ludy Marcus), 존 폴라니(John Polanyi) 등이다. 니코 블렘버겐(Nico Bloembergen)과 조지 포터(George Porter) 등 두 명의 노벨상 수상자도 참석했다. 그 대회는 참으로 의미있는 좋은 행사였다고 지금도 많은 사람들이 회상하고 있다. 대회 직후에는 성공적인 회의 종료를 축하하는 많은 편지가 답지했다. 나는 이 대회를 치르면서 환등기의 램프에서부터 초청인사의 신변안전, 하다 못해 한밤중에 아스피린을 사다주는 일까지 별의별 사소한 일까지 일일이 신경을 썼었다. 이렇게 대회를 면밀히 세심하게 치르고 나니, 뒤에 발간된 대회의 기록집에 조지 포터는 다음과 같은 감상문을 실었다.

　　이제는 누구나 다 아는 바이지만, 이 대회는 거의 전적으로 파로아의 후예인, 그리고 지금은 캘리포니아에 살고 있는 아흐메드 즈웨일에 의해 조직되고 진행된 회의였다. 그는 만사를 제쳐놓고 이 일에 매달려, 시간이 잊혀진 이 고도(古都)에서 단 일분 일초의 시간 착오도 없이 강연을 진행시켰다. 마치 영국의 왕립과학연구소(Royal Institution)에서 회의가 진행되는 것 같았다. 어느 때 나에게 주어진 시간은 단 5분이었으니, 연단에서 허리 한번 굽힐 시간조차 없을 정도였다. 그러나 이것은 능률적인 회의진행을 위해서는 부득이한 일이었고, 그 외 모든 회의준비에 대하여 우리는 아흐메드와 관계자 모두의 노고에 깊이 감사드리는 바이다.

　　티나, UNARC의 관계자들, 그리고 엘사다르 박사의 수고가 참으로 컸던 국제대회였다.
　　엘사드르 박사와의 뜻하지 않은 재회 이후 나는 그가 별세할 때까지 그와 친밀하게 지냈다. 이제와서 생각해보면, 내가 미국 유학서류를 가지고 그의 결재를 받으러 갔을 때 그는 내

면전에서 자네는 돌아오지 않을 것 같구나 라고 말했었는데, 확실히 그는 예언자이고 선각자였다. 그가 추진한 UNARC 사업의 발전이 이를 웅변으로 증명해주고 있다. 그는 다재다능한 분이었는데, 특히 문장이 유려했다. 앞서의 국제회의의 출판물에 실린 그의 인사말에서도 이를 엿볼 수 있다. 나는 그를 추모하면서 광화학(光化學) 및 광생물학(光生物學) 국제회의에서 그의 이름으로 알렉산드리아대학에 상을 제정했다. 그는 세상을 떠나기 몇 년 전에 나에게 이집트로 돌아와 UNARC를 맡아달라고 부탁했으나, 나는 정중히 사양했다.

칼텍에서의 나의 연구는 그 후로도 순조로히 진행되어, 4개의 실험실 모두가 분주했다. 한 실험실에서는 여전히 간섭성 연구에 여념이 없었고, 또 한곳에서는 광학적 핵자기공명(核磁氣共鳴 nuclear magnetic resonance; NMR)장치를 만들어 보다 짧은 시간분해능을 갖게 하는 기술 개발에 열중하고 있었다. 라디오 주파수 대역(帶域)으로 전이된 NMR의 원자핵 스핀은 분자구조의 연구에서부터 병원의 자기공명영상(magnetic resonance imaging, MRI)에까지 폭넓게 응용되고 있다.

레이저를 써서 NMR를 광학적 영역에서 실험하는 일은 쉬운 일이 아니었다. NMR의 라디오 주파수 대역의 펄스(pulse 파동)를 빛의 광학적 펄스로 대체했을 때 펄스의 상(相 phase)을 조정하는 일이 쉽지 않기 때문이었다. 고생 끝에 1981년에 실험결과를, 안드라신 논문을 발표한 직후 바로 그 학술지에 발표했다. 버클리의 알렉스 파인(Alex Pine) 교수 밑에서 공부하고 내게 와서 박사후연수생으로 있다가 지금은 프린스튼대학 교수로 있는 와렌 와렌(Warren Warren), 빌 램버트(Bill Lambert), 그리고 피터 펠커(Peter Felker)와의 공저였다. 그리고 일년 동안 이 일을 더욱 진전시키고 응용범위도 넓혔다. 끝내 우리는 분자들을 간섭적으로 흥분(興奮; 또는 勵起 excite)시키고 이를 검출할 수 있게 되었다. 뿐만 아니라 레이저 펄스를 이용하여 광학적 주파대역에서 상(相 phase)을 조절할 수도 있게 되었다.

그 다음 나의 목표는 시간을 보다 더 짧게 분해하는 일이었다. 칼텍에는 피코초 레이저가 있었으나, 나는 그것으로는 만족할 수 없었고, 피코 단위를 돌파해서 더 내려가고 싶었다. 최신형 펄스 압축기(pulse compressor)가 있다는 말을 듣고 어떻게 해서라도 사고 싶었다. 내가 원하는 압축기 즉 레이저 펄스의 폭을 피코초 단위 이하로 줄일 수 있는 것이었다. 그것을 스펙트라 피직스(Spectra Physics)사에서 제작하고 있었으나 새로 만드는 데는 '불과 몇 달'이면 된다는 것이었다. 그러나 마음이 급한 나에게는 그것이 몇 십년으로 들릴 만큼 긴 시간이었다. 그런데 그 직원의 말이, 퍼듀(Purdue) 대학의 듀안 스미스(Duane Smith) 교수가 한 대 가지고 있다는 것이었다. 귀가 번쩍 뜨이는 소리였다. 듀안은 내가 처음 가르쳤던 대학원 학생이 아닌가! 그러면 새것을 하나 장만할 때까지 기꺼이 빌려줄 것이다.

즉시 듀안에게 전화를 걸어, 이 압축기를 써서 분자 내 결합의 파괴를 직접 검출하려 하는 우리의 연구 목적을 간단히 설명했다. 그는 두말 않고 즉시 장치를 파사데나로 부쳐왔을 뿐만 아니라, 몇 주 동안 우리에게 와서 함께 실험을 하기까지 했다. 우리는 이 장치를 써서 3개의 원자로 구성되어 있는 분자 내 결합의 파괴를 피코초 단위 이하의 시간대에서 관찰하고, 1985년 물리화학회지(物理化學會誌, Journal of Physical Chemistry)에 그 결과를 발표했다. 공저자는 지금은 시카고대학의 교수로 가 있는 당시 대학원 학생 노버트 쉬러(Norbert

Scherer), 현재 웨스리안(Wesleyan)대학 교수이며 당시 박사후 연수생이었던 조 니(Joe Knee), 그리고 듀안이었다.

그러나 우리는 아직 분자의 전이(轉移 transition) 상태, 즉 화학반응에서 반응물과 생성물의 중간상태 분자의 구조는 밝히지 못하고 있었다. 하지만 생성물의 증가 상태는 확인하고 있었으므로 전체를 밝히는 것은 시간문제라고 생각했다. 다만, 시간단위를 한 차원 낮춘 레이저 펄스만 있으면 될 일이었다. 이것을 나는 1985년의 논문의 말미에 기술했는데, 쉬운 말로 표현하자면 우리가 찍은 '사진'은 아직 초점이 덜 맞아서 뚜렷하지 않지만, 대상물 자체는 이제 확실히 붙잡았다는 것이다.

우리가 한 연구는 달리는 말을 찍은 사진에 비유해서 설명하면 알기 쉬울 것 같다. 사진기로 달리는 말을 찍으면서 그 모습을 분석하는 일은 19세기 말엽 칼텍에서 얼마 멀지 않은 팔로 알토(Palo Alto), 그리고 뒤에 나의 모교인 펜실베이니아 대학에서였다. 1872년 봄, 철도 거부 리랜드 스탠포드(Leland Stanford)와 그의 친구들 사이에 열띤 논쟁이 벌어졌는데, 내용은 말이 빠른 걸음(trot)으로 걸을 때 네 발굽이 모두 땅에서 떨어져 공중에 떠 있는 순간이 있느냐 없느냐는 것이었다.

고대 이집트의 왕이 마차를 타고 있는 그림들을 보면 말의 발은 하나 또는 대개 두 개가 언제나 땅을 짚고 있다. 그런데 전하는 이야기에 의하면, 철도로 거부가 된 스탠포드씨는 혈통 좋은 말을 몇 마리 가지고 있었는데, 말이 빠른 걸음으로 달릴 때 네발 모두가 동시에 공중에 뜨는 순간이 있다고 주장하면서 당시로는 큰 돈인 25,000달러를 여기에 걸었다. 그리고 자신의 생각을 증명하기 위해 사진사 이드워드 머이브리지(Eadweard Muybridge)로 하여금 사진으로 찍는 방안을 연구토록 부탁했다.

여러 차례 시행착오 끝에 사진사는 당시의 장비로서는 최선의 연속사진을 선명하게 찍었다. 말의 발에서 일어나는 먼지 때문에 사진이 흐려지는 것을 막기 위해 그는 특수고무로 된 바닥으로 트랙을 깔고, 발사진이 선명하게 떠오르도록 흰 장막을 드리우고, 장막의 이쪽편에 40피트(약 12m) 길이의 카메라 장치대를 세우고, 36개의 이중렌즈 카메라를 1피트(약 30cm) 간격으로 설치했다.

각 카메라에는 줄을 달아 그 줄이 트랙을 가로 지르도록 고안했다. 말이 걸으면서 이 줄을 건드리면 카메라의 셔터가 열리도록 한 것이다. 셔터 속도는 당시로서는 최고인 1,000분의 1초였고, 필름도 최고감도를 구했다. 사진찍는 시간도 햇빛이 가장 이상적인 때를 택했다. 수년 후 그는 인화한 사진들을 '움직이는 말(The Horses in Motion)'이라는 제목으로 미국에서 가장 오래 된 과학잡지 『Scientific American』 등 몇 잡지에 발표했다 (사진 몇 장은 그 전에 이미 아는 사람들 사이에 돌고 있었다).

머이브리지는 이어서 많은 사육동물과 야생동물, 그리고 사람의 걸음걸이도 사진으로 찍었다. 그가 찍은 사진 하나하나는 출발점과 종점 사이의 동물의 전이(轉移)상태를 하나하나 나타낸 것이다. 그런데 이 사진을 통해 의문의 여지없이 명백하게 된 것은 네발이 다 공중에 떠 있는 순간이 있다는 것이었다. 사람과 동물의 운동상태를 연구하는 데 큰 공헌을 한 사진들이었다.

그런데 분자의 전이상태를 포착하는 데는 시간의 분해능이 전혀 다르다. 그러나 아무리 짧은 순간이라 하드라도 그 상태를 이해하려면 정지사진을 찍어야 하는데, 이에 대해서는 다음 장에서 설명하기로 한다. 1980년대 중반까지 우리가 분할해 낸 시간은 머이브리지씨가 쪼갠 시간(1000분의 1초)의 10^{10}분의 1 수준이었고, 이것으로 원자의 운동을 관찰할 수 있었다. 원자와 원자 사이의 화학결합이 형성되는 전이상태를 사진으로 한컷 한컷씩 보듯 관찰하는 것이다. 이 과정은 불과 몇 피코초, 즉 100만분의 또 100만분의 몇 초라고 하는 짧은 시간에 일어난다. 머이브리지의 말사진이 발표된 지 약 1세기 후, 나는 같은 『Scientific American』에 '분자의 탄생(The Birth of Molecules)'이라는 제목으로 우리들의 연구결과를 해설했다. 후일 노벨상 수상 이유서에 서술된 것처럼, "우리는 이제 개개의 원자들의 움직임을 상상으로서가 아니라 직접 눈으로 볼 수 있게 되었다. 그들은 이제 가시적인 존재인 것이다."

저명한 화학물리학자인 딕 번스타인(Dick Bernstein)이 셔맨 페어차일드 연구교수(Sherman Fairchild Distinguished Scholar) 대우를 받아 UCLA에서 이곳 칼텍에 온 것은 우리에게 큰 힘이 되었다. 그는 성실한 인품을 지니고 있었으며, 새로운 학문의 발달을 신속히 이해할 수 있는 사람이었다. 30년 동안이나 화학반응의 동역학 연구에 종사해 온 그의 말을 빌리면 '돌파구'인 우리 연구의 의의를 인식하고 있었고, 칼텍에 온 것도 우리와 함께 연구하기 위해서였다. 우리는 그의 적극적인 지원에 크게 고무되었다. 그는 참으로 도량이 넓은 신사였다. 펨토화학 (femtochemistry)이라는 용어를 우리가 만들어낸 것도 산타모니카(Santa Monica)에 있는 그의 집에서 그와 그의 부인 노르마(Norma), 그리고 동생 켄(Ken)과 함께 논의한 결과였다.

펨토화학이라는 말은 시간척도와 화학을 결합한 용어로서, 화학결합의 동역학에서 물질과 시간을 결부시킨 뜻이다. 1펨토초(femtosecond, 줄여서 fs)는 10억분의 100만분의 1초, 즉 1000조분의 1초, 0.000 000 000 000 001초, 혹은 10^{-15}초이다. 펨토초 이전에는 가장 짧은 시간단위로 피코초(picosecond, 10^{-12}초)가 있었고, 그 다음 나노초(nanosecond, 10^{-9}초), 그리고 마이크로초(microsecond, 10^{-6}초), 밀리초(millisecond, 10^{-3}초)가 있었다. 접두어 밀리(milli)는 라틴어에서 왔고(그리고 불어로 1000분의 1이라는 뜻), 마이크로(micro)와 나노(nano)는 그리스어의 각각 '작다'와 '난쟁이'라는 말에서 왔으며, 피코(pico)는 스페인어의 '작다'에서 유래되었다. 펨토(femto)는 스칸디나비아의 말로 '15'라는 뜻의 femten의 어간을 딴 것인데, 핵물리학자들은 원자핵 크기의 단위로서 펨토미터, 1 fermi를 쓴다. 펨토보다 더 짧은 것은 아토초(attosecond), 10^{-18}초인데 이것도 역시 스칸디나비아어의 '18'이라는 말에서 온 것이다.

딕이 온 것은 1986년이었는데, 1988년에 우리는 그와 공저로 이미 논문을 써서 발표했다 (학술지 *Chemical and Engineering News*). 이 논문을 그와 같이 쓰는 것은 참으로 즐거운 일이었다. 또 쓰면서 나는 분자동역학에 관해 많은 공부를 하게 되었다. 그와의 공동연구는 그 후도 이어져 여러 편의 공동논문이 나왔다. 딕은 1990년에 안식년(安息年)을 얻어 재차 칼텍에 왔었지만, 애석하게도 그 기간이 끝나기 전에 타계하고 말았다. 그는 저명한 학술지 『Chemical Physics Letters』의 편집인이기도 했는데, 그의 사후 나는 부인 노르마를 도와 그가 남겨둔 원고의 마무리를 위해 편집인 대리를 맡았었고, 그 후 편집인으로 위촉되어 현재까지 이를 맡고 있다.

그 무렵 우리는 이 펨토화학이라는 새로운 분야가 원자와 분자의 동역학연구에 새 시대를 열 것이라고 확신하고, 실험과 응용연구에 모든 정력을 쏟고 있었다. 이제 나는 우리가 펨토초의 세계에 어떻게 도달했는지, 또 시간과의 경주인 이 과정에 어떤 정거장들이 있었는지 돌이켜 볼 차례이다.

6

시간과의 경주
6천년과 펨토시간

   인간 문명의 역사 속에서 과학이라 일컬어지는 가장 최초의
사건들 중 하나는, 시간의 측정 및 자연 세계에서 일어나는 현
상들의 순서와 기간의 기록이라 할 수 있다. 고대 나일강 유역
의 연중 범람과 메소포타미아 지방의 재배와 추수 절기를 예
측하는 것을 가능하게 한 달력의 개발은, 문자의 생성과 그 시
기를 같이 할 정도로 매우 오래 전에 이집트에서 시작되었다.
그 이후 시간은 중요한 개념들의 하나로 자리잡아, 과학에 있
어 공간과 함께 근본적인 두 차원들 중 하나로 인식되고 있다.
시간의 개념은 시간의 길이, 과거로부터 현재, 그리고 미래로
의 경과를 인식하는 것을 내포하고 있으며, 따라서 태초 인간
의 태어남과 삶, 죽음 또는 부활이나 환생의 의미를 찾으려 했
을 때부터 존재해 왔음에 틀림 없다.
   나의 선조들은, 오토 뉴바우어(Otto Neugebauer)가 묘사한
것 같이 '인간사에 존재했던 유일한 지적인 달력'을 개발함으
로써 시간과학의 시작에 공헌했다. 지금으로부터 10,000년보다
도 전 이집트 나일강 유역에 문명이 시작되었을 시기에, 그 유

역의 비옥한 검은 모래는 사람과 가축 모두에게 풍족한 과일과 곡식이 자라는데 필요한 영양분을 제공했다. 이집트는 마치 에덴동산과도 같았다. 나일강이 규칙적으로 범람하고 퇴각하면서 기름진 침니층을 남겼기 때문에 초기 이집트인들의 농경은 순조롭게 이루어졌다. 오늘날까지도 비구름이 하늘을 어둡게 하는 일이 드물고 기후는 거의 항상 온화하여 삶을 영위하기가 매우 편하다.

그리고 최초의 에덴동산과도 같이 거기에는 기적적인 뭔가가 항상 있었는데 그것은 바로 거의 비가 오지 않는 환경에서 일어나는 나일강 범람의 규칙성이다. 매년 여름은 뜨거워지고 또 비가 오지 않는 6월 중순쯤에는 범람이 어김없이 시작된다. 따라서 이름하여 '나일 달력'은 생활의 일부로 자리잡았으며 일년을 네 달씩의 세 절기, 곧 범람기와 뒤이은 재배기, 그리고 추수기로 나누어 놓았다. 365일의 보통력은 기원전 3,000년 전이나 그전에 이미 알려졌는데, 이것은 카이로 바로 북쪽의 헬리오폴리스(Heliopolis)에 범람이 시작되는 평균시간차에 근거한 것이었다.

메네스(Menes) 하에서 통일된 이집트의 첫 왕조 시기에(기원전 3100년경) 이미 그 땅의 과학자들은 소티스(Sothis) 혹은 시리우스(Sirius)의 일출을 관찰함으로써 '천문학적 달력'의 개념을 도입해 놓았다. 최초의 왕조 시기까지 그 연대가 거슬러 올라가 있는 상아판(지금은 필라델피아에 있는 한 대학 박물관에 소장돼 있다)에는 "소티스, 역년과 범람을 데려오는 자여"라는 문구가 새겨져 있으며, 팔레모석(Palermo Stone)에는 역대 왕들의 연대기와 매년 중대사의 시간표가 왕조 이전 시기부터 제5대 왕조 중간까지 문서화 되어 있다. 따라서 이집트인들은 기원전 3100년이나 되는 고대시대에 이미 범람 시기를 정확히 예측하게 했던 명확한 자연현상을 인식했고, 별에 대한 규칙적인 관찰을 바탕으로 이집트인의 설날을 제정했다. 이것은 시간의 원점이 잘 정의된 주간, 연간 행사에 대한 실시간의 측정이었다!

대부분의 문명에서는 달의 움직임을 기준으로 시간이 측정되었다. 하지만 이집트인들에게는 연간 범람이 그들 보통력의 시작을 나타내었고 그것은 달과 일치하지 않았다. 대신, 그 순환의 열쇠를 제공한 것은 바로 태양이었다. 보통력은 따라서 일년이 365일이었고 소티스의 천문력과 일년마다 약 '사분의 일'일 정도가 차이 났다. 두 달력은 $365 \times 4 = 1,460$년마다 일치했고, 왕조시대의 소티스의 재 출몰을 기록한 날짜에 근거하여 역사가들은 두 달력이 일치하는 연도들로서 기원후 139년, 기원전 1,317년, 그리고 기원전 2,773년을 산출했다. 기원후 139년을 사용하면, 그 보다 더 전에 있었던 기원전 4241년의 ($+139 - (3 \times 1,460) = 4,241$ BC) 일치년을 계산할 수 있고, 이 해는 많은 역사가들이 역사의 시작으로 간주한다. 이보다 앞선 것은 모두 다 역사 이전이라 할 수 있다.

이집트인들이 365.25날의 천문력을 발견했음에도 불구하고 (아마도 기록상의 편의를 위해서) 윤년이 없는 365일의 보통력을 사용하기로 결정했다. 그들은 또한 하루를 낮시간과 밤시간으로 12시간씩 두 부분으로 나누었다. 이 연월일로 이루어진 훌륭한 달력은 역사를 통하여 개작되었고 (기원전 46년에 채택된) 365.25일의 줄리안(Julian)력과 (그레고리 13세 교황의 칙령으로 기원후 1582년에 채택된) 365.2422일의 그레고리안(Gregorian)력의 근간을 이루었다. 저명한 이집트학 학자 제임스 헨리(James Henry)가 대담하게 말한 것처럼 "그것은 6천년 이상 동안 끊임없이 사용되어 왔다."

기원전 약 1500년, 시간과학에 또 다른 중요한 공헌이 이루어졌는데 그것은 움직이는 그림자를 이용한 태양시계 혹은 해시계의 개발이었다. 현재 베를린에는 기원전 1501년부터 1447년까지 통치했던 쓰모스 3세(Thutmose III, 지혜와 계몽의 이집트신인 Thoth의 이름을 땀)라는 이름을 가진 해시계가, 주간의 시간측정을 위한 시간눈금을 보여주고 있다. 불균일한 시간간격을 가진 이 시계는 수공으로 만들어졌고 이동이 가능했다. 밤시간을 위해서는 물시계가 발명되어 시간측정을 위한 균일한 시간간격을 제공했다. 이러한 발전과 더불어 연월일시 간격의 시간 해상도가 확립되어갔고 3천년 이상 사용되어 왔다. 시와 분을 60의 단위로 분할한 것은 뉴바우어에 따르면 "바빌론의 수적인 절차와 연합된 이집트 관례의 헬레니즘적 개량의 결과였다."

기원 후 1000년 즈음 이슬람 문명에 의해 시계의 기술이 발달되었다. 1085년에 스페인의 톨레오에 있는 타거스 강가에 물시계들이 설치되었고, 어떤 것들은 현재까지도 볼 수 있다. 또한 두 개의 대형 물시계의 잔재가 모로코의 페즈에 아직도 남아있다. 물을 이용한 시간측정은 번성하였고 물시계와 다른 시간측정 장치에 대한 책들이 쓰여졌는데, 예를 들면 *Kitab 'amal al-sa'at wa-l-'amal biha*(시계제작과 그 사용에 관한 책)이라는 이름의 리드완 이반 사티(Ridwan ibn al-Sa'ati)가 쓴 논문이 남아 있다. 알-자자리(al-Jazari)에 의한 현대의 시계 설계는 1976년에 런던 과학박물관에서 개최된 이슬람 세계 박람회에서 동일한 시계의 재현을 가능하게 할 정도로 정밀하다.

유럽에서는 약 1300년에 기계로 조작하는 시계가 발달했고 정밀과 소형화의 혁명을 이끌었다. 정밀도는 그 이후로도 계속

향상되어 지금의 시계 표준인 세슘 원자시계가 사용되기에 이르렀다. 1967년 이후로 1초는 세슘 원자가 정확히 9,192,631,770번 회전하는 시간으로 정의되었다. 약 10^{13}분의 1의 정밀도가 얻어질 수 있는데 이것은 시계가 거의 백만년마다 겨우 1초 정도 틀리는 것을 의미한다. 이 업적으로 노만 람지(Norman Ramsey)는 1989년에 노벨물리학상을 공동 수상했다.

우주에서 크고 작은 수많은 자연현상들이 일어나는 시간의 규모는 엄청나게 다양하다. 그러한 현상들을 관찰하고 측정하기 위해 우리는 혁명적인 과학적 기기들과 개념들에 의존하고 있다. 이 과학적 기기들과 개념들에 의해 이루어진 공헌들에 관한 역사는 광대하지만 여기서 나는 알하젠(Alhazen)의 광학과 시각에 대한 연구 결과와 갈릴레오의 시간과 동작에 관한 업적만을 토의하겠다. 이 둘은 새로운 개념들과 새로운 기기들의 개발을 통해 우리에게 눈으로 볼 수 없는 세계에 대한 새로운 통찰력을 제공했다.

서방세계에서는 알하젠이라 알려진 Abu ′Ali al-Hassan iban al-Haytham은 (존 그리반에 의해 지적된 바와 같이) 중세의 가장 훌륭한 과학자였다. 그가 이룬 업적들은 갈릴레오, 케플러, 그리고 뉴튼의 시대까지 5백년 이상이 지나기까지는 필적할 만한 대상이 없었다. 알하젠은 지금의 이라크에 있는 바스라 지역에서 태어나 그가 사망할 때까지 카이로에서 살았다. 그 당시의 이집트 칼리프였던 알-하킴에게 감명을 주기 위한 무모한 노력으로 알하젠은 나일강의 범람을 제어할 수 있는 방법을 만들 수 있다고 주장했다고 알려진다. 그 약속을 지키지 못한 데 대한 칼리프의 노여움에서 벗어나기 위해서 그는 미친 척 하였고, 알-하킴이 1021년에 사망할 때까지는 계속 거짓 연극을 해야만 했다. 칼리프와 문제가 있었음에도 불구하고, 알하젠은 많은 주제들에 대한 저작활동을 했다. 그의 훌륭한 연구결과는 약 1000년경에 쓰여진 광학에 관한 일곱권 짜리 논문집에 담겨 있다. 이 업적은 12세기 말에 라틴어로 번역되었고 유럽에서는 『광학에 관한 명저(*Opticae Thesaurus*)』라는 이름으로 1572년에 출판되었다. 그 연구물은 널리 보급되었고 17세기에 유럽에서 과학혁명을 시작시킨 사색가들에게 막대한 영향을 끼쳤다.

알하젠은 시각에 대한 정설을 근본적으로 바꾸어 놓았다. 그의 논점은 그 당시에 유력했던 지혜와는 상반되게, 시각이란 우리 몸 내부의 어떤 빛이 눈 밖으로 나와서 우리 주위의 세상을 바라본 결과가 아니라, 우리 몸 외부의 빛이 눈 안으로 들어온 결과라는 것이었다. 그의 논거 중의 하나는 우리에게 익숙한 잔상현상 (빛이 차단된 후에도 계속 이미지가 한동안 남아 있는 현상: 역자 주)과 우리 눈에 잔상현상이 계속되는 시간에 관계하고 있다. 하지만 빛의 작용의 이해에 관한 과학적 발달에 끼친 그의 가장 큰 영향은 camera obscura, 즉 '어두운 방'에 영상이 형성되는 것에 관한 그의 논의이다.

이 현상이 작용하는 것을 보기 위해서는, 밝고 햇빛이 좋은 날 창문에 두꺼운 커튼을 치고 커튼에 볼펜 끝 크기의 작은 구멍을 만들고 빛이 조금 들어 오게 하면 된다. 이렇게 하면 뭔가 멋있는 것을 보게 되는데, 그것은 바로 바깥 풍경이 방안 벽에 거꾸로 투영되는 천연색 이미지이다. camera obscura의 개념은 궁극적으로 현재의 인화사진기 camera의 이름을 만들었다. 최근에 나는 가족들과 캘리포니아의 산타 모니카에 있는 이 인화사진기의 원형 디자인을 보기 위해 갔었는데, 우리는 그 현상을 보고 모두가 감명을 받았다. 과연 그 원리는 무엇일까?

알하젠이 깨달은 것처럼 요점을 바로 빛은 직선으로 움직인다는 것이다. 누군가 암실 밖에 어느 정도 떨어진 거리 어딘가에 서 있다고 하자. 그 사람의 머리 끝에서 커튼에 있는 구멍까지의 직선은 구멍을 통하여 암실 안의 맞은 벽 아래쪽에 도달하게 되고 반대로 그 사람의 발끝에서 시작하는 직선은 구멍을 통하여 벽 위쪽에 이르게 된다. 머리끝과 발끝 사이의 모든 점에서 출발하는 직선들은 비슷한 원리로 암실 안 벽에 도달하게 되고 결국 그 사람뿐 아니라 바깥의 모든 것이 위와 아래가 바뀐 거꾸로 된 영상을 이루게 되는 것이다.

알하젠의 빛과 시각에 대한 생각은 혁명적이었는데, 그는 "빛은 태양과 지구의 불꽃들로부터 만들어지는 작은 입자들의 흐름으로 이루어져 있고 이것들은 직선으로 움직인다"고 했다. 빛은 물체를 때릴 때마다 튕겨져서 나오고 결국에는 우리 눈에 도달하게 된다는 것이다. 이것이 바로 우리가 볼 수 있고 암실의 그 투사 영상이 보이는 원리라는 것이었다. 그는 빛이 아주 빠르기는 하지만 무한대의 속도로 움직일 수 없다는 것을 깨달았다. 그는 또한 물 안에 잠긴 빨대가 굽어져 보이는 굴절현상이 빛이 물 안과 공기 중에서 다른 속도로 움직이는 결과라는 것도 깨달았다. 그의 굴절에 관한 지식을 바탕으로 빛을 모으는데 필요한 렌즈의 곡률을 계산해냈다. 그러나 그리빈(Gribbin)이 주목한 것처럼 11세기의 유럽은 이 모든 발견들을 수용할 준비가 되어 있지 않았다. 알하젠의 연구를 받아들인 최초의 유럽인은 오늘날 주로 태양 주위의 행성들의 운동을 기술하는 법칙의 발견으로 기억되는 요한 케플러(Johannes Kepler, 1571~1630)였다.

알하젠의 독창적인 연구와 우리 연구는 명백히 관련지어진다. 움직이고 있는 원자의 이미지를 잡아낼 수 있는 것은 바로 빛에 의해서만 가능한 것이다. 그의 6천년 된 시각에 대한 이론을 분자적 차원과 펨토초의 시간 척도로 다룰 수 있는 것은 오늘에 이르러서야 가능해졌다. 알하젠이 빛과 그와 관련된 현상들에 관심이 있었던 반면 또 다른 위대한 과학자인 갈릴레오 갈릴레이는 물체와 행성들의 운동에 관심이 있었다. 광학과 빛의 운동에 관한 개념을 바탕으로 만든 그의 장치를 이용하여 그는 하늘관측의 새로운 세계를 열었다. 알하젠의 업적과도 같이 갈릴레오의 업적도 또한 분자 세계에 대한 우리의 관찰과 연구에 관련이 있다.

갈릴레오는 윌리엄 세익스피어와 똑 같은 해인 1564년 2월 15일 이탈리아 피사에서 태어나 뉴튼이 태어난 해와 똑 같은 1642년에 죽었다. 많은 전기집과 Rice University에서 출간된 갈릴레오의 업적에 자세하게 나와 있는 것처럼, 그의 과학자로서의 일생은 가톨릭교회와의 관계 등 여러 가지 이유에서 독특했다. 갈릴레오는 음악가였던 빈센조 갈릴레이(Vincenzo Galilei)와 굴리아 데글리 아마나티(Giulia degli Ammannati)를 부모로 태어난 여섯 (혹자에 따르면 일곱) 중 첫째였다. 그의 집안은 부유하지는 않았지만 귀족에 속했다. 그는 피사대학에서 공부했고 가르치는 자리를 얻은 후 파두아대학의 교수가 되었다.

갈릴레오는 아리스토텔레스의 물리학을 배웠지만 곧 그것을 반박했다. 아리스토텔레스 학파 사람들은 무거운 물체가 가벼운 물체보다 더 빠른 속도로 떨어진다고 믿었다. 갈릴레오는 이 생각이 그릇됨을 증명하고 모든 물체는 그 밀도와 상관없이 진공에서는 똑 같은 속도로 낙하한다고 단언했다. 유명한 실험들 중 하나에서, 그는 약간의 경사진 평면에서 공을 굴린 후 일정 시간 간격으로 공의 위치를 측정했는데 이 실험 자료는 아래에서 토의할 법칙을 이끌어 내었고, 『운동에 관하여 (De Motu)』라는 저서에서 그는 운동에 관한 발견들을 저술했다.

갈릴레오는 매달린 추의 왕복운동에 흥미를 가졌다. 그의 전기 작가인 빈센조 비비아니(Vincenzo Viviani)에 의하면 갈릴레오가 학생이었을 때 피사의 성당에서 매달린 등이 앞뒤로 왔다 갔다 하는 것을 본 후에 추에 대한 연구를 시작했다고 한다. 이 왕복운동은 내가 전에 말한바 있는 간섭성 운동 (coherent motion)인데 여기서는 단 하나의 물체에 관한 것이다. 갈릴레오의 발견은 추의 왕복 주기는 추의 운동의 폭과는 상관이 없다는 것이었다. 이 발견은 시간간격의 측정에 있어서 중요한 의미가 있다. 그는 이 발견이 시간측정에 미치는 중요성을 인식했고, 친구들 중 하나인 베니스의 한 의사는 환자의 맥박을 재는데 갈릴레오가 당시 pulsiogium이라 이름 붙인 추를 사용하기 시작했다. 하지만 최초의 실질적인 추시계를 완성한 사람은 네덜란드의 천문학자였던 크리스티안 호이겐 (Christiaan Huygens)인데, 그는 자기가 새로 만든 시계로 그 당시 가장 큰 과학적 문제들 중의 하나였던 경도(longitude)의 문제를 풀고 있었다.

갈릴레오의 또 하나의 큰 공헌은 바로 망원경의 발명이다. 뱅 노덴(Bengt Norden) 교수가 1999년 노벨화학상 수상자를 소개할 때 펨토현미경과의 비유로써 갈릴레오의 망원경을 예로 들었는데, Les Prix Nobel에서 출판된 책에 관련 글이 부록으로 수록되어 있다. 렌즈를 사용하여 멀리 떨어진 물체를 더 가깝게 보게 하는 광학적 장치인 망원경은 17세기의 과학혁명을 이끈 주요한 기기들 중의 하나였다. 망원경은 그 때까지 생각치 못했던 하늘에서 일어나는 현상들을 드러내 주었고, 행성의 운동에 있어서 지구 중심설에 관한 논쟁에 심대한 영향을 끼쳤다.

망원경은 자연 관찰에 대한 권위를 인간의 오감에서 기기들로 옮기는데 큰 역할을 했으며, 눈으로 볼 수 없는 너무나도 멀리 떨어진 물체들을 볼 수 있게 했다. 망원경의 렌즈는 갈릴레오 이전에 장인들에 의해 제작되면서부터 이미 알려져 있었지만 그것을 유명하게 만든 장본인은 바로 갈릴레오였다. 1609년부터 그는 망원경을 하늘로 향하였고 달표면의 산과 같은 구조를 분석했다. 성운의 파편들이 사실은 별들임을 밝혔고 또한 목성 주위 네 위성을 발견했다. 천문학적인 물체가 지구 이외의 다른 행성의 주위를 돌 수 있다는 사실은 그에게 코페르니쿠스의 지동설을 확신시켰다. 그는 발견의 대요를 다음해 3월에 그의 『별들의 전달자(Sidereus Nuncius)』에서 설명했다.

갈릴레오는 완전히 새로운 세계를 관측하고 연구하는 것을 가능하게 했지만 역설적이게도 생의 마지막으로 가면서 그는 자기 주위를 볼 수 없게 되었다. 70의 나이에 실명하자 그는 자신의 생을 한 친구에게 회고했다.

세상에… 당신의 소중한 친구이자 종인 갈릴레오는 지난 마지막 한 달 동안 절망적일 정도로 시력을 잃었소. 그래서 내가 놀라운 발견과 명확한 증명을 통하여 지나간 세대들의 지식인들이 믿고 있었던 것보다 백배 천배 더 늘려 놓았던 이 하늘, 이 지구, 그리고 이 우주는 내게 있어서 내 자신의 오감으로만 느낄 수 있는 작은 공간으로 줄어들고 말았소.

운동에 관해 생각하는 방법을 바꾸어 놓고, 또한 우리가 우주를 보는 방법을 바꾸어 놓은 망원경 발명의 주인공이, 자신의 생각하는 방법을 바꾸도록 종교재판에서 압박받았다는 사실은 또한 매우 역설적이라 할 수 있다. 당시 로마 카톨릭 교회의 종교재판소는 이단의 박멸을 책임지고 있었다. 자문위원회는 종교재판소에 태양이 우주의 중심이라는 코페르니쿠스적인 입장을 이단이라고 천명했다. 갈릴레오가 1632년에 출판한 책, 즉 두 주요한 우주론적 체계(즉 프톨레미적 지구중심설과 코페르니쿠스적 태양중심설)에 관한 담론(Dialogue Concering the Two Chief World Systems) 때문에 종교재판을 받아야만 했고 이단죄가 있다고 판결받았다. 그는 1642년에 죽을 때까지 플로렌스 근방의 자택에서 감금생활을 해야만 했다. 훗날, 1984년에 바티칸의 교황 요한 바울 2세의 성명서에 의해 마침내 갈릴레오의 결백이 증명되었다.

갈릴레오의 업적 중 두 개의 주요 논점인 관찰과 운동은 나와 내 동료들이 행한 연구의 중심을 이룬다. 다른 점이 있다면 우리의 연구가 천체에 대한 것이 아니라 원자와 분자에 관한 것이라는 점이다. 이 엄청나게 큰 것과 엄청나게 작은 것의 두 세계는 서로 다른 규칙들을 따르며, 따라서 학문적인 용어 자체도 상당히 다르다. 고전물리가 천체의 운동을 설명하는 반면, 양자물리는 원자를 설명한다. 추의 시간 간격은 심장 고동과 비슷한 몇 초이지만 분자에 있어서의 시간 척도는 일초보다 훨씬 작은 것보다도 훨씬 작은 것보다도 훨씬 작은 것보다도 … 훨씬 작은 1,000조 분의 일 배나 짧다. 다음 장에서 토의되는 바와 같이 천체와 원자는 그 시간 척도가 엄청나게 다르기는 하지만 그 운동에 있어서는 유사성을 가지고 있다. 하지만 어떻게 일초보다 훨씬 작은 것보다 더 작은 것 보다 더 작은 … 시간 척도에 도달할 수 있을까?

1800년까지는 어떤 과정의 단계를 일초보다 짧게 기록하는 능력은 실제적으로 직접적인 감각적 지각력에 준하는 시간 척도에 제한되어 있었다. 예를 들면 시계의 움직임을 보는 눈의 능력이나 소리를 식별하는 귀의 능력이 있다. 눈의 깜박임(약 0.1초)이나 귀의 반응(약 0.1밀리초) 보다 빠른 것은 탐구의 영역 밖이었다.

19세기에 기술이 획기적으로 발달하여 시간간격을 일초보다 빠른 영역에서 기계적으로 측정할 수 있게 되었다. 밀리초에서 마이크로초의 시해상도(視解像度)로 속사 사진법(snapshot photography)을 이용하여 찍은 에드웨드 머브리지(Eadweard Muybridge, 1878년)의 경주 말에 대한 유명한 정지 사진과, 크로노 사진법(chronophotography)을 이용한 에티네-줄스 마리(Etienne-Jules Marey, 1894년)의 추락하는 고양이에 대한 정지사진, 그리고 스트로보 사진법(stroboscopy)을 이용한 헤럴드 에저튼(Harold Edgerton, 1931년 초)의 총탄이 사과와 다른 물체를 뚫고 지나가는 정지 운동 사진들이 그 유명한 예라 할 수 있다.

1980년대에 이르러서야 시해상도가 원자와 분자의 움직임에 해당하는 펨토초의 수준에 도달했고 이러한 성취는 부분적으로는 레이저 기술의 발전에 의해 가능하게 되었다. 레이저 이전 시대에는 밀리초에서 마이크로초 단위의 연구가 주를 이루었다. 화학에 있어서는 이 시간 해상도를 이용한 연구로 1967년에 노벨화학상이 독일의 멘프레드 아이겐(Manfred Eigen)과 영국의 노리시(R. G. W. Norrish), 그리고 조지 포터(George Porter)에게 공동 수여되었다.

Light amplification by stimulated emission of radiation의 약자인 레이저(laser)는 영국의 찰스 타운스(Charles Townes)와 구 소련의 니콜라이 바소프(Nikolai Basov), 그리고 알렉산

더 프로코로프(Aleksander Prokhorov)의 메이저(maser, microwave amplication by stimulated emission of radiation) 개발에 대한 독창적인 연구에서 비롯되었다. 레이저는 그 이후 1960년에 개발되었다. 이 업적으로 타운스는 바소프, 프로코로 프와 함께 1964년 노벨물리학상을 수상했다. 큐-스위칭 (Q-switching)과 모드-락킹(mode-locking)이라 알려진 방법을 통해 짧은 레이저 펄스를 만드는 것이 가능해졌고, 그 길이에 있어서 수 피코초 만큼이나 짧은 광펄스는 1970년대에 많은 실험실에서 그 연구가 활발히 진행되었다.

독일과 미국에서 독립적으로 개발된 염료 레이저의 발명은 서브-피코초 실현에 대한 장벽을 무너뜨렸다. 염료 레이저를 이용하여 최초의 펨토초 펄스가 미국의 벨연구소의 연구원들에 의해 만들어져 펨토초 펄스의 잠재적인 응용에 대한 기대를 고조시켰다. 1991년에는 스코틀랜드에서 티타늄-사파이어 레이저라고 알려진 고체상 레이저를 통하여 펨토초 펄스가 만들어짐에 따라 획기적인 돌파구가 마련되었다. 이 고체상 레이저는 작동의 편이성과 특정화의 용이함 때문에 기존의 염료 레이저를 대체했다.

눈에 보이지 않는 원자에 적합한 펨토초의 시분해도를 가지고 원자의 움직임을 잡아내기 위해 어떠한 새로운 개념들과 기술들이 필요했을까? 그리고 왜 우리가 그것을 추구하였나? 머브리지가 움직이는 말의 운동을 기술했을 때 그는 움직이는 동물의 동작을 연구하고 있었다. 이러한 운동에 대한 직접적인 연구는 제안된 이론을 확립하고 새롭고 놀라운 발견들을 이끌어 내었다. 19세기의 놀라운 발견들 중 하나는 머브리지와 비슷한 시기에 이루어진, 말에 관한 것이 아닌 움직이고 있는 고양이에 관한 놀라운 관찰이었다.

프랑스 대학의 교수였던 에티엔-줄스 마리는 운동 사진법 (action photography)의 문제에 대한 다른 해답에 관해 연구하고 있었다. 크로노그라피라 불리는 이 사진법은 이미지 순서에 대한 규칙적인 시간측정에 대한 기준점을 제시했다. 경주로를 따라 줄지어 놓여진 사진기들에 의해 일정한 간격으로 찍은 머므리지의 연속사진들과는 대조적으로, 마리의 아이디어는 한 대의 사진기와 회전하는 갸름한 구멍이 있는 셔터를 사용하여, 한 개의 필름판이나 필름줄에 연속된 영상을 노출하는 것으로, 현대의 영화 사진법과 비슷한 것이었다. 마리는 수년 동안 사람들을 난감하게 한 문제, 즉 고양이가 땅에 착륙할 때 발이 땅에 먼저 닿도록 몸을 바로 교정하는 문제 등을 포함한 움직이는 사람과 동물을 연구하는데 관심을 기울였다.

고양이가 일초도 안 되는 짧은 추락 시간 안에 몸을 바로 세우는 놀라운 물리현상을 관찰해보자. 고양이의 네 발을 함께 잡든지 고양이의 배가 공중을 향하도록 잡은 후 3-4피트 위에서—고양이를 놀라게 하거나 다치게 할 수 있으므로 이것을 너무 높은 위치에서 하지는 말아야 한다—떨어뜨리면 첫 백분의 일초 안에 중요한 행동이 벌어진다. 고양이를 다른 방향으로 밀지 말고 그대로 아래로 떨어뜨려야 하는 데, 그렇게 하지 않으면 고양이가 한번 더 회전을 해야 하므로 고양이의 추락 시 우아한 동작을 조금 흩뜨릴 수도 있을 것이다. 실제로 개개의 동작들을 볼 수는 없고 아마도 조금 화가 난 듯한 고양이가 마치 아무 일도 없었던 것처럼 네발로 착지하는 것을 보게 될 것이다.

보통의 고양이가 네발로 땅에 서 있으면 바닥에서 고양이의 어깨까지가 약 1피트 정도이므로 3-4피트의 낙하는 보통 고양이 키의 3-4배라 할 수 있다. 만약 사람이 비슷한 상황에 해당하는 위치에서(머리를 아래로) 추락한다면 아마도 제대로 일어나기가 어려울 것이다. 그는 아마도 조금 화가 난 정도보다 훨씬 심한 기분을 느낄 것이다. 고양이의 경우는 따라서 특별하며, 이는 고양이가 극도로 유연한 척추를 가지고 있기 때문이고, 이러한 유연한 척추 덕분에 자기 등을 180도로 비틀어 회전할 수 있게 해 준다. 거시세계에서는 사람이나 동물, 물체 모두 뉴튼의 운동법칙을 벗어날 수 없는데, 이 법칙에 따르면 평형상태에서 외부의 힘이 작용하지 않으면 그 작용이 아무리 기적적이거나 신비하더라도 어떠한 물체도 회전할 수 없다는 것이다. 그러면 도대체 고양이는 어떻게 회전할 수 있을까? 이것은 생리학인가 혹은 새로운 물리인가, 아니면 도대체 무엇인가?

먼저 고양이는 몸의 전반부를 시계방향으로 회전시키는 동시에 후반부를 반 시계방향으로 회전시키면서 몸을 비트는데, 이 동작에서 뉴튼의 법칙에 따라 에너지는 보존되고 무회전을 유지한다. 다음에는 그 다리를 끌어당기고 비틀어진 몸을 반대로 비튼 후 다리를 약간 빼면서 최종 착지를 준비한다. 고양이는 어떻게 움직여야 할 지를 본능적으로 알고 있고, 높은 곳에서 뛰어내리는 다이빙 선수와 또한 무용가들 그리고 다른 운동 선수들은 염력(한 방향이나 다른 방향으로 운동량을 주는 미는 힘)이 없는 가운데서 어떻게 움직여야 하는 지를 배운다. 하지만 과학자들은 이 미스터리를 이해하기 위해 개개의 멈춰진 동작 단계에 대한 사진학적인 증거가 필요했다. 이 수수께끼에 대한 해답은 움직이는 물체가 고정된 것이 아니기 때문에 뉴튼법칙이 그대로 유지된다는 것이었다. 마리는 1894년에 파리 학회에 제출된 논문에 이 결과를 보이고 *La Nature*라는 잡지에 출판했다. 두 단계의 사진은 각각 떨어질 때 스스로 자세를 보정하는 고양이를 보여 주었다. 마리의 사진은 현대의 기준으로 볼 때에는 불선명하고 다소 질이 떨어지지만 그가 포획한 동작들은 머브리지의 말 사진에서처럼 분명했다.

무엇이 필요한 시해상도를 결정하는 것일까? 먼저 머브리지가 100년도 전에 행한 정지동작 사진법을 이용한 역사적인 실험을 생각해 볼 수 있다. 필요한 해상도와 말의 속도(v)를 고려함으로써 머브리지가 자기 사진기에 필요로 했던 셔터의 열림 시간(Δt)를 어림잡을 수 있다. 말의 다리를 명확하게 잡은 이미지를 얻기 위해서는 1센티미터의 해상도(Δx)가 알맞다고 할 수 있다. 1센티미터는 이 문제와 관련 있는 크기, 즉 말 다리의 크기와 달릴 동안 말이 움직이는 거리에 비해서 충분히 작다. 속도 v를 초속 10미터로 잡고 (다리는 사실 이 보다 몇 배 더 빨리 움직일 것이다) 거리와 시간 사이의 간단한 관계 ($\Delta x = v \Delta t$)를 이용하면, 필요한 시해상도는 1센티미터를 초속 10미터, 즉 초속 1,000센티미터로 나눈 값인 10^{-3}초 혹은 1밀리초에 해당함을 알 수 있다. 실제로 머거리지는 말의 네 다리가 모두 공중에 떠 있는 말의 동작을 잡는 데 필요한 이 시해상도를 얻을 수 있었다.

이 연구에서 머브리지는 맨 처음에 그의 흥미를 끌었던 문제들에 대한 해답을 제공하는 데 필요한 정지 이미지에 대한 기록뿐만 아니라, 말이 달리는 동안 다리 동작의 전체 과정을 기록하기 위해 노력했다. 사진에 필요한 절대적 측정을 확립하기 위해 그는 팔로 알토 농장에 있는 한 경주로에 일정한 간격으로 사진기들을 줄지어 놓았다. 각 사진기의 셔터는 트랙에 가로 놓인 사진기에 연결된 줄에 의해 작동되었다. 따라서 경주로를 따라 v의 속도로 달리는 말의 발이 줄에 닿을 때마다 일련의 사진들을 기록하게 되고, d_i가 출발점으로부터 i번째 사진기와의 거리라 하면 i번째 사진과 연관된 시간점은 d_i/v로 계산될 수 있다. 각 사진 사이의 시간 간격 τ 는 $\Delta d/v$와 같고 여기서 $(d = d_{i+1} - d_i)$이다. 따라서 초당 사진의 수는 $v/\Delta d$ 이다.

일련의 사진들에 대한 절대적인 시간 측정은 완벽하지 못하고 다른 위치에 놓인 사진기와 사진기 사이의 말의 속도에 따라 변하였지만, 그럼에도 불구하고 이미지들은 동작의 상세한 분석을 가능하게 했다. 이러한 방법으로 얻은 이미지의 절대 시간 측정의 부정확성이 비평의 대상이 되었고, 그의 나중 연구에서는 일정한 시간 간격으로 사진을 얻기 위해 시계 태엽장치에 의해 순차적으로 가동되는 셔터를 장착한 사진기들을 사용했다. 머브리지는 또한 동화상의 느낌을 창출하는 연속적인 스냅사진을 사용하기도 했다. 1991년에 나는 왕립회에서 머브리지가 100년 전에 했던 것과 똑같은 그 파라데이 일반강연 (역사가 긴, 저명한 학자들에게만 주어지는 강연 기회: 역자주)을 했는데, 나는 말과 원자를 연결하기 위해 그의 오래전 실험 예를 사용하였다.

마리가 고양이를 가지고 한 실험에서는 스냅사진을 일정한 시간 간격으로 찍었지만 고양이가 이동한 거리 간격(x)은 가속 때문에 일정하지 않았다. 여기서도 필요한 시해상도를 다음과 같이 간단하지만 몇 개의 숫자를 사용하는 방법으로 계산할 수 있다. 만약 고양이가 떨어지는 데 걸리는 시간이 0.5초라면 시간을 10개의 사진으로 쪼갬으로써 동작을 추적할 수 있을 것이다. '시간을 동결하기' 위해서, '중간물을 보기' 위해서, 혹은 '시간을 멈추기' 위해서—이 모든 용어들은 정지동작 사진법에서 사용되는데—셔터의 열림 시간은 각 사진 사이의 시간인 0.5/10 = 50밀리초 보다 훨씬 짧아야 한다.

고양이의 낙하궤적의 동작을 포착하는데 필요한 이 셔터의 열림 시간을 계산할 수 있다. 먼저 갈릴레이의 법칙[1]에 따라 결정될 수 있는 중력하에서의 낙하 거리를 알 필요가 있는데, 0.5초 동안 고양이가 떨어지는 거리는 1.225미터, 즉 4피트이다. 고양이의 낙하 속도는 일정하지 않은데 평균값은 2.45 m/s이고 마지막 착지 순간 속도는 4.9m/s이다. 착지하는 고양이의 선명한 이미지를 제공하기 위해서 (x=0.5cm에 해당하는 거리 해상도를 위한 셔터 열림 시간은 0.5cm 나누기 4.9m/s이므로 거의 1밀리초이다. 따라서 만약 떨어뜨리는 순간 일어나는 고양이의 보정 동작의 속도 또한 비슷한 규모라면, 셔터 열림 시간 또한 1밀리초가 필요하다.

　　빠른 동작의 연구에 있어서 고속셔터보다 훨씬 짧은 시간대에 도달하는 것이 가능하다고 증명된 다른 접근법이 있는데, 이것은 짧은 빛의 섬광을 이용하는 것이다. 이 방법에서는 어두운 데서 움직이는 물체를 검출기(예를 들어 관찰자의 눈이나 사진판)에 빛이 번쩍이는 동안에만 보일 수 있게 한다. 따라서 펄스의 길이 (t가 사진기의 열림 시간과 똑같은 역할을 하므로 동일한 같은 방식으로 생각할 수 있다. 일련의 짧은 광펄스를 제공하는 기기를 스트로보스코프(stroboscope)라 한다 (strobos

---

1) 갈릴레오의 법칙은 $x(t) = (g/2)t^2$라고 기술하는데 여기서 g는 일반 가속 상수이며 지구에서 떨어지는 물체에 대해서는 약 $9.8m/s^2$에 해당한다. g는 우주상의 모든 두 물체 사이에서는 같은 값인 뉴튼의 중력상수 $G(6.67 \times 10^{-11}Nm^2/kg^2)$와 지구의 질량($6 \times 10^{23}kg$)과 지구 반경($6.4 \times 10^6 m$)의 제곱의 비율을 곱한 것과 같다. 이 관계식의 보편적인 성격은 고양이뿐 아니라 천체의 움직임을 설명하며, $x(t)$의 물체의 질량에 대한 무관성은 지구상에서 다른 질량을 가진 물체가 떨어지는데 왜 똑같은 시간이 걸림을 설명해준다.

는 그리스어로 '회전하는'을, scope는 '보다'를 뜻하므로 원래는 회전하는 물체를 관찰하는데 쓰이는 기구를 나타내는데 사용되었음을 보여준다). 광펄스에 알맞게 선택된 Δt의 셔터 열림 시간을 가진 사진기와 함께 사용하면 스트로보스코프는 총탄처럼 빠른 물체의 이미지를 찍어낼 수 있다. 19세기 중반에는 섬광사진법(spark photography)이 고속동작을 정지시킬 수 있다는 것이 실험적으로 증명되었다. 19세기 중반의 스트로보 사진법의 개발은 MIT의 교수였고 동시에 EG&G의 공동 창립자였던 헤롤드 에저턴(Harold Edgerton)에 의해 크게 발전했는데, 이는 신뢰할 수 있는 반복적인 마이크로초 길이의 짧은 섬광을 만들어낼 수 있는 전기섬광기의 발달로 가능했다.

스트로보스코프 사용의 일례는 정밀한 시간 간격으로 찍은 떨어지는 사과의 이미지인데, 이것은 사과나무 밑에 있는 뉴튼의 전설적인 모습—중력을 발견했다고 소리지르는—과 역사적인 관련성을 가지고 있다. $v=5m/s$의 속도로 떨어지는 사과와 선명한 이미지를 위한 ($x=1mm$의 거리 해상도를 고려하면 섬광의 Δt는 1mm 나누기 5m/s이므로 $2 \times 10^{-4}s$ (200마이크로초)이고, 이는 스트로보스코프가 제공할 수 있는 범위 안에 있다. 절대적인 시간축은 섬광의 전기학적인 시간측정으로 확립될 수 있다.

이렇게 얻은 일련의 이미지들은 중력의 사과에 대한 영향을 보여 주며, 이것은 빛이 사과를 비추는 연속적인 점들을 분석함으로써 수치화될 수 있다. 내가 지금 표현한 균일 가속도에서의 운동법칙에 따르면, 똑같은 시간 간격을 가진 섬광들이 균일하게 증가하는 분리거리에서의 이미지들을 기록할 수 있을 것이다. 따라서 시간에 따른 분리거리를 표시한 그래프에서의 기울기는 $g\tau$와 같고 여기서 g는 중력가속도(지구에서는

9.8m/s^{2}에 가까운)이고 τ는 섬광의 시간 간격이므로 τ를 알면 g를 구할 수 있다.

Å분자들의 세계에서 위에서와 같은 정지동장 사진법의 아이디어가 간단한 형태로 사용될 수 있다면 펨토 화학실험을 위한 요건들을 밝힐 수 있다. 수 옹스트롬(1Å은 10^{-8}cm이다)의 원자적 운동에서 일반적으로, 화학반응의 특성을 묘사하는 분자구조 및 반응 과정의 상세한 기술을 위해서는 1Å보다 작은 (약 0.1Å 정도의) 공간 해상도 (Δx)가 필요한데, 이것은 머브리지나 마리의 정지동작 사진법에서 필요한 것보다 9차수 이상 작은 크기이다. 따라서 원자가 1000m/s 정도의 속도로 움직이는 분자의 변화를 높은 선명도로 관찰하는데 필요한 시해상도 Δt는 0.1Å 나누기 1000m/s이므로 10^{-14}s 즉 10fs와 같다.

만약 이 시해상도에 실제로 도달할 수 있고 또 위에 묘사된 고전적인 뉴튼역학이 여전히 유효하다면, 이 시간척도는 최초로 분자의 움직임을 순간 정지시켜 우리가 분자의 변환에서의 상세 단계들을 직접 보는 데 필요한 해상도를 제공할 것이다. 하지만 이러한 극히 짧은 시간과 거리의 분자 수준의 현상은 양자역학적인 원리에 의해 설명되며, 이 양자역학은 말과 고양이의 동작을 묘사하는데 사용했던 뉴튼역학의 친숙한 법칙과는 상당히 다르다. 이 근본적인 차이는 다음 장에서 거론될 것인데, 펨토초 시간대에서의 원자는 고전적인 입자가 되어 양자역학적 세계와 고전역학적 세계의 자연스러운 연결고리가 됨을 보게 될 것이다. 하지만 지금은 원자의 움직임을 어떻게 사진에 담을 수 있는지에 대해 계속 토의해 보자.

원자들의 '움직임을 정지' 시키고 순간적인 분자 구조를 얻기 위한 레이저 펄스의 사용은 펨토광법(femtoscopy)이라 불릴 수 있을 것이다. 이 용어와 그것의 형제라 할 수 있는 펨토현미경(femtoscope)이란 용어가 망원경과의 비유로서 도입될 수 있는데, 이 경우에는 눈으로는 도저히 볼 수 없는 원자세계를 펨토초 시분해도로 보는 (그리스어로 *skopeo*) 것이다. 펨토현미경은 펨토초 레이저를 가장 중요한 요소로 하는 광학적 구성요소들의 복잡한 조합으로 이루어진 장치이다. 노덴 교수는 노벨상 수상식에서 (부록 참조) 펨토현미경과 망원경 사이의 이와 동일한 비유를 소개했는데, '세상에서 가장 빠른 사진기'라는 그의 언급은 사실상 펨토현미경을 특징지우는 것이었다.

분자를 펨토초 레이저 펄스로 비추는 것은 스트로보스코프의 섬광이나 사진기 셔터의 열림의 효과와 비교될 수 있다. 따라서 펨토초 레이저에서의 펄스는 적당한 측정기와 합해지면, 분자가 원자들을 재배치하는 과정에서 특정 배치 형태를 지나갈 때를 세밀하게 잘 시분해한 '이미지'를 만들 수 있는데, 이것은 머브리지가 말의 네 다리가 공중에 있는 순간을 포착하고 마리가 고양이가 자세를 보정하는 순간을 포착한 것과 그 맥락을 같이 한다. 측정과정은 분광학적인 혹은 회절법적인 방법들에 기초하고 있으며, 측정된 신호는 아래에서 설명하는 것처럼 분자를 이룬 원자들의 위치에 관한 정보를 주도록 분석될 수 있다.

최종 이미지를 만들어 내는 펄스는 검출(probe) 펄스라 불리는데, 이는 마치 셔터 열림과 스트로보스코프의 섬광이 말과 고양이의 위치를 확인하는데 쓰여졌던 것처럼 이 펄스가 분자의 구조를 검출하는데 사용되기 때문이다. 반응과정의 여러 다른 단계들에서 얻어진 분자구조는 동화상의 프레임으로 취급될 수 있어 원자의 운동이 명확하게 도식화되는 것을 가능하게 한다. 분자영화의 프레임 숫자는 초당 10^{14}개만큼이나 많을 수 있다.

이러한 펨토초 시분해 검출로 모든 것이 해결되지는 않는다. 동작의 전체 과정이 기록되기 위해서는 순차적인 측정 스냅 사진을 찍을 수 있도록 동작의 시작점이 동일한 시간 규모에서 정의되어야 한다. 말과 고양이를 찍을 때에는 말의 출발구를 열거나 고양이를 떨어뜨림으로써 전체 과정이 시동되었고, 각각의 측정 순서가 그러한 움직임과 동일한 순차를 가지고 배열되었다. 펨토화학에서는 펨토초 규모의 시동이 필요한데, 이는 시료에 구동(pump) 펄스를 쪼여주어 분자를 그 반응경로에서 매우 짧은 시간 안에 출발시킴으로써 그 시작점이 정의된다. 이 구동 펄스는 분자적인 동작이나 반응에서 일어나는 변화에 대한 시간적 기준점(시계의 영점)을 확립한다.

구동 펄스의 검출 펄스에 대한 상대적인 시간 측정은, 공동 광원에서 만들어진 구동 및 검출 펄스를 각기 조절 가능한 빛의 경로를 통과하게 하여 시료에 보냄으로써 이루어진다. 구동 펄스와 검출 펄스의 경로 차이를 광속 299,792km/s로 나누면 구동 펄스에 의해 확립된 시간 영점을 기준으로 검출 펄스의 상대적 시간이 정의된다 (그리고 그 상대적 시간의 경로 차의 증가에 따라 변화시킬 수 있다). 순간적인 현상을 측정하기 위한 광로 차이의 이용은, 아브라함(H. Abraham)과 레모니(J. Lemoine)가 프랑스에서 탄소 이황화물(carbon disulfide)의 커(Kerr)반응이라 알려진 것에 대한 측정을 보고한 1899년부터 이루어졌다.

원자의 펨토광법과, 말이나 고양이의 밀리초 사진법 사이의 근본적인 차이점은 펨토화학 실험에서는 각각의 구동 펄스마다 한번에 보통 백만에서 십억개의 분자들을 검출하고, 또한 분석에 필요한 충분한 신호를 얻기 위해 같은 실험을 여러 번

반복할 때가 많다는 사실이다. 만약 유용한 이미지를 얻기 위해 수많은 사과를 사용해야 하고, 또 그 실험을 여러번 반복해야 한다면 사과의 스트로보스코피에서도 비슷한 상황이 발생할 수 있다. 이러한 경우, 최적의 시해상도를 얻기 위해서는 스트로브(검출) 펄스의 간격을 스트로브 펄스의 길이보다 작거나 같은 정도로 정밀하게 조절해야 할 뿐 아니라 투하하는 순간의 각 사과의 위치를 사과의 지름에 비해 비교적 적은 값 안에서 정밀하게 제한해야만 성공할 수 있다.

동일한 논리로, 검출 펄스로 원하는 정보를 알아내기 위해서는 분자집단 안의 많은 수의 독립된 분자들이 시간에 따라 모두 동일한 구조적 변환을 수행하는 일사분란한 움직임을 보여주어야 한다. 이를 위해서는, 구동 펄스와 검출 펄스의 상대적인 시간 간격이 펨토초 대의 정밀도를 유지해야 하고, 분자들의 시작점 또한 옹스트롬보다도 작은 영역에서 정의되어야 한다. 많은 분자들로부터 나오는 신호들을, 분자 구조에 대한 오차를 최소화하면서 합산할 수 있으려면, 앞서 언급한 일치화(synchronization)가 우선조건이라 할 수 있다. 동일한 광원에서 발생하는 펄스들을 둘로 나누어, 두 개가 서로 다른 길이의 경로를 거쳐 시료에 도달하게 함으로써. 필요한 시간적 정밀도를 확보할 수 있다. 쉽게 얻을 수 있는 1마이크로미터의 경로차는 빛이 300,000km/s에 아주 가까운 속도로 움직이므로 3.3 펨토초의 절대적인 시간차에 해당한다. 또한 무엇보다 중요한 것은 시작점에서의 분자들이 가지는 구조적 정확도이다. 이 정확도는 펨토초 구동 펄스가 분자들이 잘 정의된 평형구조를 가지는 바닥 상태로부터 분자 앙상블(ensemble)의 모든 구성원들을 들뜨게 (에너지가 낮은 바닥상태에서 에너지가 높은 곳으로 끌어 올리는 과정: 역자주) 함으로써 실현된다. 더욱이 펨토초 시간대에서는 (다음 장에서 볼 수 있겠지만) 집단으로 움직이는 원자들의 간섭성이 형성되기 때문에 마치 궤적을 달리는 고전적 입자로 그 거동이 기술된다.

하지만 실제로 어떻게 수백만에서 수십억에 이르는 분자들 전체에서 원자운동에 그러한 간섭적 지역화를 이룩할 수 있으며, 새롭게 필요한 개념은 무엇인가? 실험적이고 이론적인 근간이 세워지는 데는 수년이 걸렸다. 나와 내 동료들은 신나고 보람 있는 발견들을 이룩하기 위한 노력으로 많은 좁은 길과 넓은 길을 걸어와야만 했다. 통일성 현상에 관한 1970년대 후반의 우리의 연구를 이어 그리고 반응 동역학을 실시간에 연구하려는 노력이 1980년대 중반으로 치달으면서 좀더 나은 스트로보 분해도를 향한 우리의 갈증은 분명했다. 우리는 완전히 새로운 장치, 즉 전례가 없는 시분해도를 가진 완전히 새로운 '사진기'가 필요했다. 펨토 레이저와 분자 빔 기술을 접목할 필요가 있었다. 이것은 새로운 진취성뿐 아니라 연구비에 있어서도 우리가 칼텍에서 이미 얻었던 것에 약간 더하는 정도가 아니라 엄청난 비약을 요구하는 것이었다.

이때 큰 행운이 찾아왔다. 사울 무카멜(Shaul Mukamel) 교수가 나를 1985년 10월에 뉴욕의 로체스터에서 가진 공동연구회에 초청했다. 발표 주제는 그 당시 내 연구주제들 중의 하나였던 분자 내 진동에너지 재분산과 화학적 반응성이었다. 청중 속에는 미국 공군과학연구소(U.S. Air Force Office of Scientific Research)에서 온 두 연구과제 집정관들이 있었는데, 나의 발표에 상당한 흥미를 가졌다. 내가 발표를 끝내자 그들은 자신들을 래리 데이비스(Larry Davis)와 래리 버그라프(Larry Buggraf)라고 소개하고, 즉시 내 연구에 관한 예비연구 제안서를 제출할 것을 제안했다. 나는 앞으로의 연구 방향의 윤곽을 담은 임시 연구 제안서를 보냈고, 다음해 1월에 본 연구계획서를 완성했다.

우리에게 연구비가 수락되었고 새로운 펨토초 레이저를 만들기 위한 실험실의 부품들을 주문했다. 하지만 여전히 한 가지가 부족했는데 그것은 바로 새 기기를 놓을 장소였다. 그 당시의 내 실험실 공간은 이미 다른 기기들로 가득 차 있어서 새 기기를 놓을 자리가 없었다. 그래서 당시 칼텍의 학부장이었던 프레드 앤슨(Fred Anson)이 라이너스 폴링(Linus Pauling)이 쓰던 오래된 엑스선 기계가 있던 실험실을 개조해서 새로운 공간으로 조성해 주었다. 1986년의 추수감사절까지 우리는 벨연구소에서 설계한 '충돌 펄스 모드-락(colliding pulse mode-locked, CPM) 고리 염료 레이저'인 새로운 레이저를 포함하여 새 장비들을 만들기 시작했고, 같은 해 12월 11일까지 우리의 '펨토초 파티'를 위한 장비가 작동 가능하게 되었다.

모든 것이 다 준비되었다. 우리는 새 검출 광펄스를 비롯하여 분자 빔 혹은 반응 셀도 있었고, 분자 변화의 스냅사진을 찍을 장치도 있었다. 우리에게 이제 필요한 것은 '배우들'이었다. 우리가 만들었던 작은 영화의 배우들은 물론 반응을 통하여 새로운 물질로 변할 간단한 물질이었다. 하지만 우리의 영화제작은 시작과 끝만 있는 스토리가 아니라 시작과 끝의 중간에 벌어지는 일들의 무대를 촬영하고 싶었다. 분자에 있어서는 그 중간 이야기들이 내 머리 속에 있었고, 나는 앞장에 언급한 1985년도 논문에 그러한 구상을 이미 써 놓았었다.

우리의 첫번째 성공적인 실험은 세 개의 원자들로 이루어진 분자, 즉 요드, 탄소, 질소로 이루어진 분자(ICN)로 1985년의 실험에 사용했던 것과 똑같은 분자였다. 우리는 ICN의 분해반응으로 다시 돌아가서 I-C 결합의 분해과정을 기록하기에 충분히 짧은 10fs의 간격으로 조금씩 관측하기 시작했는데, 이것은 실시간으로 그러한 것들이 관측되는 세계 최초의 일이었다. 그것은 내 학생들과 박사후 연구원들에게는 숨막히는 시간이었고 나는 밤에 전혀 잠을 이룰 수 없었다. 그 느린동작 영화는 한 가지 이상의 방법으로 찍을 수 있는 복합적인 것이었다. 우리는 원자와 분자에 의해 흡수되는 빛의 파장을 그것들의 변화를 나타내는 '지문'으로 사용했다. 자유롭게 된 CN 분자에 의해 흡수되는 파장은 외부 원자(요드 원자, I)와 접촉해 있는 CN 분자의 흡수 파장과 다르다. 다른 말로 하면, 분자 분해의 경로에서 우리가 듣는 음악, 이 경우에는 스펙트럼의 파장이 시간에 따라 변하는 것이다. 이 파장 조정은 새로운 아이디어였고 너무나도 산뜻하게 작용했기 때문에 첫 결과가 성공적으로 얻어졌을 때에는 그것을 믿을 수가 없을 정도였다.

분자(혹은 분자 결합)가 흡수하는 빛의 정확한 파장은 다른 것들 중에서도 원자들 사이의 거리에 의존하기 때문에 우리는 검출 레이저를 어떤 임의의 거리에 해당하는 파장에다 맞추고 한 벌의 실험, 예를 들어 150개의 지연 시간(delay time, 검출 펄스의 펌프 펄스에 대한 상대적인 시간 차이: 역자주)을 찍으면서 특정한 결합 거리가 언제 나타나는지 보았다. 다음에는 검출 펄스 파장을 조금 다른 값으로 조정한 후 또 다른 한 벌의 실험을 했다. 이렇게 하여 모든 결합 거리의 나타나는 시간과 사라지는 시간을 하나의 자료로 모우자 결합거리가 결합이 깨질 때까지 늘어나는 것이 보였다. 그리고는 결합이 깨졌는데 ICN 분자는 단지 200펨토초 만에 깨지는 것으로 밝혀졌다. ICN 분자에 대한 실험에서 우리가 관찰한 내용을 확증하는 부차적인 확인절차가 있었다. 분광학적으로 이미 잘 알려진 자유롭게 된 CN 분자로 파장을 조절하였을 때, 우리는 반응이 최종 종착점까지 도달하는 것을 실시간으로 볼 수 있었다. 이 반응에 대해 우리는 마치 말이나 고양이를 마지막 동작 단계와 또 동작 중의 과도기에서 관찰할 수 있었던 것처럼 분자반응 전체가 마칠 때까지의 시간과 CN 분자가 I 원자와 아주 가깝게 있었을 때의 그 전이 상태를 기록할 수 있었다.

ICN의 반응은 소위 반발하는 곡면에서 일어나는데, 다른 말로 하면 I 원자와 CN 이원 분자가 영점(time zero, 제로점으로 검출 펄스와 시동 펄스가 시료에서 동시에 만나는 순간: 역자 주)에서 서로를 싫어해서 밀치고, I-C 결합을 끊음으로써 그들의 서로 밀침의 에너지를 방출하고 결국에는 이혼으로 끝나게 되는 것이다. 결합이 파괴되고 또 형성될 때 일어나는 이러한 원자들의 위치에너지의 변화는 에너지 랜드스케이프(energy landscape) 혹은 위치 에너지 곡면이라 부른다. 어떤 원자들은 서로를 끌어당기고 싶어해서 깊은 사랑(위치에너지 우물)에 빠지기도 하고, 어떤 원자들은 서로 싫어해서 반발하는 상태를 유지하기도 하는데 – 이것은 인간 관계에 있어서의 끌림과 반발함과도 같은 것이다. 많은 경우에는 두 가지를 한꺼번에 하기도 해서 새로운 결합이 생김과 동시에 다른 오래된 결합은 끊어지고 그 과정에서 반응물들은 에너지 산(energy mountain)을 올라간다. 칼텍의 『공학과 과학지』(Engineering & Science)의 집필자인 덕 스미스(Doug Smith)가 묘사한 것처럼, 이 반응 장벽은 일반적으로 두 계곡을 갈라놓는 산으로 표현된다. 한 계곡에는, 즉 최소 에너지 상태에는 반응물들이 놓여있고 생성물은 반대쪽 계곡에 있다. 반응물은 저쪽편 산등성을 타고 내려오기 전에 이쪽 산등성을 등반하기에 충분한 에너지를 가져야만 한다.

이것들은 마치 랜드스케이프와도 같은 것이지만 바다와 하늘을 항해하기 위해 사용하는 위도와 경도의 좌표와는 달리 위치에너지 곡면의 좌표축은 반응에 참여하는 원자들 사이의 거리들이다. 단지 두 개만의 원자가 참여한다면, 위치에너지 곡면은 종이 위에 그려질 수 있는 곡선, 즉 결합 길이에 따른 에너지를 그려놓은 이차원적인 도면이 된다. 한 결합이 끊어지고 다른 결합이 생긴다면 곡면은 입체지도와 같은 3차원이 되고 참여하는 원자가 하나씩 추가될 때마다 곡면은 더 많은 차원을 차지하게 된다. 복잡한 반응은 스위스 캔톤 지방의 산봉우리와 산길들 사이에 흩어져 있는 계곡들에 놓여진 것처럼 여러 개의 중간체들을 가질 수 있다. 위치에너지 곡면에 있는 개개의 산 정상(이차원에서)과 안장모양의 산등성이(3차원 혹은 그 이상에서)는 화학자들이 전이상태라 부르는 것으로 분자가 반응물도 아니고 생성물도 아닌 그 중간쯤에 있을 때이고, 리차드 파인만의 물리 시리즈 제3권에 표현된 것처럼 결합이 반쯤 이루어진 상태이다.

이 경우에, 전이 상태는 넓은 고원이 아니라 날카로운 능선이라 분자들이 전이상태에서 오래 머무를 수가 없다. 하지만 이 전이상태에 대한 정의는 협의적이며, 역사적으로 반응속도에 대한 이론적인 표현식을 도출하기 위해서 이 협소한 정의를 빌어오는 것이 중요했다. 반응성과 전체 반응경로에 대해 좀더 자세한 묘사는 반응물과 생성물 사이에 있는 총체적인 전이상태군이라 할 수 있다. 이 전이상태는 잡기 힘든 것으로 여겨졌고, 1930년대 이후로 그 존재가 자명한 것으로 가정되기는 했지만, 나와 내 동료의 연구가 있기 전에는 한번도 직접적으로 관찰된 바가 없었다. 그러한 첫 관찰로서 ICN 실험은 화학반응성의 심장이라 할 수 있는 극도로 짧은 전이상태를 관찰할 수 있는 능력을 보여 주었고, 수많은 새로운 연구를 위한 문을 열어주었다.

그 다음에 우리는 좀 더 복잡한 랜드스케이프를 가진 분자에 착수했다. 이 분자는 바로 요드화 나트륨(NaI: Na와 I 로 이루어진 이원자 분자: 역자주)으로 내가 우리 분야의 '초파리'라 부르는 분자이며 결국에는 펨토화학 분야에서 모범예인 것으로 드러났다. 식탁용 소금인 염화나트륨의 형제격인 이 요드화나트륨은 여기되지 않은 상태에서는 이온적인 형태로 존재한다. 중성적인 나트륨과 요드 원자가 서로에게 6.9Å 안으로 접근하면 욕심 많은 요드가 나트륨으로부터 전자 하나를 빼앗아 음성적으로 대전되고 나트륨 이온에게 양전하를 남기게 된다. 이 두 이온들이 서로에게 정전기적으로 달라붙어 2.8Å의 결합길이에서 깊고 경사진(서로 끌어당기는) 에너지 우물을 만든다.

하지만 이 두 원자들이 화학자들이 공유결합이라 부르는 결합에서 전자를 사이 좋게 공유할 수도 있는데, 이 경우에는 위치에너지 곡면이 이온결합의 에너지 곡면보다 더 위에 존재하고 단지 하나의 측면만을 가진다. 결합거리가 6.9Å 보다 길면 공유결합 위치에너지 곡면이 사실상 더 낮은 에너지를 가진다. 다른 말로 하면, 이온결합 위치에너지 곡면과 공유결합 위치에너지 곡면이 이 특정한 6.9Å의 거리에서 만나는 것인데, 두 평행한 우주가 이 점에서 같은 공간을 차지한다고 할 수 있을 것이다. 스타 트렉(Star Trek: 미국의 유명한 SF방송 시리즈: 역자주)의 시청자라면 누구나 알듯이 평행한 우주들이 교차하면 한 우주에서 다른 우주로의 통로가 있게 된다. 다른 말로 하면 분자 체계가 타고 지나가는 지면인 실재의 위치에너지 곡면이 짧은 범위에서는 이온적이고 그 밖으로 나가면 공유결합적이 된다.

펌프 레이저가 분자결합을 평소에 분자 체계가 살던 낮은 에너지 랜드스케이프로부터 위에 떠 있어 사용하지 않던 높은 에너지 부분으로 차 내고 이 과정에서 이온결합에서 멀어져 공유결합으로 가까워진다. 레이저는 또한 원자들이 서로에게서 떨어져 날아가게 하고 이 원자들 사이의 거리가 이 이상한 6.9Å 지점을 통과할 때 요드가 전자를 하나 빼앗아 가서 이온 형태로 돌아간다. 전하체는 분리되기 싫어하고, 펨토 척도적인 정치적 결합의 발현으로 원자들을 안으로 다시 끌어당기기 시작한다. 원자들은 다시 함께 합쳐지면서 6.9Å의 지점에서 요드가 전자를 돌려준다.

실험적으로 우리는 최초로 화학결합이 공유결합에서 이온결합으로, 이온결합에서 공유결합으로, 다시 이온으로 반복해서 변하는 것을 실시간으로 볼 수 있었다. 이 경우에는 원자들은 결국 완전히 결별하기 전에 약 9번에서 10번의 이혼과 결혼 주기를 반복한다. 각 주기가 올 때마다 6.9Å 밖에서도 이온결합 위치에너지 곡면으로 가지 않고 공유결합 위치에너지 곡면에 그대로 머무를 가능성이 있는데, 이 경우에는 두 중성의 원자들이 영구히 갈라진다. 요드-나트륨의 결혼이 완전히 끝나는 데는 인간의 척도가 아니라 원자적인 단위에서는 길다고 할 수 있는 약 8피코초가 걸린다.

수십억의 분자들 속에서 실시간으로 그리고 조화롭게 움직이는 원자들에 대한 이러한 인상적인 관찰로 말미암아, 우리는 관련된 개념들에 대한 질문을 하고 관찰을 뒷받침하는 이론적인 물리 체계를 세워야만 했다. 이 과정에서 우리는 동역학에 대해 많은 것을 배웠고, 말과 고양이의 운동을 기술하는데 사용했던 운동에 관한 고전적인 그림과, 왜 그러한 고전적인 그림이 펨토초 크기의 양자역학적 운동에서 나타나는지에 대한 논문들을 출판했다. 이러한 보편적인 그림의 타당성에 대에 회의적인 사람들이 있었다. 그들은 복잡한 분자체계에 대한 이러한 접근법의 일반적인 응용성 마저 의심했다. 다음 장에서 다루어지는 양자적 불확정성과 분자들이 통일성을 유지할 수 없음을 반영하는 양자적 디페이싱(quantum dephasing)이 펨토화학의 가치를 제한할 것이라는 믿음이었다. 하지만 나는 다른 관점에 대해 확신하고 있었고, 우리는 다른 분자 체계에 대한 더 많은 연구를 수행해 나갔다. 나는 분자들의 세계를 막을 것은 아무 것도 없었고, 펨토스코프는 칼텍에 있는 나의 여러 다른 실험실에서도 새로운 발견을 위한 준비가 되었다고 느꼈다.

바로 복도 건너편에 있는 실험실에서 우리는 두 분자들의 행복한 결혼을 연구하고 있었다. 우리는 화학적 변환에서 동시적인 결합 형성과 결합 분해를 관찰하는 한층 더 힘든 연구과제, 즉 소위 이분자(원자-분자 혹은 모든 이원체) 반응을 촬영하고 있었다. 그러한 변환은 대기화학과 연소 과정, 예를 들어 $H + CO_2 \rightarrow OH + CO$의 수소 원자와 이산화탄소 분자가 수산래디칼(radical)과 일산화탄소로 변하는 반응은 본질적이다. 칼텍에서 친숙한 얼굴이 된 딕 번스타인(Dick Bernstein)은 이분자 반응에 대해 특별한 열정을 가지고 거의 날마다 함께 이분자 반응의 동역학에 대해 강도 높은 토론을 했다. 어떻게 두 개의 분자들을 함께 부딪쳐 반응할 수 있게 할 수 있을까?

대부분의 분자 충돌은 결실 없이 끝난다. 즉 원자들이나 분자들이 서로에게서 다시 팅겨나간다. 반응하기 위해서는 그것들이 꼭 맞는 방향에 있어야만 하고, 서로가 달라붙기에 충분할 만큼 강하게 부딪쳐야만 한다. 그러면 어떻게 각각의 새로운 분자 쌍에서 시종일관 되게 시계를 시작시킬까? 머버리지의 사진기와는 달리 말 다리가 부딪칠 때마다 사진기를 시작시키는 것처럼 부딪치는 분자들이 지나갈 때마다 걸고 넘어갈

철사가 없다. 하지만 분자 빔 채임버(chamber: 주로 스테인레스강으로 만들어 진공을 유지하기 위한 장치: 역자주)의 진공 속으로 이산화탄소와 요드화수소의 혼합물을 쏘아 보내면 두 기체가 초음속으로 진행하면서 에너지를 잃을 때, 분자들 중 일부는 원자들이 고정된 거리에서 알맞은 위치로 느슨하게 접한 복합체로 짝을 이루어 펌프 레이저에 의해 분리될 준비가 된다. 이제 하나의 결합(이 경우에는 H-O)이 형성되고 다른 결합(C-O)은 분해되는 상황에서 우리는 그 과정의 순서와 시간 재기에 관한 질문에 봉착하게 되었다. 두 가지 과정이 동시에 일어나는 것일까? 아니면 그 중간에 중간체가 존재하는 것일까?

우리는 수소원자가 산소원자와 수백 펨토초 안에 충돌하여 일단 H-O 결합을 형성한 후에는 두 원자들이 인력 에너지를 극복하고 에너지 랜드스케이프에서 움직일 때 피코초 동안 함께 붙어있음을 발견했다. 극히 짧은 시간만 존재하는 충돌 복합체로 추정되는 중간체 HOCO는 젤로(미국 General Food사 디저트 식품의 일종: 역자 주)와 같이 흔들리면서 초과 충돌 에너지가 C-O 결합을 깰 때까지 피코초 정도를 지체하게 된다. 그 정확한 시간은 수많은 연구자들이 근본 가설로부터 만든 상세한 양자역학적 예측치에 비교되었다. 즉 이론의 엄격한 검사인 셈이다.

한스 크리스찬 폰 베이어(Hans Christian von Baeyer)가 이 연구에 관한 다음과 같은 설득력 있는 묘사와 함께 머레이의 고양이와의 유사 비유를 제공했다. 이산화탄소가 수산화물과 치명적인 일산화탄소를 형성하기 위해서, "이것이 어떻게 일어나는 것일까? 지나가는 수소원자가 받을 수 있도록 이산화탄소 분자가 산소 원자 하나를 던져주는 것일까? 이것은 가능성이 높아 보이지 않는다. 왜냐하면 만약 이산화탄소가 저절로 일산화탄소로 분해된다면 우리는 호흡과정에서 죽었을 것이다. 한편 만약 수소 원자가 이산화탄소에 부딪친다면 적어도 순간 적으로는 네 원자들, 즉 수소, 탄소, 그리고 두 산소 원자들이 모인 덩어리를 이룰 것이다. 그러면 그것들이 어떻게 최종산물에 도달하는 것일까? 그들이 다시 뭉칠 때 어떤 식으로 뒤틀리고 꼬이는 것일까?"

이 질문에 계속하여, 그것들은 순간적으로 이때까지 화학자들에게 알려지지 않았던 어떤 새로운 분자를 형성하는 것일까? 만약 그렇다면 그것은 어떤 모양일까? 얼마나 오래 동안 살아남을까? 베이어가 논평한 것처럼 이러한 질문들은 낙하하는 고양이의 운동이 빅토리아시대의 물리학자들에게 그랬던 것만큼이나 현대 화학자들에게 절박한 것이었다. 화학식 HOCO로 묘사된 이것은 막 격렬한 쇼크—이 경우에는 출생—을 치른 모든 복합 분자들과 같이 공간을 통해 진동하고 회전한다. 몸부림 치며 떠는 HOCO 분자는 양자역학적 체셔(Cheshire) 고양이, 즉 거의 알려진 것이 없는 단명의 수수께끼였다.

펨토화학은 1990년 대에 많은 새로운 방향으로 나아갔다. 우리 그룹은 복합성의 다음 단계, 즉 탄소분자와 화학 따라서 생명의 화학이라 할 수 있는 유기화학으로 진행해 나갔다. 처음에는 10개 이상의 원자들로 이루어진 유기분자들로 시작해서 곧 DNA와 단백질까지 나아갔다. 우리 연구실은 질량분석법과 같은 기술을 펨토화학에 도입함으로써 새로운 기기적 방법의 개발을 생각해내는 전통을 계속 이어 나갔다. 유기 분자들은 복잡해서 그 반응이 흔히 한꺼번에 여러 개의 경로를 따라 일어나서 비슷한 주파수의 빛을 흡수하고 방사하는 유사하게 생긴 생성물 군을 형성한다.

하지만 질량분석법은 그 이름이 나타내는 바와 같이 분자 조각들을 질량 대 전하비(톰슨(J. J. Thomson)의 m/e)에 따라 분리해 내어 단지 하나의 수소원자 만큼만 차이가 나는 두 분자를 구분하는 것을 가능하게 한다. 고급 질량분석법은 각 조각들의 도착 시간, 에너지, 공간 방향성을 측정하여, 그 분자의 과거와 그것들의 펨토스케이프(femtoscape)를 재구축해 내는데 결정적인 단서들을 제공한다. 이 시점에서 화학 이론들이 도입되는데, 이는 펨토 화학자들이 이러한 여러 반응 경로를 취하는 복잡한 분자들을 이용하여 실제로 일어나는 현상을 이론이 말하는 현상과 비교함으로써 이론적인 예측을 엄격하게 검증할 수 있기 때문이다. 이론은 또한 실험을 도울 수도 있으며, 우리는 이론과 실험의 이러한 강한 연결 관계를 유지해 나갔다.

노벨 의회에서 인용한 연구 과제들 중 하나는 스틸빈 분자와 관련이 있는데, 이 분자는 가운데의 이중결합 양쪽에 벤젠 고리를 하나씩 가지고 있다. 이중결합은 자유롭게 회전할 수 없어서 이 고리들은 그 위치가 고정되어 있다—만약 당신의 어깨를 이중결합으로 보고 양손의 두 테니스 채를 두 벤젠 고리로 본다면 두 테니스 채를 모두 위로 (화학자들이 시스 배열이라 부르는) 들 수도 있고, 혹은 하나는 위로 하나는 아래로 (트랜스 배열)로 잡을 수도 있다. 하지만 이중결합을 알맞은 레이저 펄스로 때리면 고정된 위치를 풀어서 고리를 휙 움직인다. 이것은 내가 좋아하는 더그 스미스(Dough Smith)가 한 비유이다.

우리는 1992년에 시스-스틸빈을 연구하여 어깨만 아니라 손목도 동시에 움직이며 전체 과정이 300 펨토초에 통일성 있게 완료된다는 것을 발견했다. 캘리포니아 버클리 대학에서 비슷한 이중결합 구조를 가진 생물학적 분자에 대해 한 연구에서도 빛에 민감한 색소인 눈에 있는 레티날이 빛의 입자를 신경펄스로 전환하는 첫 과정으로 200펨토초 안에 70%의 효율로 비슷하게 반응하는 것을 알았다. 반응이 이렇게 빠르게 또 효율적으로 일어난다는 사실(밤눈이 밝기 위해서는 필수적인 요건)은 눈으로 들어오는 빛이 분자들 사이로 퍼져 없어지기 보다는 이중결합으로 효과적으로 전달됨을 나타내는데, 이것은 그 초기 간섭성 실험들과 정확히 연결되는 주제이다. 이것은 개념적으로 요오드화 나트륨과 동일하다. 이중결합의 비틀림 운동은 시각의 고능률 과정에서 지속하는 두 원자배열 사이의 간섭성 운동이며, 아마도 알하젠이 이 미세세계의 그림에 대해 알았더라면 매우 기뻐했을 것이다. 다른 연구자들은 식물이 태양으로부터 에너지를 축적하는 과정인 광합성에 대해서도 똑같은 이야기를 하며, 이 현상은 이제 다른 물리적, 화학적 그리고 생물학적 변화에서 공통적인 것으로 알려져 있다.

현재 일곱 개의 펨토랜드(femtolands)가 있는데 이것은 우리 실험실을 다정하게 부르는 이름이다. 우리 실험실에서는 수년 동안 내 연구단의 일원들, 즉 대학원생들, 대학생들, 박사후 연구원들, 방문 연구원들이 화학과 생물의 다른 부문에서 일어나는 다양한 분자반응들을 연구해 왔다. 세계 각처의 다른 동료 연구 그룹들도 많은 다른 분자 체계들과 물질의 상(기체, 액체, 고체 따위를 말함: 역자주)에 대한 연구에 귀중한 공헌을 했다. 노벨 인용문에는 이렇게 써 있다:

세계 도처의 연구자들은 기체와 액체와 고체의 표면과 그리고 고분자에서 일어나는 반응들을 펨토초 분광법을 이용하여 연구하고 있다. 그 응용은 촉매가 어떻게 작용하는지와 분자의 전자적 요소들이 어떻게 설계되어야 하는지에서부터 생물학적 반응의 가장 미묘한 반응기작과 미래의 의약이 어떻게 제조되어야 하는지에까지 이른다.

노벨상 발표 뒤, 연구자들의 논문이 다른 연구자들의 출판물에 얼마나 자주 인용되어 그것이 얼마나 영향력이 있는지에 대한 지시자로 사용하는 필라델피아에 위치한 과학정보연구소(Institute for Scientific Information)는 펨토화학이 개시된 후 50,000 번이나 각주에 이용되었다고 발표했다. 라이너스 폴링의 저명한 전기작가이고 로체스터 공업대학(Rochester Institute of Technology)의 교수인 로버트 파라도우스키(Robert Paradowski)는 최근의 한 논설에서 나의 공헌에 대해 다음과 같은 흥미있는 말을 썼다. "이 방법을 발명함으로써 즈웨일은 천조분의 일초에 벌어지는 화학적 사건들을 목격한 최초의 사람인 펨토세계의 크리스토퍼 콜럼버스(Christopher Columbus)가 되었다." 나는 나의 전 교수생활을 칼텍에서 보냈고, 펨토화학 분야의 발달이 진정으로 칼텍의 유산 중의 일부가 된 것을 크게 자랑스럽게 생각한다. 모든 것이 여기서 시작되었다.

화학결합의 성질에 대한 뛰어난 업적으로 노벨상을 받았던 라이너스 폴링과 같은 학교에 있었다는 것에 대해 나는 크게 자랑스럽게 생각한다. (역사의 힘인지는 모르지만, 우리 두 사람 모두가 노벨상을 받을 때 나이가 같았다.) 폴링은 엑스선 결정법 자료를 사용하여 눈부신 연구를 했다. 그의 분자결합은 정적이고 안정하고 지속적인 것이었다. 45년이 지난 이제, 우리는 그러한 움직이는 분자결합을 화학 그 자체와도 같이 살아 있고 역동적인 것으로 만들었다. 나는 화학결합의 구조로부터 화학결합의 동역학에 이르는 이 연결이야말로 칼텍이 세계에 남기는 훌륭한 유산이라 생각한다.

적절한 시간에 올바른 장소에 있었던 것이 우리의 초기 목표 중 일부를 성취하게 하였고, 우리가 원래 계획하지 않았던 새로운 영역으로 위험을 무릅쓰고 나아가게 만들었다. 우리는 이 분야에서 일어난 전세계적인 거대하고 활발한 연구활동을 예상하지 못했다. 그리고 또한 화학과 생물 분야 이외에 도량형학, 마이크로전자학 그리고 의학과 같은 광범위한 분야에 펨토초 레이저가 이용될지는 예측하기가 어려웠다. 예를 들면 마이크로전자학에서의 응용을 보면, 극도로 짧은 펄스의 시간 길이 때문에 에너지를 선택적으로 저장할 수 있고, 나노미터 크기의 칩 위에 마이크로 공정을 할 때에도 에너지가 과잉 공급되지 않아 나노초(혹은 더 긴) 레이저에 의해 얻는 것보다 훨씬 뛰어난 깨끗한 패턴이 얻어진다. 같은 원리로 극히 빠른 펨토초 공정을 통해 에너지가 신경에 도달할 시간이 없어 고통을 주지 않는 치아 천공이 치과에서 응용된다. 의학 분야에서는 종양을 촬영하고, 세포와 그것들의 시간에 따른 변화를 직접 관찰하기 위해 사용되는 많은 응용들이 있다.

이러한 펄스들의 독특한 특성들 즉 길이, 파장 영역 그리고 강도는 새로운 응용을 가져와 미개척 영역들을 열 것에 의심할 여지가 없다. 그러한 미개척 영역들 중 하나는 아주 강력한 펄스이다. 최첨단의 펨토초 레이저의 최고 전력 밀도(peak power density)는 이제 평방센티미터당 10^{21}와트의 영역(초점이 맞춰진 레이저 빔)에 있는데, 초점을 맞추기 전에는 약 10^{15} 정도이다. 미국에서 한 사람당 소비하는 평균 전력은 약 1킬로와트이다. 따라서 지구 위의 모든 인구가 소모하는 전력도 인구당 레이저 일률의 1%에 해당하는 10^{13}와트를 넘지 못한다. 태양은 지구에 평방미터당 1.3 킬로와트를 제공하고 전체 텍사

스주(678,000 평방킬로미터)에서의 전체 태양 일률은 펨토초 레이저의 일률과 같다. 미국, 유럽 그리고 일본에 있는 동료들은 이것들과 더불어 또 다른 흥미진진한 응용들에 대해 보고하고 있다.

돌아보면, 내가 1975년 조교수가 되기 위해 칼텍에 제출한 연구계획서에 초안을 쓴 분자동역학 연구에서 간섭성의 중요성을 도입한 원래의 아이디어가 이 분야의 발달에 지극히 중요한 요소로 남아 있다는 것은 놀랄만한 사실이다. 큰 분자들의 고체상에서의 연구를 시작하면서 분자들의 간섭성의 중요성을 강조한 그 연구계획서의 마지막 단락을 여기에 반복해 본다.

> 들뜬 상태의 파장 스펙트럼이 전이 두께에 달하는 방사장 (radiation field)과의 연결을 통해 양자적 간섭성 효과의 관찰을 이끌 수 있다. … 사실, 상태의 중첩 형성으로 광학적인 횡적, 종적 감쇠 시간을 측정할 수 있다. 더욱이 양자적 간섭성 효과는 광학적인 '회전하는 프레임' 현상을 관찰하게 한 것이다. … 이러한 기법은 큰 분자들의 고체상에서 '맥놀이 분광법 (beat spectroscopy)'의 새로운 분야를 열 것이다. … 궁극적으로 이것은 어떻게 들뜬상태가 형성되는지에 대한 해답을 줄 수 있다.

이제 우리는 과거에는 볼 수 없었던 원자들의 운동을 직접 관찰할 수 있고, 분자들의 펨토 우주에 있는 간섭성 원자의 운동을 추적하기 위한 시간과의 경주가 그 종착점에 왔으므로 다음과 같이 질문한다. 우리는 시간과 물질의 과학에 무슨 새로운 개념들과 원리들을 제공할 수 있는가?

7

시간과 물질
펨토우주적 관점에서 본 시간과 물질

　유명한 물리학자이자 과학작가인 프리만 다이슨(Freeman Dyson)은, 그에게 수학을 가르쳤던 켐브리지의 갓프라이 하디 (Godfrey Hardy) 교수의 다음과 같은 말을 인용한 바 있다. "수학자는 마치 화가나 시인처럼 패턴을 창조한다. 만약 어느 패턴이 더 오래 지속적인 가치를 가진다면, 그것은 그 패턴이 아이디어를 가지고 만들어졌기 때문이다". 나는 이와 같은 가치 판단 기준이 모든 분야의 과학자에게 일반적으로 적용될 수 있다고 생각한다. 그러나, 여기서 아이디어가 의미하는 것은 무엇일까? 새로운 아이디어를 의미하는 것일까? 과학의 혁명적 발전은 자연을 관찰하는 새로운 도구나 기술의 발명에 의하거나, 혹은 자연을 이해하는 새로운 개념의 발견에 의해 이루어진다. 역사가들은 과거에 성취된 일련의 과학적 발견 과정을 깊이 있게 이해함으로써 새로운 아이디어의 실체를 밝히려 하고 있다.

　토마스 쿤(Thomas Kuhn)은 그의 저명한 저서 『과학혁명의 구조』를 통해 과학적 발견 과정은 새로운 개념, 즉 새로운 패러다임에서 비롯된다고 기술했다. 반면에, 피터 갈리슨(Peter Galison)은 그의 저서 『이미지와 논리』에서 이와는 다른 견해를 기록하고 있는데, 즉 과학적 발견은 새로운 개념보다 새로운 도구에 의해 이루어진다는 것이다. 다이슨은 쿤보다는 갈리슨과 생각을 같이 하고 있는데, 그의 주장은 과학적 혁명이 주로 개념의 전환으로 이루어지는 것이 아니라, 새로 등장하는 과학적 도구가 과학적 발견의 도화선이 되는 경우가 더 많다는 것이다.

나는 새로운 도구나 기술 그리고 새로운 개념에 대한 생각 모두가 자연을 관찰하고 이해하는데 조화롭게 기여한다고 믿는다. 어떤 과학자들은 새로운 도구를 개발하는데 뛰어난 재능이 있고, 이 경우 신개념을 개발하는 과학자들의 도움이 필요할 것이다. 또는 그 반대의 경우도 마찬가지일 것이다. 물론 어떤 이들은 새로운 도구와 개념을 동시에 개발할 능력을 가지고 있기도 한다. 마지막에 이르러, 새로운 아름다운 패턴의 창조는 결국 새로운 도구와 새로운 개념의 상호보완과 비판적 교류가 명확하게 이루어질 때 달성되는 것이다. 훌륭한 과학자라면, 중요한 발견을 접했을 때 가장 먼저 해야 할 일은 그 발견이 이론적인 면이나 관찰과정에서 틀렸다는 것을 증명하려는 시도일 것이다.

우리의 일에서도 이와 같은 관찰과 개념의 융합을 경험했다. 시간과 물질의 융합—좀 더 정확히 기술하자면 물질의 시간에 따른 변화—을 이해하는 것은 매우 중요했다. 노벨상 업적소개(부록 참조) 내용은 보다 전문적으로 기술되어 있지만, 그곳에서도 관찰과 개념의 융합적 요소를 포함하고 있다. 스웨덴 한림원에서 배포한 좀 더 자세한 업적소개 중 다음의 문장들이 우리 분야의 발전과 응용에 대한 기술과 개념의 융합을 설명하고 있다.

그는 1970년대에 분자들의 진동을 동일한 페이스로 일어나게끔 할 수 있다는 것을 알았다. 즉 분자집단이 같은 페이스를 가지고 움직이게 할 수 있었던 것이 그의 실험에서 열쇠가 되는 중요한 요소였다. 1980년대 말에 그는 새로운 연구분야인 '펨토화학 femtochemistry'의 탄생을 알리는 일련의 실험들을 수행했다. (중략) 즈웨일 교수의 개념에 부합되는 많은 실험들이 전세계적으로 행해졌고…(중략) 펨토화학은 화학반응을 보는 우리의 시각을 근본적으로 바꾸어 놓았다.

실험장비들이 개발되고 널리 쓰이는 것은 다반사이지만, 그 실험장비들이 매우 중요한 개념적 질문들의 해답을 위해 쓰이기 전에는 주요한 과학적 발견이 이루어지기 쉽지 않다. 물론, 우연한 발견이 일어나기도 하겠지만, 루이스 파스퇴르(Louis Pasteur)의 말처럼 "기회는 준비된 사람에게만 온다."는 사실이 좀 더 일반적일 것이다. 전 장에서 언급했듯이, 갈릴레오는 망원경을 발명하지 않았다. 그러나 그는 하늘을 관찰하기 위해 망원경을 더욱 발전시켰다. 즉 그는 망원경을 제대로 겨냥한 것이다. 움직임의 동역학에 관련된 개념들은 갈릴레오 생각의 일부분임에 틀림없다. 우리가 하늘을 보거나 (망원경) 혹은 분자를 볼 때 (펨토스코프 femtoscope) 새로이 관측되는 현상은 자연을 개념적으로 이해하는데 도움을 주는 새로운 지식을 제공한다. 또 다른 예는 20세기의 가장 훌륭한 과학자 중의 한 사람인 라이너스 폴링의 경우에서 찾을 수 있다. 폴링은 X-선이나 양자역학을 발견하지는 않았다. 그러나 폴링이 화학결합의 근원적 성질에 대해 알아낼 수 있었던 것은 당시 새로이 발견된 실험도구와 새로운 개념의 적절한 이용을 통한 것이었다.

우리의 일에서 가장 신나고 흥미로웠던 점은 원자들의 움직임을 처음으로 관측할 수 있었다는 것이다. 원자들의 움직임에 대한 관찰은 곧 분자구조의 변화, 그리고 나아가서 물질의 화학적 변화(물질의 근원적 성질)에 대한 관찰로 이어졌다. 명확하게 새로운 도구와 장비는 필수적이었다. 당시 새로 개발된 피코초와 펨토초 레이저를 분자선(molecular beam)과 접합시킨 것이 우리가 실험상에서 원자들의 움직임을 볼 수 있게 된 관건이었다. 그러나 여기에는 새로운 실험의 구상을 가능하게 했던 개념과 새로운 관찰로부터 개발된 개념들이 뒷받침되었다. 이러한 개념들과 관찰의 융합으로 새로운 분야가 개척되었고, 또한 실시간에 일어나는 물질의 동역학에 대한 사고의 틀을 바꾸어 놓았다.

내 마음속에는 이러한 사고의 틀의 변화에 기본이 되는 네 가지 중요한 요소들이 있으며, 이것은 "왜 실시간에서의 관측이 중요한가?"에 대한 답이 되기도 한다. 그 요소들은 지식의 새로운 세계, 새로운 분야, 새로운 개념, 그리고 새로운 전망이라 할 수 있다. 첫째, '지식의 새로운 세계'를 살펴보자. 과학(science)은 '지식'을 뜻하는 라틴어 'scientia'에서 그 어원을 찾을 수 있듯이, 우주의 물질과 기능 전반의 현상에 대한 체계적인 연구를 일컫는다. 과학을 배우는 입장에서, 우리는 새로운 지식을 얻고자 추구하고, 이 과정에서 새로운 발견을 할 수도 있고, 이것을 사회에 응용할 수도 있다. 안 알려져 있는 것에 대해 무엇인가 유익한 정보를 찾아내고 또한 그 비밀을 캐낸다는 것은 과학자로서 보람 있고 즐거운 일이 아닐 수 없다.

원자들의 움직임에 대해 알아나간다는 것은 내게 커다란 모험적 전율이었다. 왜냐하면, 약 2500년전 데모크리토스의 원자가설에 의해 그 존재가 예측되었지만, 한번도 관측되지는 않았던 그야말로 가상적이던 원자에 대한 관찰과 연구가 펨토화학에 의해 가능하게 되었기 때문이다. 물리학자인 한스 크리스찬 본 베이어(Hans Christian von Baeyer)는 그의 저서 『원자 길들이기(*Taming the Atom*)』에서 다음과 같이 펨토화학의 중요성을 기술한 바 있다. "펨토화학은 루시퍼스(Leucippus)와 데모크리토스에서 시작된 '축소' 프로그램의 마지막을 장식한다. (중략) 펨토화학은 자연을 더 이상 축소할 수 없는 최소 단위의 움직임으로 기술한다".

　모든 분자의 변형과 성질 및 기능은 분자를 이루는 원자들 간의 힘―그들간 애증의 힘―에 의해 결정되는 원자들의 움직임이 그 근원이 된다. 아이작 뉴턴은 그의 저서 『*Principia Mathematica*』의 첫번째 판 서문에서 다음과 같이 그의 견해를 피력했다.

　　나는 우리가 언젠가는 자연현상의 나머지 부분 역시 역학원리에 기초한 동일한 논리로 기술할 수 있게 되기를 바란다. 물체를 이루는 입자들의 서로 끌어당기고 일정한 형태로 겹쳐지거나 혹은 서로 밀쳐내는 어떠한 힘에 의해 모든 자연현상이 설명되고 좌우될 것이라고 생각되는 많은 이유를 나는 가지고 있다.

　움직임과 그것을 가능하게 하는 힘이 바로 동역학이 의미하는 바이다. 과학의 많은 분야가 동역학 및 역학으로 정의되고 있다. 열역학, 통계역학, 전자동역학, 고전역학, 양자역학, 그리고 분자동역학 등이 그 예들이다. 움직임은 많은 현상의 근원이며, 펨토화학은 분자의 미시적 우주에서 일어나는 현상을 설명하는 동역학연구에 확대경을 제시했다고 할 수 있다.

　두번째로, 새로운 분야에 대한 이야기를 해보자. 이백년이 넘는 화학의 풍성한 역사 속에서, 화학반응에서 일어나는 원자의 움직임을 실시간에 관측한 적은 단 한번도 없었다. 따라서 애초의 반응물과 마지막 단계의 생성물 사이에 존재하는 전이상태의 관측은 불가능하다고 여겨져 왔다. 이러한 '블랙박스', 즉 전이상태라는 것은 이해하기 어렵고 그 수명이 순간적일 것이므로, 그 존재 자체에 대한 의문이 끊이지 않았다. 사실상, 전이상태의 동역학을 이해하는 것이야말로 화학의 심장—화학결합의 형성과 분해의 기본적 과정에서 일어나는 원자들의 움직임을 알아냄으로써 물질과 그 반응을 이해하는 것—을 이해하는 것과 같다. 이것이 바로 펨토화학 분야가 추구하는 바이다. 이러한 발전의 중요성을 인식하기 위해서는 화학의 역사를 돌이켜보아야 할 것이고, 그러자면 내가 대학교육을 받은 곳에서 출발을 다시 해야 할 듯하다.

화학(chemistry)이란 단어의 어원은 알렉산드리아 시대의 *chemia*에서 비롯되는데, *chemia*는 다시 훨씬 이전 파라오시대의 *kmt*에서 유래했다. 이 kmt는 이집트의 '검은 땅'을 의미하며, 주로 검고 비옥한 땅을 가리키거나 혹은 나일강의 연례적 홍수에 의해 표토가 변하는 것을 일컬었다. 화학은 그러므로 변화의 기술이라 할 수 있고 이것은 곧 이집트의 기술이었다. (역사가들은 이러한 변화의 기술이 마술사들의 '검은 기술'과는 다르다는 것을 지적하고 있다.)

사실상 서기 300년 정도에 쓰여진 스톡홀름 화학 파피루스에는 새로운 물질을 만드는 방법 (이것은 사실 돌맹이에 색을 입히는 방법이었다)이 기록되어 있다. 역사적으로 이 방법은 그 보다 훨씬 이전의 파라오시대에서 유래한 것이고, 이는 화학변화에 대한 관심의 뿌리를 상징한다. 알렉산드리아 시대의 *chemia* 연구의 진전은, 실용적인 금속주조 및 유리와 물질 가공 등의 (기술적인) 이집트인들의 노력과 자연의 기본 구성원소에 대한 철학적 정의를 추구한 (개념적인) 그리스인들의 노력이 함께 어우러져 이루어졌다.

*Chemia*의 시대는 이집트의 로마시대까지 이어졌으며 기원전 3500년경의 찬란했던 이집트와 메소포타미아의 고대문명에 그 뿌리를 두고 있다. 당시 금속, 유리, 염료 등을 추출하고 가공하는 기술들이 향상했다. 이집트인들은 나일계곡 근처에서 금(아마도 가장 첫번째로 발견된 금속이 금일 것이다)을 추출하였고, 시나이의 말라카이트(공작석) 카보네이트을 석탄불에서 환원시켜 구리를 얻어내었고(약 기원전 3500년경), 구리와 주석의 합금인 청동을 만들었으며(기원전 3000년경), 나중에는 철을 발견하여 그 가공기술을 익혔다. 유사하게, 도기와 유리의 가공에서도 많은 발전을 보여주었다. 즉, 알렉산드리아 근처에서 얻은 천연탄산소다와 석영을 녹여 유리를 만들었고, 공작석과 규소 및 석회를 섞어 '이집션 블루'를 만들어냈으며, 식물로부터 인디고 염료(오늘날 청바지의 염료로 쓰인다)를 추출했다. 우리는 이러한 고대의 '신성한 기술'을 '응용화학의 기술'이라 일컬을 수 있을 것이다.

*Chemia*시대에 이루어진 이러한 발전은 금속의 변질 및 많은 화학변화에 대한 관찰과 이를 기초로 한 화학반응 제어에 대한 지대한 관심을 반영한다. 이러한 결과로 증류, 거르기, 가열 및 결정화 등을 위한 새로운 화학장비들이 개발되었다. 서기 639년 아랍인들이 이집트로 왔을 때 그들은 *chemia*를 연구했고 이는 아랍화된 *al-kimia*로 발전되었다. 그리고 이 *al-kimia*는 영어와 다른 유럽어에서의 *alchemy*, 즉 연금술로 전환되었다. 아랍인들은 이 분야에 상당한 공헌을 했고 700~1100년 시대에 하얀(Jabir ibn Hayyan), 알라지(alRazi), 그리고 시나(Ibn

Sina)의 일들이 세상에 알려지기 시작했다.

약 1100년 경, 아랍인들의 일들과 알렉산드리아/그리스 시대의 이전 일들에 대한 해석들이 스페인을 통해 유럽에 전파되어 오늘날 우리가 chemistry(화학)로 부르는 학문분야의 근간이 이루어졌다. 로버트 보일(Robert Boyle, 1627~91), 조셉 프리스틀리(Joseph Priestley, 1733~1804), 그리고 안톤 라보아지에(Antoine Lavoisier, 1743~94)에 의한 기체, 연소 등의 현상에 대한 일들이 근대화학(또한 근대기술)의 문을 열었다. 중국과 인도 및 다른 문명들에서도 알려져 있던 연금술은 유럽의 의학, 금속학 등의 분야에 많은 영향을 미쳤다. 그러나 무엇보다도 중요한 것은 연금술이 화학의 연구를 '엄밀한 과학'으로 거듭나게 했다는 점이다.

존 달톤(John Dalton, 1766~1844), 아마데오 아보가드로(Amadeo Avogadro, 1776~1856), 드미트리 멘델레예프(Dmitry Mendeleyev, 1834~1907)를 비롯한 많은 저명한 과학자들에 의해 화학의 이해가 원자와 분자수준에서 기술되기 시작했다. 나는 여기서, 지난 300년간 이루어진 많은 현대적 연구분야를 정의하는 네 가지 주요한 개념을 정리하고자 한다. 그것들은 구성 (원자량, 분자량, 합성 등), 에너제틱스 energetics (열역학, 열, 엔트로피 등), 구조 (입체화학, 거울이성질체 등), 그리고 동역학 (속도, 전이상태 등)을 의미한다. 이러한 개념들의 중심에는 항상 '분자란 무엇인가?', '어떻게 원자가 연결되어 분자가 되는가?', 그리고 '분자의 거동이 어떠한 방식으로 반응성을 결정하는가?' 라는 중요한 질문들이 내재되어 있다. 1897년 톰슨(J. J. Thomson)에 의한 전자의 발견은 앞서의 질문들에 대한 해답을 제시하는데 결정적인 역할을 했다.

(1) 새로운 기술의 개발과 관찰, (2) 이론적 이해, 그리고 (3) 현상을 설명하고 이용하기 위한 일반화 (앞서의 1과 2는 종종 그 순서를 바꾸기도 한다)로 이어지는, 과학적 진보의 자연적 진화과정에 의거하여 구조와 동역학 분야에서도 커다란 발전이 이루어졌다. 전자가 발견되기 2년 전인 1895년 뢴트겐 (Rontgen)은 X-선을 발견했다. (놀랍게도 이와 비슷한 시기에 세 가지의 다른 매우 중요한 발견들이 이루어졌다. 즉 1896년에 방사능, 1900년에 양자이론, 그리고 1905년에 특수상대성 이론이 발견되었다.) 1910년대에 이루어진 브랙스 Braggs(브랙가의 아버지와 아들)의 X-선 결정학은 분자구조를 결정하는 새로운 도구로 자리잡게 되었다.

화학결합의 동역학에 대한 연구는 전자가 발견되기 이전부터 이미 "반응은 어떤 방식으로 얼마나 빨리 진행되는가?"란 의문으로 시작되었다. 스웨덴의 스반테 아레니우스(Svante Arrheninus)는 온도에 따른 화학반응 속도의 변화를 고찰하고 1889년 이러한 변화를 나타내는, 무척이나 친숙한 수학적 공식을 만들었다. 아레니우스는 가상적인 물질(현재는 활성체 activated complex 혹은 전이상태 transition-state로 불린다)의 개념을 도입했다. 1930년대에 베를린에서 핸리 아이어링 (Henry Eyring)과 마이클 폴라니(Michael Polanyi)에 의해 전이상태에 대한 원자수준의 기술이 이루어졌다. 그러나 이러한 전이상태는 1피코초(10^{-12}초) 보다도 짧게 존재할 것으로 예상되었고, 따라서 전이상태 분자의 구조를 관찰한다는 것은 당시에는 정말 아무도 상상할 수 없는 일이었다. 전이상태의 관찰 및 연구는 20세기 말이 되어서야 가능하게 되었다.

펨토화학이 가져다준 커다란 영향을 설명하는 네 가지 요소 중 세번째는 바로 새로운 개념들의 탄생이다. 펨토초 단위에서 이루어진 현상에 대한 관찰로 인해 분자와 화학 및 생물학적 변화의 동역학을 들여다보는 펨토스코프(femtoscope)에 관련된 새로운 개념들이 구체화되었다. 이러한 개념들의 일부는 펨토 초 시간 규모에서의 물질 거동을 근원적으로 다루고 있으며, 특히 초창기에는 회의론자들에 의해 몇 가지 질문들이 야기된 바 있다. 이 개념들은 주로 물질의 이중성 및 불확실성 그리고 관찰된 현상의 순간성에 관한 것들이었다.

일반적으로 말해서, 앞서의 두 장에서 언급되었던 다음의 질문들에 대한 해답이 궁금해질 것이다. 즉, 원자나 분자가 양자역학의 개념에 맞추어 거동한다면(원자나 분자의 공간상 위치는 확률적이다), 그들(원자와 분자)의 움직임을 고전역학적으로 설명하는 것이 가능하겠는가? 불확실성의 원리에서 주는 모순은 어떤가? (측정시간의 순간성 때문에 원자들의 움직임에 대한 추적이 불가능할 것이며, 이러한 불확실성이 펨토초 시간규모의 유용성에 커다란 장애가 된다고 생각되었다.) 또한 관측하는 시간 동안 모든 분자들이 같은 방식으로 거동할 이유가 있는가?

우리의 우주에 대한 지식은 언제나 확실하지는 않다. 일상생활 속에서 우리는 고전역학과 고전역학에 의해 기술되는 거시적 세계—위치(position, x) 및 방향(momentum, p, or speed, v)에 대한 정확한 정보를 가지는 물체의 움직임—에 익숙해 있다. 대조적으로, 양자역학이 적용되는 미시적인 세계에서는 물체의 위치와 운동량을 동시에 정확하게 예측하는 것이 불가능하다. 이러한 양자효과는 매우 큰 규모의 우주론적 현상에서도 나타난다. 거시적 세계와 미시적 세계—고전과 양자역학—는, 가장 강력하면서 소화하기 힘든 두 가지의 개념, 즉 불확실성 원리와 물질의 이중성(입자성-파동성)에 대한 인식을 바탕으로

서로간의 연결고리를 갖게 된다. 입자들은 아주 작은 분자들까지도 파동성을 가진다. 마찬가지로 빛 또한 이중성을 가지며, 따라서 빛의 파동은 입자성을 동시에 가진다.

1864년 제임스 클럭 맥스웰(James Clerk Maxwell)은 빛의 본성이 전기장과 자기장으로 구성된 전자기파(electromagnetic wave)라는 것을 증명했다. 1905년에는 알버트 아인쉬타인(Alert Einstein)에 의해 빛이 양자화된 에너지를 지닌 입자성을 띤다는 것이 발견되었다. 나중에 루이스(G. N. Lewis)는 이러한 입자성을 띤 빛을 포톤(photon)이라 명명했다. 이러한 양자의 개념은 1900년 막스 플랑크(Max Planck)가 제안한, 빛 에너지(E)와 빛 진동수(ν)의 $E=h\nu$ (h는 플랑크 상수)라는 관계식에서 태동되었다. 물질에 대한 이중성은 루이스 드 브로이(Louis de Broglie)에 의해 제안되었다. 1924년 그는 입자의(드 브로이 파장 $\lambda_{de\ Broglie}$으로 불리는 파장의 값을 가진) 파동성을 $\lambda_{de\ Broglie}=h/p$ (p는 입자의 운동량))라는 아주 간단한 식으로 기술했다. 파동과 입자에 대한 두 가지의 보완적 기술은 간섭성(coherence)의 개념이 도입되면서 더욱 명확해졌다.

빛의 간섭성은 1801년 영국의 물리학자 토마스 영(Thomas Young, 재미있게도 영은 상형문자를 연구하기도 했는데, 당시 고대 이집트 문자를 판독하던 진-프랑코 챔폴리온(Jean-Francois Champollion)의 가장 치열한 경쟁자였다)의 유명한 실험을 시점으로 지난 200년간 잘 알려져 왔다. 아주 간단한 방법으로 영은 빛의 독특한 성질을 증명했다. 즉 창문 차양에 두 개의 작은 구멍을 내면, 방 안쪽 벽에 맺히는 상은 두 개의 점 모양이 아닌 아주 흥미로운 패턴을 나타낸다. 영이 관찰한 것은 밝은 영역과 어두운 영역이 같은 간격을 가지고 반복되어 나타나는 패턴이었다. 한쪽 구멍을 가리게 되면, 상식적으

로 예상되는 것과 동일하게 벽에는 하나의 밝은 점이 보일 뿐
이다. 즉 간섭현상이 사라지는 것이다. 영은 이같은 실험을 통
해 빛이 파동성을 가지고 움직이며, 따라서 좁은 틈으로 들어
간 두 개의 빛이 서로간의 간섭을 통해 밝고 어두운 패턴—두
빛이 동일한 위상을 가지면 밝아지고 반대의 위상을 가지면
어두워진다—을 만들어낸다고 결론지었다.

　이러한 원리는 모든 종류의 파동—빛, 음파 그리고 라디오
파—뿐 아니라 파동성을 가지는 전자에도 공히 적용된다. 사실
상 영의 실험을 통해 모든 것이 파동성을 지님이 증명되었다.
물질 또한 X-선이나 전자와 상호작용할 때 이러한 파동성을
보인다. 즉 X-선이 결정에 쬐여지면, X-선은 간섭 패턴으로
회절되고 이러한 패턴을 해석하여 분자구조를 알아낸다. 전자
또한 같은 원리로 회절 패턴을 보인다. 이러한 파동간섭은 전
자기장의 크기(세기가 아닌)가 더해지면서 생기는 현상이며,
이를 중첩[2]이라 한다.

　물질에 대해서, 빛과 유사한 중첩현상은 소위 파동함수라는
것을 통해 나타난다. 이러한 파동함수는 그 유명한 양자역학적
쉬로딩거 방정식의 해답에 해당된다. 파동함수 및 그 제곱으로

---

2) 이러한 중첩은 공간상 (Δx)에 편재된 일련의 파동그룹에 의해 생성
　 된다. 모든 파동에 대해, 일련의 그룹은 일반적으로 $\Delta x \Delta k \sim 1$ 의 관
　 계식을 만족한다. 여기서 Δk는 파동수 wavenumber를 나타내고 k는
　 파장의 역수로 주어진다. 이는 또한 이중성의 관계식, $\Delta x \Delta p \sim h/2\pi$
　 에 준하는 식에 해당된다. 빛에 있어서 이러한 이중성 (전자도 마찬
　 가지이다) 현상은 미시적 세계에서 일어나는 많은 추상적 개념들 즉
　 파동의 중첩, 입자와 파동의 이중성, 양자측정, 양자전자기학, 불확실
　 성의 원리, 그리고 '쉬뢰딩거의 고양이'로 불리는 상상 속의 실험 같
　 은 거시적 세계로의 연결을 구체화시키는 것이다.

나타내어지는 확률분포는 핵들 사이의 공간에 넓게 퍼져 있다. 그러나 이러한 파동들이 잘 정의된 위상을 갖고 간섭성으로 더해질 경우에는 아주 놀라운 현상이 나타나게 된다. 즉 이 경우에는, 1926년 쉬뢰딩거가 하모닉 진동(harmonic oscillator)의 양자상태를 이용하여 보인 진동하는 스프링에서와 유사하게, 확률분포의 공간상 국부적 편재화가 가능해진다. 그렇게 형성된 파동 묶음(wave packet)은 그 고유의 드브로이 파장을 가지며 고전역학적 입자의 기본적 성질을 가진다. 즉 공간과 시간에서의 궤적은, 마치 원자 수준에서 움직이는 대리석조각처럼, 잘 정의된 (그룹) 속도와 위치를 가지고 있다.[3] (자유입자에 대해 $E = p^2/2m$이며 따라서 파동묶음의 그룹 속도, 즉 에너지의 운동량에 대한 미분치 dE/dp는 고전적 속도 v와 동일함을 알 수 있다.)

이러한 개념들이 명확하게 섰다면, 과연 양자적 불확실성 때문에 펨토초 시간분해능의 중요성이 감소될 것이라는 인식은 어떻게 오는 걸까? 두 가지 점을 생각할 수 있겠다. 첫번째는 시간과 에너지간의 $\Delta t \Delta E \geq \hbar/2$라는 불확실성의 관계식을 떠

---

[3] 입자의 파동성과 입자성을 연결해주는 드브로이 관계식, $\Delta p = \hbar \Delta k$는 사실상 모든 양자시스템에 대해 정의된 측정의 불확실성—표준편차로 나타내는 위치의 불확실성($\sigma_x \equiv \Delta x$)과 운동량의 불확실성 ($\sigma_p \equiv \Delta p$)의 관계를 나타내는 $\Delta x \Delta p \geq \hbar/2$—을 보여준 하이젠버그의 역학(1925)과 완전히 일치하는 개념이다. 위 식의 등부호가 성립하는 경우를 불확실성 혹은 변환의 극한이라 부른다. 유한한 시간에 측정된 에너지에 대해서도 유사한 불확실성이 존재한다. 이것이 매우 큰 난점의 하나라 할 수 있다. 펨토초의 시간분해능을 사용하여 ($\Delta x/x$)<1 그리고 ($\Delta p/p$)<1의 조건을 만들 수 있으며, 이러한 불확실성의 조합에 적합한 간섭성 중첩을 만들고 간섭성 상태(파동 묶음)의 거동을 살펴보는 것이 가장 중요한 포인트라 할 수 있다.

올릴 수 있다. 펨토초 시간규모에서는 에너지 불확실성이 상대적으로 크고, 따라서 에너지 영역의 고분해능 분광학의 기준으로 보아서는 부정적인 면으로 받아들여질 것이다. 예를 들어, 50펨토초 펄스에 해당하는 에너지의 폭은 약 $300cm^{-1}$에 달한다. 이는 분자의 회전진동 양자상태간의 간격보다 크며, 어떻게 보면 마치 펨토초 펄스로 전이를 일으키거나 탐침을 하면 양자화된 분자의 회전진동상태가 파괴되는 것으로 여겨질 수도 있겠다. 두번째는, 편재화된 파동그룹 혹은 파동묶음이 미시적 시스템 내에서 분자내 혹은 분자간의 상호작용으로 인해 넓은 영역으로 퍼져나가는 현상일 것이다.

이러한 두 가지 이슈 때문에, 펨토초 시간분해능 연구는 화학이나 생물에서 그 유용성의 한계에 봉착할 것이라는 예견이 문헌에 소개되기도 했다. 만약 에너지 상태들이 비간섭성 (incoherently) 레이저에 의해 들뜨게 된다면 이러한 우려의 예견이 맞을 것이나, 명백하게도 이러한 일은 생기지 않는다. 파동묶음의 에너지영역에서 묶음의 공간상 퍼짐 속도는4) 핵들의 움직임에 비해 훨씬 느리다.—불확실성은 아직도 우리의 편이

---

4) 최소한의 불확실성의 값 $\Delta x \Delta p = h/2$ 를 가지는 가우시안 파동묶음 (자유입자)에서는 운동량의 분포 또한 가우시안의 모양을 가지며, 따라서 파동묶음이 움직이면서 늘어나는 폭에 대한 운동량불확실성의 기여를 쉽게 표현할 수 있다. 우리는 파동묶음이 상당히 퍼져나가는 데 (약 2 또는 약 40% 정도) 걸리는 시간을 계산할 수 있고 다음과 같이 나타낼 수 있다: $t_s = \Delta x(0)/\Delta v = 2m \Delta x^2(0)/\hbar$. 여기서 t=0은 최소의 불확실성을 가지는 시점을 의미하고, m은 질량, 그리고 $\Delta v = \Delta p/m$을 의미한다. 자유입자의 파동묶음이 극초단 빛의 펄스에 의해 $\Delta x \Delta p$의 곱이 최소값을 가지도록 생성된다면, 펄스의 시간폭과 파동묶음의 공간상 폭에 대한 관계식을 매우 간단한 식 $\Delta x = <v> \Delta t$로 나타낼 수 있다.

다!

플랑크 상수($\hbar = 1.05457 \times 10^{-27}$ erg sec)가 매우 작은 값을 가진다는 것은 불확실성 원리에 의한 약간 혼란스럽기도 한 미묘함이, 보통의 크기와 보통의 운동량을 기술함에 있어서는 전혀 인지되지 않는다는 것을 의미한다. 대신 원자수준의 기술에서는 매우 중요하게 된다. 예를 들어 만약 200g의 사과 한 개가 빛의 파장의 작은 영역 10nm 내의 정확도를 가지고 위치하고 있다고 하자. 사과 위치에 대한 불확실성 Δx는 4×10^{17} 초, 즉 120억년(우주의 나이와 같다!)이 흘러서야 약 40% 정도 늘어날 것이다. 반면에, 사과보다 10^{29}배 정도 질량이 작은 전자의 경우, 초기 1Å 내에서 국한된 전자가 40% 정도 늘어나는 공간상 퍼짐이 일어나는데 걸리는 시간은 0.2 펨토초에 불과하다. 전자보다 훨씬 큰 질량을 가지는 원자핵들의 경우에는 그 파동묶음이 퍼지는 속도가 0.2 펨토초에 비해 몇백~몇천배로 느리므로 펨토초의 시간영역에서 원자핵 파동묶음의 공간상 확산은 미미하다고 할 수 있다.

앞서 설명한, 시간(Δt)과 에너지(ΔE), 그리고 거리(Δx)와 운동량(Δp) 간의 불확실성들의 조합된 결과를 한번 살펴보자. 운동량과 에너지가 직접적으로 관련되므로, 시간과 거리가 직접 연관성을 가진다. 따라서 Δt를 작게 하면 Δx가 작게 되는 것이다. 즉 좁은 공간으로의 편재화가 가능하다! 양자역학적 시스템에서 고전역학적 움직임을 연구하기 위해서는 시간은 줄이되 간섭성은 유지해야 한다. 유념해 둘만한 것은 에너지의 불확실성이 원자들의 결합에너지에 비해 매우 작다는 것이고 이것은 매우 중요한 사실이다.

펨토화학은 '양자에서 고전으로의 전이'를 명확히 가능하게 하고 있고, 이것은 다음과 같은 이유들로 설명할 수 있다. 두 거시적, 미시적 세계 사이의 대응원리(correspondence principle)에 의하면, 플랑크 상수가 제로 값으로 갈수록, 즉 시스템 상태 간 에너지의 간격이 극한적으로 가까워지면 (연속경계) 양자역학은 고전적 경계로 도달한다. 펨토초 영역에서는 에너지의 불확실성(ΔE)이 오히려, 일정한 에너지 간격을 가지고 분포하는 시스템의 양자상태들을 고전적 경계에 도달하게끔 한다. 물론 펨토초에 의한 ΔE가 상태간 에너지 간격보다 크고 상태들의 간섭성이 도입될 때에 이러한 '양자에서의 고전으로의 전이'가 일어나며, 이는 ΔE가 방해가 될 것이라는 단순한 견해와는 전혀 반대 결과이다. 이것이 바로, 물질의 기체상 혹은 용액이나 고체상, 또한 이원자분자에서 다원자분자에 이르는 모든 상태 및 간단하고 복잡한 시스템들에서 관찰되고 연구되어온 원자—규모의 동역학을 이해하는데 있어 열쇠가 되는 중요한 점이다.

패러다임적 케이스라 할 수 있는 소디움요드 NaI의 경우를 살펴보면, 많은 개념들이 내포되어 있음을 알 수 있다. 파동묶음이 우선 주기적으로 진동하는 것(공명운동)이 관측되었고, 이는 반응 전반에 걸쳐 파동묶음의 '입자 같은 거동'을 나타내주는 것이다. 파동묶음은 매우 튼튼해서 그 퍼짐이 미약하고, 분자집단이 조화를 이루며, 마치 '한 개의 분자'처럼 거동함이 밝혀졌다. 적절한 위상을 가진 파동함수들의 중첩을 이론적으로 만들어 실험과 비교해보면, 초기 파동묶음이 진정으로 1Å 이내의 작은 영역에 국소화되어 있고, 여러 번의 주기운동을 거쳐도 파동묶음의 폭에 그다지 큰 변화가 없다는 것을 알 수가 있다. 드브로이 파장 또한 1Å 내의 국소 편재화와 일맥상통한다. 액체나 고체, 그리고 생물학적 시스템에서 일어나는 현상 또한 유사하게 설명될 수 있다. 이 경우 우리는 화학과 생물학에서의 동역학적 힘의 근원적 이해에 접근할 수 있고 따라서 매우 복잡한 계에서 일어나는 원자들의 거동에 대한 새로운 개념을 제시할 수 있을 것이다.

분자계에서 왜 이러한 간섭성이 상당히 오래 지속될 수 있는 것일까? 실제 시스템에서 일어나는 움직임은 분자 개개에서의 파동묶음에 (실제 측정이 이루어지는) 백만~십억개의 분자에서 형성되는 파동묶음들의 위치상 분포에 의한 약간의 퍼짐이 포함되어 나타나게 된다. 이러한 조건을 만족시키기 위해서는, 우선 초기 분자들의 평형상태가 잘 정의되어야 하고, 펨토초 안에 이루어지는 '순간적인' 파동묶음 형성이 필수적이다. 시스템의 초기 바닥상태의 공간적 제한은 모든 분자들에 대해 약 0.05Å 내로 국한되어, 화학반응시 일어나는 5^{-10}Å 보다 훨씬 작은 화학결합 길이 영역 안에서 그 간섭성 움직임을 하고 있다. 펨토초 안에 이루어지는 파동묶음의 형성으로, 들뜬상태로의 전이과정 중에도 화학결합 길이가 좁은 영역에 국한될 수 있다. 분자집단의 간섭성이 어떠한 간섭에 의해 파괴되지 않는 한, 이러한 분자집단의 움직임은 한 개의 분자와 그 궤적을 같이 한다.

1972년 웰치(Welch)학회에서, 유진 위그너(Eugene Wigner)와 에드워드 텔러(Edward Teller)는 피코초 시간분해능에서의 불확실성 모순에 대해 생동감 넘치는 논의를 펼친 바 있다. 그러나, 지금까지 보여온 바와 같이, '불확실성 모순'은 피코초보다 더 짧은 펨토과학, 혹은 물리적, 화학적 그리고 생물학적 변화에 대한 동역학에 있어서도 더 이상 '모순'이라 할 수 없다. 펨토초 영역(화학결합의 진동에 해당하는 시간영역)에서의 간섭성이야말로 국부적 편재된 비평형의 분자구조를 형성하는데 필수적인 사항이며, 이러한 비평형구조의 시간에 따른 전개는 불확실성의 원리에 따라 충실하게 이루어진다.

역사적으로, 간섭성은 메이저(maser: microwave amplification by stimulated emission of radiation)를 개발할 당시에도 그 개념이 정립되지 못했다. 찰스 타운스(Charles Townes, maser의 개발자)는, 메이저 안에 있는 두 거울 사이 공간에 분자들이 머무르는 시간은 약 일만분의 일초 정도일 것이고, 따라서 빛의 파장이 아주 좁은 영역에 몰려있는 것은 불확실성의 원리 때문에 불가능할 것이라는 반대의견에 접하기도 했다. 그러나, 자극 -방출(stimulated emission)의 피드백 과정에서 광자의 간섭성이 형성되므로 사실상 그러한 걱정은 기우에 불과했다.

펨토화학의 영향에 관한 네 가지 요소 중 마지막은 새롭게 조명되는 분야의 탄생이다. 많은 새 발견이 현재 알려진 일들의 일차원적 연장선상에서 이루어지지 않기 때문에 미래를 예측하는 것은 그리 현명한 일이 아닐 것이다. 여기에 몇몇 저명한 인물에 의해 예상되었던, 터무니 없이 빗나간 미래에 대한 예측을 소개해 보겠다. 1885년 경에 저명한 켈빈경(Lord Kelvin)은 "방사선은 미래가 없다. X-선은 장난감에 불과하다."라고 말한 바 있다. 또 다른 저명한 과학자 레일레이경 (Lorad Rayleigh)은 "나는 기구 이외에 하늘을 나는 것이 또 있으리라는 것을 전혀 믿지 못한다."라는 말을 했다. 마지막으로 미국의 IBM의 창시자인 토마스 왓슨(Thomas J. Watson)은 1943년 경, "세계의 컴퓨터 시장은 총 약 5대 정도로 생각된다."라는 말을 남겼다.

이러한 많은 미래 예측의 오류에도 불구하고, 나는 여기서 미래에 대한 예측을 시도하려 한다. 펨토화학 분야에서 새로이 유망하게 떠오르는 세 가지 연구가 예견된다. 첫번째는 반응 컨트롤이다. 1980년에 발표된 논문에서, 나는 레이저를 사용하여 화학반응을 제어하는 새로운 개념을 제시한 바 있다. 즉 극초단 레이저 펄스를 사용하여 에너지를 특정 화학결합에 집중시킴으로써, 화학자의 꿈의 하나인 분자의 특정 부분만을 절단하는 '수술'을 실행시키는 것이다. 많은 동료들의 노력 덕분에 이 분야는 많은 실험실에서 매우 활발히 진행되고 있으며, 앞으로 수십년 안에 중요한 진전이 있으리라 기대한다. 반응 컨트롤은 이론적으로나 실험적으로나 지적 흥미를 자아내며 이미 성공적인 예들이 소개된 바 있다. 반응 컨트롤이 산업적 응용에서 요구되는 만큼의 성과가 아직은 없지만, 결국에는 많은 분야에 커다란 파장을 일으킬 것으로 생각된다. 가장 중요한 과제이자 이슈는 결국 다음과 같다. 분자에 주어진 에너지가 자연스럽게 흐르면서 생기는 생성물이 아닌, 새로운 인위적 생성물이 나오도록 유도할 수 있겠는가?

매우 유망한 두번째 연구분야는 생물에서 찾을 수 있다. 칼텍은 작지만 선택과 여러 분야의 조화 속에서 그 구성이 잘 짜여져 있으므로 공동연구에 매우 좋은 곳이다. 1996년부터 나는 미국국립과학재단 분자과학연구소의 소장으로 일해왔다. 여덟명의 교수들이 이 연구소에 속해 있다. 우리는 전기촉매에서 DNA, 광전자분광학에서 단백질의 구조 및 동역학에 이르는 매우 다양하고 복잡한 시스템에 대한 아주 흥미로운 학제간 공동연구를 수행하고 있다. 최근에 발표된 연구들 중 몇 가지를 소개한다면, 유전물질의 전자 전도성, 헤모글로빈 모델 물질과 산소의 결합, 약에 의한 단백질의 분자 인식, 항암제 세포독성 임상연구에 대한 분자수준 연구 등을 들 수 있다. 효소반응의 근원적 성질과 제어, 전이상태의 촉매적 기능, 생물학적 기능을 가지는 인공물질의 설계 등이 앞으로 유망하게 전개될 동역학적 연구의 대상이 될 것으로 본다.

세번째 연구분야에 매우 큰 기대를 걸고 있는데, 바로 극초단 전자회절을 통해 구조적 변화를 하고 있는 분자의 실시간 영상을 직접적으로 얻고자 하는 연구이다. 우리가 분자 내 화학결합을 끊을 때 분자의 전체적 구조는 시간에 따라 어떻게 변화할까? 이러한 질문에 대한 해답은 1991년 이래 나와 우리 그룹의 꿈이었고, 최근에는 그룹의 주된 일이 되었다. 최근 우리는 처음으로 시간에 따라 변화하는 분자의 화학적 구조의 영상을 실제로 볼 수 있게 되었고, 현재는 보다 복잡한 생화학 물질에 대한 연구를 위해 새로운 장비와 방법을 개발하고 있다. 분광학적 방법으로는 한 번에 한 개의 화학결합만 볼 수 있기 때문에, 평균적으로 작은 단백질에 존재하는 수천 개 원자들 사이의 화학결합을 일일이 관측해야 한다면 아무리 참을성 많은 대학원생이라 할지라도 아예 손을 들고 말 것이다. 그러나 회절 패턴은 원칙적으로, 설사 그 대상 분자가 매우 복잡하고 클지라도, 모든 원자들의 3차원적 위치에 대한 정보를 한 번에 제공한다. 진정한 3차원적 스냅사진이다!

　우리 장치를 보면, 우선 반응시계를 시작시키기 위해 통상의 펌프 펨토초 레이저 펄스를 사용한다. 그러나 두번째 탐침 레이저 펄스는, 가변의 거리를 진행한 후에 광음극(photocathode)에 집중된다. 빛을 받은 광음극에서는 전자가 방출된다. 이렇게 방출된 전자선(electron beam)은 분자선(혹은 액체, 고체상의 분자)과 펌프 레이저 펄스의 교차점에 다시 집중된다. 그러면 마치 X-선 가슴촬영을 하듯이 분자의 회절 패턴을 관찰함으로써 분자의 구조를 보게 되는 것이다. 우리의 궁극적인 목표는 생물학적 물질이 그 기능을 수행할 때 구성 원자들의 어떤 움직임이 수반되는가를 관찰하는 것이다. 예를 들어 어떤 단백질이 효소작용을 수행하면서(또는 항체를 인식하고 결합하면서)

동반되는 단백질 구조변화를 실시간으로 관측하는 것을 상상할 수 있겠다. 회절방법으로 우리는 분자집단 모두를 한번에 관측할 수 있다. 모든 구조적 변화의 시간 규모에 대해 밝혀낸다는 것은 진정으로 흥미롭고 유망한 분야가 아닐 수 없다.

밀리초에서 현재 널리 이용되는 펨토초에 이르는 시간분해능 단축의 진보로 정말로 놀라운 발견들, 새로운 이해, 또 신비들이 점진적으로 표출되었다. 이러한 발전은 계속될 것이고 따라서 새로운 연구방향이 동시에 추구될 것이다. 장담컨대, 전이상태 자체에 대한 연구는 물론이고 화학과 생물에서의 전이상태 구조에 대한 연구는 간단한 시스템에서 복잡한 효소나 단백질에 이르는 다양한 대상에 대해 앞으로도 매우 활발히 진행될 것이다. 단순한 전이상태의 확인 및 구조의 관측뿐 아니라 그 제어까지도 연구대상이 될 것이다.

현재 펨토초 레이저가 핵의 움직임을 따라갈 수 있는 시간영역에 있으므로, 혹자는 아마도 "이제 시간과의 경주는 끝난 것인가?"라는 질문을 던질 수도 있을 것이다. 그러나 펨토초보다도 짧고 아토초(10^{-18}초)에 해당하는 시간분해능이 달성된다면 전자의 움직임까지도 실시간에 관측할 수 있을 것이다. 나는 이러한 점을 1991년에 지적한바 있고 그 후 물리나 기술적 측면의 응용 분야에서 펨토초보다 짧은 레이저 펄스의 제조에 대한 진전이 어느 정도 있었다. 앞으로 수십년 내에 이러한 일들이 실현된다면 벤젠에서 일어나는 전자의 재배치—케큘레(Kekule)의 뱀을 환생시키듯이—를 실시간에 관측할 수 있을지도 모르겠다.

추가적으로 시간, 길이, 숫자의 세가지 단위가 조합된 연구들이 진행될 것이다. 단분자나 혹은 표면 위 분자(예를 들어 STM을 사용한 연구)에 대한 펨토초 동역학 연구가 수행될 것이다. 시간과 길이의 분해능이 조합된다면, 분자구조에서 동역학, 그리고 기능으로 이어지는 중요한 진전이 이루어질 좋은 기회를 제공할 것이다. 또한 레이저와 다른 냉각기술을 사용하여 마이크로~나노 켈빈(Kelvin)의 매우 낮은 온도에서의 펨토화학이 연구될 수도 있을 것이다.

펨토 및 아토초는 우주의 빅뱅시간(120~150억년)의 역수에 근접한다. 사람의 심장박동은 두 극단의 산술적 평균에 해당된다. 분자동역학은 우주동역학과 유사한 면이 많다. 우주론자들도 에너지 곡면을 논하고, 우주 빅뱅 및 팽창의 전이상태를 거론한다. 이러한 면에서 어쩌면 우리는 시간의 우주적 한계에 접근해나가는지도 모른다.

원래 나는 이 연구가 이토록 많은 분야로 풍성하게 발전될 것이라고는 예상하지 못했다. 내게 확실했던 것은 나와 우리 그룹이 이전엔 불가능했던 것들을 가능케 하고 새로운 지식을 얻으며 새로운 개념을 개발하는 '발견의 방랑'을 즐겨왔던 것이다. 이러한 기분은, 마치 영국 고고학자인 하워드 카터 (Howard Carter)가 1922년 11월 25일 투탕카멘(Tutankhmun) 무덤의 진귀한 내용물을 봤을 때 했던 말, "처음, 나는 아무것도 볼 수가 없었다…점차 모습이 드러나기 시작했다."로 가장 적절히 표현될 수 있을 것 같다. 발굴을 재정적으로 지원했던 카나본 경(Lord Carnarvon)이 카터의 몇 발자국 뒤에서 애타게 물어보았다. "무언가 보이나?" 카터가 말하길 "네, 환상적인 게 보입니다." 이것이 바로 과학적 발견의 스릴이라 할 수 있다. 과학은 자연의 진리에 숨어있는 간결함과 아름다움을 드러내는 일을 추구한다.

집사람과 함께 로스앤젤레스 예술박물관을 방문했을 당시, 나는 빈센트 반고호의 걸작 중의 하나인 "Almond Blossom"을 보면서 전체의 아름다움과 세부묘사의 예측불허성에 감탄하였다. 이것 또한 과학적 발견의 본성이라 할 수 있다.

펨토과학의 미래에는 많은 상상과 예측불허의 기여가 더해질 것이다. 나는 내가 과거에 일어난 일들을 즐겼던 만큼 미래의 발전이 기대된다. 벤자민 플랭크린이 다음과 같이 말한 바 있다.

> 인류의 지식 발전은 매우 빨라 현재의 우리는 상상도 못하는 발견들이 이루어 질 것이다. 지금부터 수십년 후 밝혀질 일들을 아는 행복을 나는 누릴 수 없기에 나는 벌써부터 내가 너무 일찍 태어난 것이 아닌가 하는 실망이 들기 시작한다.

과학자들은 과학의 발전에 중요한 기여를 했을 때 보람을 느낀다. 이러한 보람은 통상 동료들의 인정으로 말미암아 배가되고 거기에 수반되는 상과 부상으로 또한 배가되기도 한다. 그러나 그러한 인정이 노벨상으로 연결될지는 전혀 예상하지 못했다. 스톡홀름에서 전화가 온 후에야 노벨상 수상이 실감되었다. 그러나 노벨상으로 가는 길에서 경유했던 축제와 놀라움의 역들이야말로 인생 여정에서의 즐거움이라 할 수 있겠다.

8

스톡홀름으로 가는 길
축제와 동화 속의 이야기

　당신은 어떻게 노벨상을 수상했습니까? 노벨상이 탄생한 도
시인 스톡홀름을 포함해 가는 곳마다 가장 많이 받는 질문 중
하나이다. 과학계에 이름이 알려진다든지 또는 과학에 관련된
어떤 상을 수상한다든지 하는 것은 많은 사람들, 특히 개발도
상국에 있는 사람들에게는 좀 낯선 일일 수도 있을 것이다. 미
국 과학 아카데미의 정식 회원이 되기 전까지는 이것은 역시
나에게도 낯선 풍경이었다. 그래서 이 장에서는 이러한 문화에
대해 자세히 소개하고자 한다. 물론 이러한 문화에 익숙한 사
람들에겐 별 흥미를 주지 못하겠지만 개발도상국에 있는 사람
들에게 과학적인 업적을 이루는 것이 얼마나 훌륭한 일인가라
는 것을 일깨워 주는 계기가 될 수는 있을 것이다. 여기에 소
개된 일화 중에는 가족과 연구그룹 구성원에게 있어 가장 즐
거운 순간들도 포함되어 있다.
　과학을 탐구하는데 있어서 새로운 발견이 주는 흥분은 마치
비행기가 이륙할 때 필요한 연료와 같다고 할 수 있다. 하지만
동료 과학자들이 자신의 연구에 대해 인정을 해줄 때—아마

이것이 가장 큰 보상일 것이다—비로소 그 비행이 만족스럽고 즐거운 것이 된다. 인정을 받는 과정은 연구 성과를 권위 있는 과학 전문잡지에 출판하면서 시작된다. 펨토초 시간대에서 일어나는 분자의 반응을 처음으로 관측 가능하게 한 우리 연구는 과학 전문잡지뿐만 아니라 일반 대중을 대상으로 하는 여러 출판물을 통해서 큰 반향을 일으켰다. 1987년 초에 논문을 투고하였으나 그 해 11월 30일이 될 때까지 칼텍은 이 엄청난 발견에 대한 발표를 미루고 있었다. 과학 학술논문이 출판되기 위해서는 먼저 그 분야의 저명한 전문가들에 의해 이루어지는 지루하고 긴 심사과정을 통과해야만 한다.

펨토초 시간대에서 일어나는 분자 반응 관측에 대한 발견은 로스앤젤레스 타임스 12월 3일판의 일면 기사로 처음 일반인에게 알려졌다. Thomas H. Maugh II 기자는 〈전례가 없는 과학적 진보: 새 분자의 '탄생'을 볼 수 있는 과학자들〉이란 제목을 사용했다. Maugh는 화학반응이 일어나고 있는 동안 어떻게 그 화학반응을 관찰할 수 있는지에 대해 소개하면서, '화학의 새 지평을 여는 전례 없는 성과'라고 강조했다. 그 다음날, 뉴욕타임스의 Malcolm W. Browne 기자는 '화합물이 형성될 때 찍은 사진'이란 제목으로 기사를 실었다. 뒤이어 다른 여러 신문이나 잡지에서도 지속적으로 기사가 실렸다. Dick Bernstein, Ken Eisenthal, Jim Kinsey, John Thomas 등과 같은 이 분야의 뛰어난 전문가 친구들이 발견의 중요성을 열렬하게 높이 평가하는 것을 보고 정말 기뻤다.

그 후 채 1년이 지나지 않아 과학 전문잡지들은 펨토화학이라는 주제로 특집기사를 앞다투어 싣기 시작했으며, 1988년 *Chemical & Engineering News*와 1989년 미국과학재단 (National Science Foundation)에서 출판된 *Mosaic*라는 잡지에는 표지기사로 다루었다. 과학의 전 분야를 포괄하는 미국의 저명 잡지인 *Science*는 1994년 펨토화학을 표지기사로 실었다. 이로써 과학의 새로운 분야가 탄생했다는 것은 자명한 사실이 되었다 (1988년 *Science*지에 '레이저 펨토화학'이라는 제목으로 리뷰 논문을 출판했지만 표지기사는 아니었다). *Science* 와 같은 수준의 저명 잡지인 *Nature*에도 수 편의 논평기사들이 실렸고 초창기에 했던 연구결과들이 발표되었다. 1985년에 우리의 최초 논문을 실은 *Journal of Physical Chemistry*(JPC)는 그 후 펨토화학을 여러 호에 걸쳐 표지로 다루었다. 특히 '펨토화학 10주년'을 축하하는 특별호(Will Castleman과 Villy Sundstrom이 편집함)에서는 펨토화학이 발전해온 모습을 역사적인 관점에서 조명했다. Craig Martens는 처음으로―요즘에도 자주 인용되곤 하는―"모든 화학은 펨토화학이다."라는 말을 이 특별호(1998년 6월 노벨상을 수상하기 1년 전에 출간되었다)에서 썼다.

일련의 학술대회들이 잇따라 개최되면서 펨토과학은 전세계로 확산되기 시작했다. 그 중 첫번째는 1993년 3월 1일부터 4일까지 베를린에서 개최된 학회로 약 200명이 참석했으며 지금까지도 격년제로 계속 개최되고 있다. 가장 최근에는 스페인의 톨레도에서 학회가 열렸다. 이러한 국제교류는 1995년 벨기에에서 개최된 Solvay학회와, 노벨상이 수여되기 3년 전 1996년 9월에 열린 펨토화학과 펨토생물학에 관한 노벨재단 심포지엄에서 그 정점에 올랐다. Solvay학회는 20세기초에 시작되었는데 Einstein, Rutherford, Planck, de Broglie, Curie 부부 등을 포함한 당대의 거물급 과학자들이 모두 한자리에 모여 그 당시에 새로운 분야로 떠오른 양자역학의 탄생을 논의했던 것이 바로 그 유명한 1911년 Solvay학회였다.

노벨학회의 주제는 현재 가장 '뜨거운' 그리고 아마도 노벨상을 받을 만한 가치가 있는 연구 주제가 어떤 것인가를 파악하기 위한 학회로, 주제는 스웨덴의 과학아카데미와 노벨재단 회원들에 의해 결정된다. 나는 펨토화학과 펨토생물학에 관한 노벨 심포지엄에서 느꼈던 그 생생한 역동성을 지금도 기억하고 있다. 매우 긴장된 분위기 속에서 진행되었는데, 특히 노벨상 수상 후보가 될 수 있는 모든 과학자들이 초청되어 자기 연구주제를 발표한다는 것과, 노벨상 위원회에 속한 몇몇 회원들이 참석한다는 사실 때문에 더욱더 그러했다. 우리는 스웨덴 Bjorkborn에 있는 알프레드 노벨의 집(연구실이기도 한)에 머물렀다. 나는 개회 강연을 했고 이 연구 분야에서 지금까지 이루어진 성과들에 대해 조망하는 기회를 가졌다.

내 연구분야는 그 당시만해도 이집트에 잘 알려지지 않았었다. 1988년 12월에는 카이로에 위치한 American University (AUC)로부터 특별 방문 교수(Distinguished Visiting Professor: DVP)로 초대되었고, 카이로 도심에 위치한 캠퍼스의 Tahrir Square에서 일반인을 상대로 한 일련의 강연을 하기로 되어 있었다. Garden City에 있는 AUC 아파트에서 지냈는데 고맙게도 요리사뿐만 아니라 운전사까지 제공해주었다. 이 기간 동안 Fayoum의 한 호텔에서 열린 각계각층의 수많은 저명인사들이 참석하는 새해 이브 파티에도 참석했다. 당시 참석 손님 중에 Mme이 있었다. Amal Fahmy는 금요일 오후의 유명한 라디오 방송 프로그램인 'Ala al-Nasia(구석진 곳에서)'을 진행하는데 내가 어릴 때부터 인기가 높았다. Mme Fahmy를 1988년 3월 로스앤젤레스에서 만난 적이 있었는데, 그녀는 칼텍에서 진행 중인 나의 연구에 대해 방송하기 위해 함께 녹화를 했고 그래서 더욱 가까워지기도 했다. 이러한 인연으로 이집트 사람들에게 우리의 연구가 처음 소개된 기사가 *al-Ahram*의 로스앤젤레스 특파원이었던 Mme에 의해 쓰여졌다. Thuria Abu Sa'ud 는 로스앤젤레스 타임스에 실린 기사를 바탕으로 이집트 신문에 한 페이지짜리 기사를 쓰기도 했다. AUC를 방문했던 기간 중에 나는 처음으로 일반인을 대상으로 한 펨토과학에 대한 강연을 했고 이는 매우 성공적이었다.

이러한 일들은 내가 아주 들뜨고 바쁜 와중에 이루어졌다. 과학자들, 학생들 그리고 일반인들을 대상으로 한 강연 요청이 쇄도했으며 학회와 대학으로부터 각종 상을 수상했다. 1987년 부터 시작해서 나는 전 세계를 돌아다녔다. 일본, 유럽, 아프리카, 중동 등. 강연은 주로 신 과학인 레이저 펨토화학에 대한 것이었고 우리 연구가 높이 평가받고 있다는 사실에 무척 기뻤다. 많은 젊은이들에게는 과학자라는 직업의 매력을 설명하고자 했고, 일반 청중들에게는 시간과 물질의 과학을 쉽게 이해시키고자 했다.

사우디아라비아를 방문했을 때 공로상을 받았고, 이 수상은 내 연구가 국제적 인정을 받았다는 점뿐 아니라 여러 저명 인사와 친 가족과 같은 새로운 관계를 맺을 수 있었다는 점에서 나에게 두 배의 기쁨을 선사했다. 이것은 마치 내가 카이로를 떠나기로 한 날에 시작된 한편의 동화 속 이야기와 같았다. AUC 대학에서 DVP 일을 마친 후에 al-Ahram은 신문 일면에 나의 King Faisal International Prize의 수상소식을 다루었다. 그로부터 몇 시간 후 칼텍 총장인 Thomas Everhart는 내가 머물고 있던 곳으로 이 상의 수상을 축하하는 전화를 했다. 그러나 그 때까지도 나는 사우디아라비아로부터 아무런 언급도 듣지 못한 상태였다. 총장은 이렇게 말했다. "그들은 아마 당신이 곧 사우디아라비아에 도착할 거라 기대하고 있을 게요. 칼텍에 있는 교수들도 당신이 파사데나에 돌아오는 즉시 수상을 축하하려고 기다리고 있소. 아직 그 상을 받기 전인데도 말이요."라고 말했다. 그 상의 수상식은 1989년 3월로 날짜가 잡혔다. 나는 이 기쁜 소식을 마음껏 즐기고 또 며칠간 이집트에서 이 일을 축하하기 위해 돌아오는 비행 날짜를 며칠 연기하기로 했다.

King Faisal상은 대단한 영예이다. 이것은 국제적인 상으로 중동사람들에게만 수여되는 상이 아니다. 아랍인이나 무슬림들이 종종 문학이나 이슬람 연구에 대한 업적으로 이 상을 수상한 적이 있으나, 과학이나 의학분야에서는 보통 미국인, 유럽인, 일본인, 호주인 등 아랍국 이외의 과학자들이 받았다. 나는 과학이나 의학분야에서 이 상을 수상한 첫번째 아랍 사람이 되었다. 사우디아라비아의 주최측 인사들은 이를 매우 자랑스럽게 생각하고 나를 매우 따뜻하게 맞아주었다. 1977년에 King Faisal International Prize의 첫 수상자가 발표된 이래로이 상은 빠르게 명성을 얻어 세계에서 가장 저명한 상 중의 하나가 되었다. 이는 수상 후보자들을 선정하고 그 중 한 명의 수상자를 고르는 절차의 엄격함, 그리고 국내외 학술 단체로부터의 끊임없는 격려와 지지에 의해 가능한 일이었다.

수상자는 보통 1월에 발표되지만 수상식은 그로부터 2개월 후에 Riyadh에서 개최되는데, 이때에는 사우디아라비아의 국왕도 참석한다. 수상식은 이 재단이 매년 개최하는 가장 중요한 행사 중 하나이며, 총 다섯 분야에 대해 수여되는데 이슬람에 대한 공헌, 이슬람 연구에 대한 기여, 아랍 문학, 과학, 의학이 그것들이다. 과학이나 의학분야에서 이 상을 받은 많은 사람들이 나중에 노벨상을 수상했다. 그들 중에는 독일의 Gerd Binning, 스위스의 Heinrich Rohrer, 미국과 이집트 국적인 나

와 미국의 Steven Chu 그리고 Günter Blobel이 있다. 2001년
에는 4명이 이 리스트에 포함되었는데 Carl Wieman, Eric
Cornell, Ryoji Noyori 그리고 Barry Sharpless가 그들이다. 장
래에는 더 많은 사람들이 이 리스트에 포함될 거라 확신한다.

칼텍에서는 나의 수상을 축하하는 아주 성대한 파티를 열어
주었다. Francis Clauser, Dick Bernstein 그리고 Rudy Marcus
가 개인적으로 찬사 연설을 했다. Dick과 그의 부인인 Norma
는 그 소식을 듣고 너무 기뻐서 자기 집에서 파티를 열어주기
도 했다. Dick은 내가 앞으로 더 많은 상을 받게 될 거라 예상
했으며 아테니움에서 행한 그의 연설에서도 이것을 언급했다.

이 상은 어떤 사람이 받드라도 매우 자랑스러워할 아주 중요한
상입니다. 그럼에도 불구하고 이 상은 앞으로 당신의 혁신적인 연
구 성과로 인해 받게 될 중요한 여러 상 중 그 첫번째에 불과 할
거라고 나는 생각합니다.

3월 17일에 Riyadh에서 열릴 역대 수상자들과의 만남과 그
이틀 뒤에 열리는 수상식에서 정점을 이루게 될 1주일간의 축
제를 위해 나는 3월 중순쯤 사우디아라비아에 도착했다. 수상
식에서 금메달과 명예졸업장을 받았다. 수상책자에 쓰인 글을
영어로 인용하면 다음과 같다.

아흐메드 즈웨일 교수는 펨토초 시간분해능을 갖는 초고속 레
이저 화학분야의 개척자이다. 그의 총명하고 뛰어난 업적 덕분으
로 전세계의 화학자들은 이제 전이상태에서 일어나는 화학결합의
생성과 분해에 대한 실시간 동역학을 탐구할 수 있게 되었다….
그의 업적은 화학반응을 제어함으로써 지금까지는 상상도 못했던
유용한 물질을 인류 전체의 이익을 위해 창조하는 새로운 형태의

응용화학의 미래를 열게 했다. Zewail은 세계인들의 눈을 열어 원자 수준에서 진실로 근본이 되는 심오하면서도 매혹적인 자연의 본질을 볼 수 있게 했다.

이때까지만 해도 나는 결혼할 계획이 없었으며 거의 10년 동안 독신으로 지내왔다. 전세계를 돌아다녔고 늦은 시간까지 연구했다. 어떤 면에서 나는 과학과 결혼한 셈이었다. 하지만 때때로 버클리대학에 있을 때 알고 지냈던 친구인 Stephan Isied와 내 콘도미니엄에서 함께 지내면서 결혼에 대해서 토론을 벌이곤 했다. 우린 둘 다 40대에 접어들고 있었다. 산타모니카에 있는 친구인 Yehia El Sanadydi 역시 비슷한 처지였는데 같이 등산을 하면서 이 문제에 대해 이야기를 나누곤 했다. 이집트에서 몇 명의 여자들과 그녀의 가족들을 소개받았지만 그뿐이었다. 나는 중동 출신 여자와 결혼할 거라고 가슴 깊이 생각하고 있었지만 아직 준비가 되어 있지 않았다.

직업적인 면에서 나의 삶은 부족함이 없었고 계속해서 나는 바쁘게 살고 있었다. 내 아이들의 삶도 평화롭게 되기를 바랬다. 주말엔 딸들을 만나 함께 지내곤 했다. 혹 나의 재혼이 그들의 행복한 삶에 영향을 끼치지나 않을까, 그리고 과학에 대한 나의 헌신적인 노력에 영향을 주지는 않을까 염려스러웠다. 이러한 생각은 Riyadh에 도착해서 Dema Faham이라는 젊은 숙녀를 만나자 완전히 뒤바뀌어 버렸다. Dema도 나처럼 결혼에 대해서는 아무 생각도 없이 사우디아라비아에 왔다. 그리고 그녀도 나처럼 아주 짧은 기간 동안 (수개월) 결혼생활을 한 적이 있었다. 그 결혼생활이 끝난 후 잠시 Riyadh에 머물렀는데 이것은 그녀의 아버지인 Chaker Faham 박사가 문학분야에서 King Faisal 상을 수상했기 때문이었다.

Faham 박사는 시리아의 교육부 장관, 고등교육부 장관 그리고 University of Damascus의 총장을 역임했다. 그는 또 알제리 대사를 지내기도 했다. 현재 Faham 박사는 시리아의 Arabic Language Academy의 회장이다. 그는 이처럼 관리자이면서 학자 체질이었다. Taha Hussein과 다른 위대한 아랍의 문호들이 활동하던 시절에 그는 학사와 박사학위를 받은 카이로 대학에서 아랍의 시인인 al-Farazduq에 대한 박사학위 논문을 썼다. 무엇보다도 그는 10년 동안 이집트에 살았고 이집트를 그의 고국처럼 사랑했다.

운명은 만들어지고 있었다. Dema와 그녀의 부모는 막 카이로에서 시리아로 돌아왔다. 그녀 역시 그녀의 아버지처럼 이집트를 사랑했다. 그녀가 생각하기에 내가 충분한 배려를 하지 않는다고 느낄 때면 다음과 같은 농담을 하곤 한다. "난 모든 이집트 사람이 내가 카이로에서 만난 사람과 다 같은 줄 알았어요." 아이러니컬하게도 그녀는 원래 사우디아라비아에 올 계획이 아니었다. 미국에서 내과의사를 하는 그녀의 오라버니인 Bashar가 부모님을 모시고 오기로 되어 있었다. 오라버니가 마지막 순간에 다른 일이 생겨 대신 Dema에게 이 일을 부탁한 것이다. 모든 역대 수상자들과 그 가족들은 Riyadh에 있는 꽃의 이름을 딴 alKhuzamafks 호텔에서 같이 지내게 된다. 이 호텔은 King Faisal 재단의 소유이다. Dema와 내가 알게 된 건 축제가 열리는 그 주에 alKhuzama 호텔에서였다. 재단에서는 사막 여행을 포함한 모든 프로그램을 주관한다. 사막엔 큰 텐트가 준비되었는데 그 안엔 온갖 맛있는 아랍 고유의 음식들(구운 양고기와 같은)이 준비되어 있었고 우리 모두는 아주 즐거운 시간을 보냈다.

Dema의 어머니(Mediha Ambari) 역시 상당히 인상적인 분이다. 그녀는 대학교육을 받았으며 국제적인 사람이었다. 나는 그녀와 그녀의 남편이 서로 얼마나 아끼고 사랑하는지 알 수 있었다. 이집트에는 *"Iqlib al-qidra 'ala fummaha, titla' al-bint ummaha"*란 속담이 있다. 이 말은 엄마가 어떤 성품을 가졌는지가 그 딸의 성품을 말해준다는 의미이다. Dema는 매우 지적인 여자인데 여러 면에서 부모님들이 가진 지성과 강한 성품 그리고 서로 사랑하는 마음 등을 물려받았다. 이점은 그녀 역시 훌륭한 성품의 소유자란 점에서는 좋지만 기준이 높아, 조그만 실수도 용납하지 않는 다는 점에서 약간 나쁜 점도 있다.

파사데나에 돌아온 후 자주 전화를 했고 전화요금이 버거울 정도로 많이 나왔다. 1989년 5월에 시리아에 있는 Chaker박사를 같은 상 수상자의 자격으로 방문했다. 또, 그녀의 가족들도 만나 보았다. Dema는 3명의 남자 형제와 1명의 여동생을 두고 있는데 현재 모두 미국에 있다. Damascus에 있는 그녀의 가족은 대가족이었다. 그곳에서 우리는 코란의 첫 장인 *fatiha*를 암송했는데, 이 일은 서로에 대한 믿음을 더욱 깊게 해주는 계기가 되었다. 그해 7월 미시간주의 후론 항에 있는 그녀의 여동생 집에서 우리는 약혼식을 했고, 그해 9월 17일 역시 후론 항에서 결혼식을 올렸다.

9월 30일에는 칼텍에 있는 아테니움에서 칼텍과 로스앤젤레스 지역에 있는 약 120명 정도의 가족, 친지, 친구들이 참석한 가운데 결혼식 파티를 열었다. 이 파티는 칼텍 총장을 포함하여 나의 친구들에게 아랍권에서 행해지는 전통 결혼식을 처음으로 볼 수 있는 기회가 되었고 모두들 흥미롭게 지켜보았다. 칼텍의 부총장인 David Morrisroe는 그가 칼텍에 재직한 이래로 이렇게 흥미로운 결혼식에 참석하기는 처음이라고 말했는데 아마 배꼽춤을 춘 댄서의 영향이 아닐까! 음식이나 케이크는 모두 서구식이었지만 결혼식과 피로연은 모두 진짜 이집트식이었다. 우리는 *zaffa*라고 불리는 신부 행진을 위해 이집트에서 밴드를 불렀는데, 이들이 연주하는 음악과 함께 우리 부부는 아테니움 계단을 내려왔다. 내 연구실의 학생들도 참석했는데 레이저를 이용하여 커다란 스크린에 다음과 같이 썼다. "Faisal 왕께 감사드립니다." "Dema, 파사데나에 온 걸 환영합니다." "아흐메드, 우리는 당신을 사랑합니다." 이 파티에 Maha와 Amani도 참석했는데 특히 Maha가 공개석상에서 한 말에 나는 특히 감동을 받았다.

우리는 산마리노에 있는 윈스턴가 566번지에 새 보금자리를 마련했다. 이곳에서 나는 독신자에서 기혼자 생활로의 전이 과정을 시작했다. 친구들과 이웃들은 우리를 환영했고 칼텍의 여러 동료들도 따뜻하게 맞아 주었다. Fred 학장의 부인 Roxanna Anson은 Dema를 위해 특별 환영파티를 열어주기도 했다. 결혼식과 축하행사가 모두 끝나자 생활은 정상으로 돌아왔고 다시 연구에 전념했다. 10월의 신혼여행을 위해 카이로로 가는 1등석 비행기표 두 장을 예약했다. 지금 돌이켜 보면 좀 힘든 여행이었다. 첫번째로 우리는 뉴욕의 록체스터에 들려야 했는데, 내가 Harrison-Howe상을 받기로 되어 있었기 때문이었다. 이곳에서 신부는 내가 강연하는 한 시간 동안 이해하지도 못하는 말을 들으며 앉아 있어야 했다. 그 다음에 우리는 요르단으로 가서 5일 동안 열리는 학회에 참석했다.

그리고, 마침내 우리는 카이로에 도착했고 그녀는 나의 어머니와 다른 가족들을 만날 수 있었다. 하지만, 그런 와중에도 나는 여전히 뭔가에 정신을 빼앗기고 있었던 것 같다. Dema는 그녀가 결코 잊을 수 없었던 한 사건을 후일 나에게 들려주었다. 어느날 밤, 우리는 Semiramis 호텔에 있는 한 침실의 발코니에서 발밑으로 흐르고 있는 나일강을 바라보며 앉아 있었다. 아주 로맨틱한 분위기였다. 그녀는 내가 골똘히 뭔가 생각에 잠겨 있는 것을 보았고 아마도 내가 로맨틱한 분위기에 젖어 있다고 생각했던 것 같다. "무엇을 생각하세요?" 그녀가 물었다. "진실을 알고 싶어!" "예?" "칼텍에 있는 내 연구실" 그녀는 그때 내가 아주 잔인하도록 정직했다고 그녀의 불만족을 다소 공손하게 표현하곤 한다.

Dema는 우리가 서로 만나기 전에 다마스커스 대학에서 의학박사학위를 받았고, 그런 연유로 미국으로 건너왔을 때 내과 의사가 되기를 원했다. 하지만 그녀는 약을 별로 좋아하지 않았고 더욱이 나의 바쁜 스케줄 때문에 의학박사로서 어떤 일을 한다는 것이 상당히 힘들 것이라는 사실을 알고 있었다. 그래서 그녀는 UCLA의 공공보건학 석사과정에 입학하기로 결정했고, 몇년 동안 산마리노에 있는 집에서 UCLA를 오가며 공부했다. 우리는 또한 함께 많은 여행을 했다. Dema는 공공보건 쪽의 직업을 가질 수 있는 자격을 따기 전에 임신을 했고 연년차로 두 아들이 태어났다.

우리의 첫아들은 1993년 4월 29일, 파사데나에 있는 헌팅턴 병원에서 태어났다. 이 아이들에게 나는 이전에 태어난 Maha나 Amani와는 매우 다른 어떤 감정을 느꼈다는 사실을 고백해야 할 것 같다. Maha나 Amani가 태어날 때 나는 나의 전처 옆에 있지 못했다. 이집트에서 새 아빠는 출산이 모두 끝날 때까지 그의 아이를 볼 수 없다. 병원 스텝이 와서 "축하합니다. 당신은 딸(또는 아들)을 가지게 되셨습니다."라고 말해주는 것이 전부였다. 미국에서 나의 두 딸이 태어날 때는 이러한 상황이 이전에 비해 약간 좋아지긴 했다. 예비 아빠가 안을 들여다볼 수 있도록 창문을 만들어 두었으니까. Nabeel의 경우에 처음으로 출산하는 아내와 같은 방에 있었다. 사실 나는 내가 무엇을 어떻게 해야 할 지를 전혀 몰랐다. 이런 일에 나는 익숙하지 않다. 하지만 Nabeel은 내가 그곳에 있는 동안 태어났고, 내가 의사 바로 다음으로 이 아이를 안은 첫번째 사람이 되었다.

1994년 7월 29일에 태어난 나의 둘째 아들인 Hani의 경우도 마찬가지였다. 이 두번의 경험은 나에게 굉장히 놀랍고 충격적인 것이었다. Nabeel은 9파운드 10온스 정도였고 세상에 나오기까지 꼬박 24시간 동안 우리를 기다리게 했다. 이 일을 두고 나는 내 아들에게 머리가 큰 녀석이라고 놀리곤 한다. Hani의 출산은 시간이 조금 짧게 걸렸고 몸집도 작아 몸무게가 8파운드 6온스였다. 두 아들이 한꺼번에 생겼는데, 이전에 두 딸이 태어났을 때와는 사뭇 달랐다. 나는 교수 의장이 되었으며 이전보다 더 바빠졌지만 시간 조절은 더욱 효과적으로 할 수 있게 되어 두 아들과 함께 놀 수 있는 짬도 낼 수 있게 되었다.

사실 나는 일하는 습관을 조금 고쳤다. 예를 들어, 아주 급박한 일이 아니면 일요일에는 절대 일하지 않고 그들과 함께 시간을 보낸다. 나는 저녁마다 아이들을 보고 또 함께 세계 여행을 포함해서 여러 가지 일을 한다. 특히 그들과 수영하기를 좋아한다. Dama는 매우 헌신적인 엄마이다. 그녀는 아무리 그들이 울며 떼쓰고 불평해도 그녀의 모든 시간을 그들에게 쏟는다. 그녀는 아이들에게 두 문화를 모두 알기를 원한다. 그래서 두 아이는 아랍어뿐 아니라, 이집트어와도 다른 시리아의 방언까지도 말할 수 있도록 가르쳤다. 언어를 배우는 것 이외에도 두 아이는 바이얼린 교습이나 축구교실에 참가한다. 두 아이는 각기 다른 성격을 가졌지만 서로 좋은 친구가 되기도 한다.

Nabeel은 깊이 생각하는 경향이 있고 뭐든지 알려고 하는 탐구적인 성격을 가지고 있다. 그는 뭐든지 게걸스럽게 읽으려고 하는 독서광이자 전자게임도 매우 즐겨한다. Hani는 매우 총명하고 매력적인 소년이며 아주 정력적이다. 그 역시 독서와 노는 것을 좋아한다. 그들은 나에게 진정한 기쁨을 가져다 주었다. 몇몇 경우에 있어서 아이들과의 여행은 나에게 있어 매우 특별한 것이었다. 그 아이들은 나와 함께 참석한 여러 수상식에서 여러 사람들의 이목이 자신들에게 집중되는 것을 보고 즐거워했다. 나 역시 그런 특별 대접을 즐겼다. 하지만, 나는 이러한 대접이 나의 연구그룹 성원들이 성취한 과학적인 성과 때문이란 것을 잘 알고 있었다.

과학사회에서 인정받는 형식에는 여러 가지가 있다. 나는 왕이나 여왕 혹은 한 나라의 대통령 또는 영부인, 왕자와 왕자비, 그리고 교황들을 만날 기회를 가졌고 기억할만한 사건들이었다. 어딜 가나 나와 가족을 위한 성대한 축하행사가 열렸다. 노벨상 수상 전에 나는 네 가지 상, 즉 King Faisal상, 울프상, Welch상, 벤자민 프랭클린상을 받았다.

내가 1993년에 받은 울프상은 아주 중요한 과학상으로 여겨지고 있으며 과학의 다른 주요 상과 마찬가지로 노벨상에 이르는 한 단계로 알려져 있다. 울프 재단은 이미 고인이 된 발명가이며 외교관이자 자선사업가이기도 한 Ricardo Wolf박사에 의해 인류에게 이로운 과학과 예술을 발전시키자는 취지로 설립된 상이다. 1887년 독일에서 태어난 울프 박사는 1차 세계대전 이전에 쿠바로 이민왔다. 그리고 93세로 생을 마칠 때까지 쿠바대사로서 봉직했다. 울프재단에서 수여한 첫번째 상은 1978년에 수여되었다. 지금까지 칼텍 교수 중 다섯 명이 이상을 수상했다. 140명에 달하는 울프상 수상자 중에 물리학과 화학 그리고 약학에서 수상한 사람 13명이 노벨상 수상자가 되었다. 후보자 지명은 과학계에서 결정되며 자기 자신을 후보로 지명하는 것은 안 된다. 최종 선정은, 이름이 공개적으로 밝혀지지 않은 여러 나라의 위원들로 구성된 위원회에서 한다. 나는 카이로에서 열린 학회에 참석하고 있는 중에 이 소식을 접했고 수상 이유는 다음과 같이 공식적으로 발표되었다.

레이저를 이용한 펨토초 화학을 새로 개척한 공로를 인정하여 이 상을 수여한다. 레이저와 분자선을 이용한 펨토초 화학은 화학반응이 일어나는 실시간 동안 화학반응의 진행 정도를 관측할 수 있게 해 주었다.

칼텍 총장은 다시 한번 전화를 해왔다. 칼텍은 성대한 파티를 열었는데 이번에는 파사데나에 있는 Ritz Carlton에서 개최되었다. 모든 울프상은 Knesset의 규정에 따라 수여된다. 나는 5월 16일에 이 상의 수상 소감을 발표했고 과학계뿐 아니라 전세계 인류에게 나의 과학적 성과를 알리는 계기가 되었다. 이집트 대사가 이 수상식에 동행했고 그의 처소에서 환영파티를 열어주었다. 4년 후 나는 미국에서 수여되는 또 다른 큰 상을 받았다.

내 나이가 상대적으로 어려서 Welch상 같은 큰 상을 받으리라고는 상상하지도 못했다. 1997년에 이상을 수상함으로써 나는 평생에 걸친 연구 성과를 인정받았다. 하지만, 대부분 노벨상 수상자로 구성된 이 상의 위원회(Glenn Seaborg, E. J. Corey, Joseph goldstein, Yuan T. Lee, William Lipscomb 그리고 다른 사람들로는 Peter Dervan, W. O. Baker, Norman Hackerman)에서 인류의 이익에 봉사하는 뛰어난 업적에 수여되는 화학분야의 Welch상을 나에게 주기로 결정했다는 사실은 매우 놀라우면서도 한편으론 기뻤다. 이 위원회에서 나의 일을 인정해주었다는데 대해서 매우 만족했다. Richard Johnson이 의장인 이 재단에서 발표한 나의 수상 이유는 다음과 같다.

Zewail 박사는 화학의 새 시대를 열었다… 이것은 인류의 화학 지식을 증대시키는데 이바지하며 여러 분야에 걸쳐 응용성을 가지고 있는 커다란 성과이다.

미국의 과학기술정책 자문위원장인 Norman Hackerman은 다음과 같이 첨언했다.

그의 연구 업적이 가진 근본적인 성격은 생물학자나 물리학자들이 펨토초 화학의 여러 기술들을 그들의 연구에 채택하고 있다는 사실로부터 쉽게 알 수 있다. 물질의 재배열 현상을 실제적으로 관측할 수 있다는 것은 이미 다른 많은 연구 분야에 종사하는 과학자들을 자극하여 중요한 새 이론의 개발이나 그 현상의 이해를 위한 연구에 더욱 힘쓰도록 했다.

우리 가족은 휴스턴에서 성대한 파티를 가졌으며 칼텍에서도 그러한 파티를 열어주었다. 여러 가지 영광스러운 칭찬에도 불구하고 나는 이 상을 받는 도중에 아주 우습고도 비참한 경험을 했다. 파티는 휴스턴에서 열렸고 커다란 리무진이 나와 나의 가족을 위원들과의 저녁만찬이 있는 곳까지 데려다 주기 위해 호텔로 왔다. 가는 도중에 많은 사람들이 우리가 탄 리무진이 통과하는 길가에서 손을 흔들며 환호하는 광경이 보였다. "음, 휴스턴의 많은 사람들이 나의 과학적 성과에 감명받아 이렇듯 열렬히 환영하는 구나"라고 생각한 나는 가슴이 뜨거워

지기 시작했다. 하지만, 곧 이건 좀 믿기 어렵다는 생각을 하게
되었다. 나중에 알고 보니 사람들은 우리가 타고 있는 리무진
이 유명 영화배우를 태우고 우리 환영 파티가 열리는 장소에
서 그리 멀리 떨어지지 않은 곳에 새로 오픈한 Planet
Hollywood 카페에 가고 있다고 착각을 한 것이었다. 더 당황
스러웠던 것은, 옷을 잘 차려 입고 나와 같은 차를 탔던 Maha
와 Amani마저 수상식에 참석하기보다는 그 카페에 가고 싶다
는 것이었다. 난 속으로 그것이 농담이길 바랬다.

　노벨상을 받기 1년 전에 나는 과학계 용어로는 매우 특별한,
이집트에서의 반응으로 보면 혁명적인 (그러나 개인적으로 약
간 실망할 일이 있었던) 상을 수상했다. 1998년 4월에 나는 벤
자민 프랭클린상을 받기 위해 City of Brotherly Love라는 곳
에 갔다. 이 상은 내게 특별한 의미를 가지고 있었는데, 그 이
유는 발명가이자 과학자이며 또 교육자이면서 정치가이기도
한 벤자민 프랭클린을 개인적으로 존경해왔기 때문이다. 이 재
단은 1824년에 설립되었고 상은 그 다음해부터 수여되어 지금
에 이르고 있다. 프랭클린 메달을 받은 사람으로는 퀴리 부인,
라이트 형제 그리고 알버트 아인슈타인 등이 있다.

　같은 해 필라델피아에서 나는 지난 250년 동안 미국 문화와
미국인의 지적인 삶에 있어서 중요한 역할을 담당해 온 미국
의 첫번째 지식인 협회인 American Philosophical Society에
선출되었다. 이 협회의 역할은 벤자민 프랭클린의 유언과도 관
련이 있다. 1743년 새로운 사회를 건설하고 새로운 국가에서
지식의 역할을 문서로 남기기 위해 프랭클린은 다음과 같이
썼다.

　새로운 식민지에 정착하기 위해 우선적으로 필요한 힘든 일들

은 거의 끝났다. 이제는 모든 지역에서 우리의 삶을 좀 더 편안하게 하고 아름다운 예술을 추구하며 우리 공동의 지식창고를 넓히기 위해 필요한 일들이 많이 남아있다.

그가 옹호했던 지적인 사회는 바로 그 해에 현실화되었다. 1769년에 국제적인 차원에서 이 일을 성취하기로 만장일치로 결의했다. 그는 진실로 앞을 내다볼 줄 아는 사람이었으며—개인적으로 나는 이 부분에 대해 깊은 존경심을 가지고 있다—내면 깊숙이 과학에 대한 열정을 가지고 있었다.

이 상은 여러 분야에 걸쳐 수여되기 때문에 프랭클린상 위원회는 다양한 전공을 가진 40명 정도의 위원으로 구성되어 있다. 역사와 그 영예로움 때문에 선정위원들은, 벤자민 프랭클린상을 받는 사람들은 노벨상을 받을 만한 정도의 인물이어야만 한다고 생각한다. 수상식은 Franklin Institute에서 거행되며 수상강연도 함께 하기로 되어 있다. 천명 이상의 사람들이 참석했고 전 미국 대통령을 포함하여 예술, 과학 그리고 경영 부문에서 뛰어난 거장들도 그 속에 있었다. 나는 필라델피아의 Franklin Institute of Science Museum에 있는 벤자민 프랭클린 National Memorial이 새겨져 있는 아름다운 메달을 받았다. 그리고, 그 위에는 1824년이란 글씨가 새겨져 있었다. 인쇄된 책자에는 역사적으로 이 상을 받은 사람 중 약 백명 정도가 노벨상을 받았다는 사실을 강조하고 있었다. 또한, 우리의 연구에 대해 언급하면서 "즈웨일 교수의 뛰어난 연구 방법은 원자 단위의 시간 분해능을 가지고 화학결합이 변화하는 동역학을 실시간에서 측정할 수 있는 길을 열어주었다."라고 쓰여 있었다.

이 메달과 함께 나는 어떤 과정을 거쳐 내가 수상자로 결정되었는지에 대한 보고서를 받았다. 매우 놀랐지만, 이것도 오래 전부터 행해져 왔던 이 상의 전통 중 하나이다. 그 보고서에는 상세하면서도 철저하게 내 연구성과의 기여도를 평가하고 있었다. 더 놀라운 것은 전해에도 내가 거명되었고, 그 기여도를 평가하기 위해 다른 과학자들에게 자문을 구했다는 것이었다. 그 과학자들 중 한 명을 제외하고는 모두 긍정적인 답을 주었는데, 그 한 사람은—보고서에 이름이 쓰여져 있다—여러 해 동안 우리가 한일에 대해서 "과학의 대단한 진보를 이루는 연구"라고 극찬을 아끼지 않았던 사람이었다. 이 사실을 알고, 난 매우 실망했지만 보고서를 보면 그가 그렇게 할 수밖에 없었던 다른 이유가 있었음을 명백히 알 수 있었다. 그는 그의 학생이었던 다른 사람을 추천하고 있었던 것이다. 아이러니컬하게도 위원회에서 지금은 유명한 과학자 중의 한 사람이 된 당시 그 학생에게 연락을 취해 의견을 물어본 결과 우리 연구의 기여도에 대해 긍정적인 답을 했다는 것이다. 내가 상을 받은 그 해, 위원회에서는 만장일치로 단일 수상자로서 내게 상을 주기로 결정했다.

내가 벤자민 프랭클린상을 수상했다는 소식은 전 이집트에 마치 지진이 일어난 것과도 같은 충격을 안겨주었다. 조국에서 공식적으로 나의 연구성과를 인정해준다는 징표는 이미 1988년 AUC로부터 왔다. 나를 특별 방문 교수로 초대한 것이다. 1993년에 그 대학은 이집트에서는 처음으로 나에게 명예 박사 학위를 주었다. 1992년에 카이로대학에서 메달과 함께 명예 배지를 받았고, 1997년에는 Ain Shams대학에서 비슷한 명예의 징표를 받았다. 1995년에 무바라크 이집트 대통령은 이집트 정부에서는 처음으로 과학과 예술 부문에서 정말 특별한 영예인 The Order of Merit을 나에게 수여했다.

프랭클린상을 발표했을 때 이집트의 모든 신문들은 이집트가 아프리카 축구대회에서 우승한 이야기로 가득 차 있었다. 무바라크 대통령은 공항까지 승리한 축구선수들을 마중나갔다. 1998년 3월 2일자 *Al-Ahram* 신문 일면 조그만 상자 안에 내가 벤자민 프랭클린상을 탔다는 기사가 실렸다. 워싱턴 DC에 있는 Atef al-Khamry 기자가 그 기사를 썼다. 이후 여러 신문 사설에서 이 일에 대해 이야기하면서 얼마나 과학적 성과에 대한 사회적인 인정이 부족한가를 지적하곤 했다. "이집트는 과학보다는 오직 축구와 예술의 성과에 대해 축하하는 법만 안다." 라는 제목을 어느 신문에서나 볼 수 있었다. 또 다른 기사로는 "즈웨일이 사회적 인정을 받으려면 Hosam Hassan(유명한 축구선수)처럼 머리를 깎아야 한다."라는 것도 있었다.

내가 1998년 6월에 이집트를 방문했을 때는 국민들뿐 아니라, Behira의 주지사, Kafr al-Sheikh 주지사 그리고 국무총리로부터 가슴에서 우러나오는 매우 따뜻한 환영을 받았다. 국무총리는 단지 자신의 업무 중 하나로 생각했겠지만 길거리에 나와 있는 사람들로부터 느낄 수 있는 감정은 내 기대 이상이었다. Damanhur와 Desuq의 길가에는 수천명의 사람들이 나와서 내가 가는 곳마다 환영해 주었다. 감동적인 순간은 카이로에 있는 al-Hussein 모스크 지역에서 있었다. 생계를 위해 꽃목걸이를 만들어 파는 휠체어를 탄 장애인이 있었는데, 그는 나를 보자 울면서 자기가 가지고 있던 모든 꽃목걸이를 나한테 주려고 했다. 나는 애써 값을 지불하려 했으나 그는 끝내 거절했다. 결국 우리는 타협을 하고, 그가 돈을 받지 않는 대신 꽃목걸이 한 개만을 가져가기로 했다. 그것은 진정한 마음의 선물이었다.

그 여행기간 동안 나의 과학적인 업적을 기리기 위해, 그리고 벤자민 프랭클린상을 수상한 것을 축하하기 위해 한 쌍의 우표를 발행할 것이라는 발표가 있었다. 내 초상이 그려진 이 우표의 정가는 10피아스터 1파운드로, 공식적인 발행일은 1998년 6월 14일이었다. 미국을 포함한 여러 나라에서 우표는 그 사람이 죽은 후에나 발행된다는 사실을 고려해 본다면 정말로 역사적으로도 길이 남을 영예이다. 친구이자 칼텍의 학장인 피터 더반은 칼텍에서 발행되는 출판물에 "분자과학 분야에서 내 연구업적은 '피라미드와 같이 영원할 것'이다."라고 썼다.

우표 발행은 단지 시작에 불과했다. 그들은 Damanhur에 있는 중심 도로의 이름을 내 이름으로 바꾸었다. 이 도로는 Desuq에서 북쪽의 Rosetta 근처의 Fuwwa까지 이어져 있다. 내가 다녔던 Desuq의 고등학교는 아예 학교 이름을 내 이름으로 바꾸었다. 우리가 Sidi Ibrahim의 모스크를 방문했을 때는 경찰도 통제할 수 없을 정도로 많은 사람들이 마치 어떤 영웅이 온 것처럼 나를 만나려고 몰려들었다. 이 같은 일은 내가 태어나서 한번도 겪어본 적이 없는 것이었다. 몇몇 기자는 이러한 이상 축하 분위기를 *Farah Zewail* 또는 *Mulid Zewail* (Zewail의 위업)이라 부르기도 했다.

이집트 사람들은 나에게 과학자에게 있어서는 일종의 황금 왕관이라 할 수 있는 노벨상을 기대하는 것 같았다. 1987년 이래로 나의 동료들은 내 연구가 노벨상을 받을만한 가치가 있는 일이라고 늘 나에게 말해 왔다. 물론 스웨덴 사람들이 어떻게 생각할지는 아무도 모르며 바로 이 점이 이 상이 가지는 신비로움이자 특별함인 것이다. 매년 전세계적으로 4천명의 과학자들에게 개별 통지를 하여 수상 후보자를 추천하게 한다. 이것은 암묵적으로 철저히 비밀에 부쳐지며 상을 수상한 후 50년이 지난 후에야 역사학자들에게 공개된다. 최근 들어 노벨 위원회는 약 4백명의 수상 후보자를 추천받는다고 한다. 과학자들이 누구를 추천했는가 하는 것은 사실 일급 비밀이어야 한다. 하지만 사람들은 자기가 누구를 추천했노라고 이야기해 주면서 그 추천장의 복사본을 실제로 보내주기도 한다. 그들이 이렇게 하는 이유는 그 상을 받을 것으로 확신하거나 또는 그 것을 바라기 때문이다.

내가 노벨상을 받게 되었다는 공식적인 발표는 캘리포니아 시간으로 1999년 10월 12일 아침 5시 30분에 있었다. 그 소식 은 나를 전율케 했고 한편으론 믿기 힘든 것이었다. 적어도 한 참 동안은… 스웨덴 왕립아카데미의 총 비서관인 Erling Norrby 박사가 전화로 "당신이 즈웨일 박사입니까?"라고 물었 고 난 그렇다고 대답했다. 그는 "이렇게 이른 시간에 당신을 깨워서 미안합니다만 아주 흥미로운 소식을 알려드리기 위해 서 그랬습니다. 나는 총 비서관입니다…." 그가 미처 말을 맺기 전에 나는 그가 노벨상 때문에 전화했다는 것을 알았다. 그는 내가 단독으로 노벨상을 타게 되었다고 말하며 수상 이유를 읽어주었다. 6시가 되기 20분 전에 지금도 내가 기자회견에서 자주 인용하는 그 유명한 말을 했다. "지금이 당신 생애에 있 어서 가장 평화로운 마지막 20분이 될 것입니다."

내가 가족 친지들에게 이 20분 동안 전화를 걸어 이 소식을 알린 후부터, 우리 전화, 팩스는 완전히 불이 났고 이메일 계좌 는 축하한다는 메시지로 꽉 차버렸다. 전세계의 기자들, 과학 자들 그리고 친구들이 나와 연락하려고 무진 애를 썼다. 칼텍 총장인 데이빗 볼티모어는 수도 워싱턴에 가기 위해 LA공항 으로 가는 도중이었다. 그는 칼텍으로부터 이 소식을 전화로 듣자마자 곧바로 차를 돌려 파사데나로 돌아와 나를 만나고자 했으나 뜻을 이루진 못했다. 그는 그때 우리 집으로 곧장 와서 는 문을 두드렸지만 우리는 열어주지 않았다. 나는 문 앞에 기자가 온 걸로 생각해서 열어주지 않은 것이었다. 그때 걸려오는 전화들 때문에 나는 거의 정신이 없었다. 더구나 아직 파자마 차림에 면도도 안한 상태였다. 데이빗은 그의 연구실로 돌아가 나를 기다리는 수밖에 없었다. 그 새벽의 소동으로 잠을 설친 Dema는 Nabeel과 Hani를 깨웠고 Maha와 Amani에게 연락을 취했다. 우리는 너무 흥분해서 말이 잘 나오지 않았다. 고백하건 데, 나는 Dema에게 스웨덴 왕립아카데미에서 정확히 그날 아침 6시에 인터넷에 올리는 글을 처음으로 봐야 한다고 말했다. 나는 역사에 어떤 것이 기록되는지 알고 싶었고, femtochemistry라는 단어가 과학의 새로운 용어로 자리잡게 되는지 보고싶었다. 인터넷에 뜬 글은 매우 훌륭했고 femtochemistry라는 단어도 거기에 있었다!

　나는 처와 함께 Bob O'Rourke가 의장으로 있는 칼텍 사회협력단에서 주관하는 기자회견에 참석하기 위해 아테니움으로 갔다. 그곳은 사람들로 꽉 차 있었다. 나는 지난 주말에 감기에 걸렸었지만 기자회견을 위해 아침 10시에 그곳으로 갔을 때 더 이상 그것을 느낄 수 없었다. 칼텍 교수 의장인 Steve Koonin과 화학과와 물리학과 학장인 David Tirrell과 Tom Tombrello가 단상에 나와 함께 자리를 잡았다. 나는 매우 흥분되고 들뜬 상태에서 기자회견을 했다. 기자회견장에서 한 기자가 나에게 평범한 삶을 살고 있냐고 물었고 나는 그렇다고 대답했다. 나는 가족들과 이곳저곳을 함께 다녔고 중국 음식도 먹었고 극장에도 갔었다. 일본에서 역시 나의 이 대답을 보도했는데 중국음식이 그리스 음식으로 바뀌어 있었다. 소식은 정말 빠르게 퍼져나갔다. 계속 걸려오는 전화를 통해 나는 아마도 펨토초 시간으로 소식이 퍼지는 것이 아닌가 하는 생각이 들기도 했다. 전화기는 끝없이 울렸고 내가 받은 편지는 전자

메일을 합쳐 거의 5천통이나 되었다. 칼텍의 컴퓨터 서버는 이로 인해 완전히 마비상태가 되었다. 정말로 나의 생활이 완전히 바뀐 것이다.

노벨상은 그 역사가 거의 100년이나 된다. 첫번째 시상식은 1901년에 있었다. 노벨재단은 다이너마이트를 발명한 노벨의 유지를 받들어 이 상을 수여하고 있다. 노벨은 특허권을 가진 발명을 통해 전생애 동안 엄청난 부를 모았다. 알프레드 노벨은 1896년 12월 10일에 타계했고 이날을 기리고자 수상식은 매년 이 날짜에 개최되고 있다. 그의 마지막 유언을 현실화하는데는 여러 가지 장애물들이 있었다. 이들을 모두 제거하고 유언을 실현하는데 거의 5년이나 걸렸다. 친구와 친척들은 그의 재산 중 많은 부분을 물려받았지만 대부분은 상을 제정하는데 쓰였다. 이 상과 관련된 그리고 누구에게 이 상을 주어야 하는가에 대한 그의 의지는 정말로 앞날을 미리 내다본 것이었다.

남아있는 나의 모든 재산 및 토지는 다음과 같이 사용하도록 하시오. 나의 유언 집행인에 의해 안전하게 투자된 자본으로 자금을 만들어 그 이자는 매년 상금의 형태로 인류에게 커다란 이익이 될만한 일을 한 사람에게 분배하도록 하시오. 그 이자는 다음 다섯 분야에 균등하게 분배하도록 하시오. 그 하나는 물리학 분야에서 가장 중요한 발견이나 발명을 한 사람에게, 또 하나는 가장 중요한 화학적인 발견이나 화학의 발전에 이바지 한 사람에게, 또 하나는 생리학과 약학 분야에서 가장 중요한 발견을 한 사람에게, 또 문학 분야에서 이상주의 경향의 아주 뛰어난 작품을 쓴 사람에게, 그리고 마지막으로 국가간의 분쟁해소를 통한 상호 협정을 맺도록 하거나 현존하는 군대를 폐지하거나 감소시키는 일에 기여하거나 또는 평화를 위한 국제단체나 국제회의의 신설 및 개최에 있

어 가장 많은 그리고 최선의 일을 한 사람에게 이상을 수여하도록
하시오. 물리학과 화학분야의 상은 스웨덴 과학아카데미에서 수여
하고, 생리학 약학분야의 상은 스톡홀름에 있는 Karolinska
Institute에서 수여하며, 평화부문의 상은 Norwegian Storting에
의해 선출된 다섯 명의 위원으로 구성된 위원회에서 수여하도록
하시오. 상을 수여하는데 있어서 후보자의 국적에 대한 고려는 없
기를 바라며, 그 사람이 스칸디나비아 반도의 사람이건 아니건 상
관없이 가장 이 상을 받을 만한 사람에게 수여하기를 바랍니다.

상금은 주식투자로부터 얻은 이익이나 재단이 소유한 부동
산으로부터 얻은 이익으로 충당되며, 이 상금의 액수는 전 세
계적으로 가장 높다. 상이 주는 크나큰 영예와 더불어 거의 백
만 달러에 달하는 상금은 최대 세 명의 수상자가 나누어 가질
수 있다. 물리학, 화학, 생리학 및 약학 그리고 문학 각 분야의
상은 최대 3명까지만 줄 수 있다. 평화상은 때때로 한 단체에
주어지기도 한다. 재단은 수상자 선출과정을 비롯한 이 상과
관련된 모든 활동에 각 분야 당 거의 백만달러를 쓰며, 따라서
매년 각 분야의 시상에 지출되는 실제 비용은 총 이백만달러
에 달한다. 미국에서 수상을 통해 얻은 상금은 연방정부 및 주
정부에 세금을 내야 하는 수입원으로 간주되고 있으며 그 금
액은 총 상금액의 반에 해당한다. 나의 경우 상금의 일부는, 카
이로에 있는 American대학의 졸업생 중 가장 우수한 학생에게
수여하는 상금으로, 그리고 현재 내 이름을 딴 그리고 내가 졸
업한 고등학교 졸업생 중 우수한 학생에게 수여하는 상의 상
금으로 쓰고 있다. 또 그중 일부는 그 고등학교에 여러 가지
부대 시설이나 기자재 구입을 위한 기금 형태로 기부했다.
수상식 자체는 일생에 한번 있을까 말까 하는 아주 새로운
경험이었다. 수상식은 일주일간의 노벨 축제기간에 열리는 여

러 행사 중 하나이다. 노벨상 수상자와 그의 가족을 공항에서 환영하는 것을 시작으로 스웨덴을 떠날 때까지 그들은 자기가 한편의 동화 속 주인공인 것 같은 느낌을 갖게 된다. 내가 수상 연설에서 언급한 것과 마찬가지로 세계 다른 어떤 나라에서도 지적인 작업의 성취에 대해 이러한 형태와 스타일로 축하하지 않는다. 물리학, 화학, 생리학 및 약학, 문학 그리고 경제학 부문의 수상자들과 그의 가족은 스톡홀름에 있는 우아한 그랜드 호텔에 머물게 된다 (평화상은 오슬로에서 수여된다). 그리고, 한 수상자당 한 대의 리무진이 배당된다. 우리 가족은 모두 12명이었는데, 여자들은 모두 긴 가운을 입고 있어야 했고 남자들은 하얀 타이를 메고 있어야 했다. 이 때문에 우리는 마치 50개처럼 느껴지는 15개의 옷 가방을 가지고 다녀야 했다. 대부분 남자들의 턱시도는 빌린 것이지만 당연히 여자들의 가운은 빌린 것이 아니었다. 그 축제기간 내내 스웨덴 외무부에 근무하는 Ann Måwe가 항상 우리와 함께 있어 주었고, 이동할 때에는 모든 것을 잘 돌보아주었다. Ann은 스웨덴에서 태어났지만 아랍어도 할 줄 알았다. 이런 사람을 선택해서 우리를 돕게 했다는 사실은 스웨덴 외무부에서 얼마나 세심하게 모든 것을 잘 준비했는지 알 수 있다. 노벨재단의 회원들은 모두 고상하고 우아했으며 우리를 환영하는 데 있어서도 매우 특별했다. 우리는 그 가족의 일원이 되었다.

　노벨상 수상자는 시상식이 거행되기 며칠 전에 수상 강연을 하도록 되어 있다. 나는 그 강연을 12월 8일에 했다. 내 연구의 중요성을 배우기 위해 온 수백 명의 청중들 앞에서 행한 이 연설은 열기 띤 그리고 물론 즐겁고 희망에 가득찬 강연이었다. 나는 나이가 제일 어린 Hanni에게 강연 내용을 이해했냐고 물었다. 그러자 그는 "그럼요. 말에 대해서 강연했잖아요."라고 대답했다. 내가 머브리지에 대해 언급한 것을 보고 그런 대답을 한 것이다. 우리는 다양한 행사에 참가했다. 기자 회견, TV 인터뷰 (BBC의 생방송 프로그램인 '노벨 정신'을 포함하여), 점심식사, 저녁 만찬 그리고 가족과 함께 한 스톡홀름 관광 등… 또한 특별한 행사도 있었다. 우리는 이집트 대사 그리고 미국 대사가 베푼 점심 및 저녁 식사, 스톡홀름대학 학생회에서 베푼 파티, 그리고 12월 3일 빛의 여왕인 Sankta Lucia 날의 축제에 참석했다. Sankta Lucia의 축제날 아침에는 이 축제의 일환으로 아침 6시에 우리가 묶고 있는 호텔의 침실로 사랑스러운 소년 소녀들이 여러 가지 선물들을 들고 찾아와서는 아름다운 노래를 불러주었다. 그리고 한 대학에서 있었던 저녁 만찬에서는 모든 노벨상 수상자들이 녹색 개구리(Green Frog)의 영예로 기사작위를 수여받았다! 하지만 모든 사람들은 12월 10일에 있을 노벨상 시상식과, 시청에서 개최될 축하연회를 고대하고 있었다.

시상식에서는 스웨덴 아카데미 회원들과 수상자 선정위원들 그리고 노벨상 수상자들이 스톡홀름 연주홀에 마련된 무대 위에 앉았다. 그리고 그들 뒤와 위에는 오케스트라가 자리하고 있었다. 수상자들의 가족과 초청된 사람들은 홀에 미리 마련된 자리에 앉았다. 그곳은 꽃으로 아주 우아하게 장식되어 있었고 배경 음악도 흐르고 있었다. 참석한 모든 사람들은 정장차림이었고, 행사장에는 수상자의 가족들, 동료들, 친구 학자들, 외교 대사들, 정부관리들과 다른 고위층 인사들이 즐거운 마음으로 앞으로 전개될 행사에 잔뜩 기대감을 품은 채 기다리고 있었다.

국왕 Carl XVI Gustaf, 여왕 Silvia 그리고 공주인 Lilian, 공작 부인인 Halland가 오후 4시 30분에 그 모습을 나타내자 국가가 연주되었다. 모든 사람이 자리에 앉은 후 수상자들은 단상으로 나아갔다. Norden 교수가 나와 동행했다. 국왕 부부가 우리 수상자들을 맞이하기 위해 일어났다 (이 경우에 한해서만 있는 일이다). 보통 국왕 부부가 들어오고 나갈 때 사람들은 일어나야 한다. 그 행사는 아주 세세하게 짜여진 프로그램에 따라 진행되었고 중간 중간에 음악도 연주되었다. 노벨재단의 이사장이 연설을 했고 아카데미 회원들에 의해 각 수상자들을 소개하는 연설이 이어졌다.

Norden 교수가 1999년 화학부문에 내가 선정된 이유에 대해서 간략하게 설명했다. 그가 연단으로 걸어나갈 때 나는 어린 시절이 떠올랐다. 이집트에서 온 소년이 세계에서 가장 훌륭한 상을 지금 막 받으려고 한다. 우리가 한 연구가 이런 최고 영예의 상으로 인정받게 된다. 이런 역사적인 순간에 행해지는 연설 내용을 열심히 들어보려고 했다. 나의 연구가 근대과학의 아버지라 일컬어지는 갈릴레오에 비교된다는 사실에 다시 한번 흥분을 감출 수 없었다. 어떤 과학자라도 자기 연구가 갈릴레오의 업적과 비교된다면 매우 기쁠 것이다. 극소수의 사람만이 갈릴레오 시대에 있었던 왕들의 이름을 기억해 낼 수 있을 것이다. 하지만, 이와는 반대로 대부분의 사람들은 갈릴레오를 알고 있다.

그때 Norden 교수는 말했다. "나는 스웨덴 왕립과학아카데미를 대표해서 진정으로 우러나오는 축하를 당신께 드립니다. 국왕폐하가 수여하는 1999년 노벨화학상을 받기 위해 앞으로 나오시기 바랍니다." 이 순간 나는 현실이 아닌 것처럼 느껴졌다. 그러나 잠시 후 다시 현실로 돌아왔다. 뒤에서 들리는 박수 소리를 들으며 내 혈압은 끓어오르고 있었다. 나는 상 (메달과 상장)을 받기 위해 국왕 앞으로 나아갔다. 상장의 한쪽 면에는 간단한 글이 쓰여 있었고, 다른 한 면에는 독창적인 예술품처럼 예술가인 Nils G. Stenqvist에 의해 그려진 피라미드와, 여러 분자들이 한 쌍의 레이저빔을 맞고 있는 그림이 그려져 있었다. 나는 리허설에서 연습한 대로 왕을 향한채 뒷걸음질쳐서 내 자리로 돌아왔다. 요한 스트라우스 주니어가 작곡한 '이집트인의 행진'이 배경음악으로 울려 퍼지고 있었다. 나는 감정이 복받쳐 오르는 것을 느꼈지만 조용히 있었다.

메달은 1902년 Erik Lindberg에 의해 고안된 것으로 일종의 예술품이다. 앞면에는 알프레드 노벨의 얼굴이 새겨져 있으며 직경이 거의 2인치에 달하는 커다란 금 주화이다. 뒷면에는 고대 여신들이 구름 위에 서 있는 형상이 새겨져 있는데, 두 가지 개념을 상징하고 있다. 하나는 엄격한 얼굴을 한 자연의 여신이 풍요를 상징하는 뿔모양의 그릇을 들고 있다. 그리고 이 여신의 얼굴과 몸은 베일로 가려져 있는데, 이 베일을 과학의 수호신(영혼)인 두번째 여신이 들어올리고 있다. 이 두번째 여신은 오른손에 종이 두루마리를 들고 있으며 머리에는 월계수로 만든 관을 쓰고 있다. 이 조각이 담고 있는 의미는 자명해 보인다. 과학이 자연의 아름다움과 신비를 밝힌다는 것이다. 그 여신은 자기가 발견한 사실을 글로 남겼고 (종이 두루마리로 상징됨) 이 공로를 인정받아 월계수로 만든 관을 쓰고 있다. 이 월계관은 노벨상을 받은 승리자를 나타내며 노벨상 수상자를 일컫는 'laureat'이란 말은 바로 월계관을 받은 사람이란 의미이다.

고대 로마시대에는 위대한 승리를 한 사람만이 월계수 잎으로 만든 관을 쓰도록 허락받았다. 그래서 과학의 월계관이란 말 속에는 승리의 의미가 들어있다. 하지만, 월계관은 또한 그리스 신 중에서 지혜와 진리의 신인 아폴로와도 관련이 있으며 이러한 의미 역시 이 메달에 포함되어 있다. 메달의 둘레에는 Virgil의 Aeneid에서 인용한 라틴어로 된 문구가 새겨져 있다. "*Inventas vitam iuvat excoluisse per artes*"라고 쓰여 있는데, 그 의미는 "그리고 그들은 새로운 발견에 의해 지상의 삶을 더욱 윤택하게 하였다."이다 (또 이것은 "발명은 예술을 통해 아름답게 승화되는 삶을 더욱 윤택하게 한다."라고 번역하기도 한다). 그리고, 제일 밑에 이름이 새겨져 있는데 'Ahmed H. Zewail'이 로마식 숫자로 표기된 날짜 MCMIC와 함께 양각으로 새겨진 것을 찾을 수 있었다.

수상식이 끝나갈 무렵, 노벨위원 중 한사람인 Ingmar Grente는 Nabeel과 Hani를 단상 위로 데리고 와서는 국왕부부의 의자에 앉혔다. 그 의자에 앉은 Nabeel과 Hani의 사진은 다음날 아침 많은 신문의 일면을 장식했다. 나는 노벨상이라는 큰 상을 받음으로써 두 아들과 그들의 누이에게 깊은 인상을 남겼다고 생각했는데 그게 그렇지 않았다. 첫번째로, 턱시도를 입고 멋있게 수상식에 참석한 Hani는 수상식 도중 잠이 들었고 내가 국왕으로부터 상을 받는 그 순간까지도 계속해서 자고 있었다. 또, 일주일간의 행사에 참가하기 위해 공주처럼 차려입은 Maha와 Amani는 여기저기 뛰어 다니면서 다른 노벨상 수상자들과 사진 찍기에 바빴지만 정작 아버지인 나와는 한 장도 찍지 않았다. 그 주 내내 신사처럼 행동한 Nabeel 역시 정작 10월에 있은 노벨상 수상자 발표 직후에는 그렇지 못했다. 스톡홀름에 가기 전, 우리는 일년마다 열리는 칼텍재단 이사들의 모임에 초대되어 팜스프링에 가게 되었다. 그때 6살이었던 Nabeel은 어느날 저녁 아주 기분이 언짢은 상태였다. Harrold Brown이라고 칼텍 총장과 미 국방장관을 지낸 분이 이것을 눈치채고는 나에게 "아흐메드, 저 애한테 당신은 노벨상 수상자가 아니라 단지 아버지일 뿐이군요."라고 말했다. Nabeel의 기분은 계속해서 나빠지기만 하다가 우리가 그를 ghazala(작은 야생사슴)라고 부르자 더 이상 분을 참지 못하고 나한테 "아빠는 우둔한 닭이야!"라고 소리쳤다. 6살의 Nabeel이 한 이 말은 내가 자기한테 주의를 기울이지 않았다는 것을 뜻한다. 그리고, 나에게 있어서 이 말은 그가 나를 이전에 내가 있었던 그 위치로 다시 돌려놓고 싶다는 것을 의미하는 것이었다. 지금 내가 이 에피소드에 대해 이야기하면 그는 부끄러워한다. 특히 내가 이 일을 나중에 그의 자식들에게 다 이야기하겠다고 으름장을 놓으면 더 그렇다.

연주 홀에서의 시상식이 끝난 후, 우리는 리무진을 타고 시청에서 열리는 파티(노벨 파티)에 참석했다. 국왕부부와 함께 시청에 마련된 홀로 들어갔다. 그곳은 깨끗하게 닦은 은수저와 식기류, 크리스탈 유리잔, 우아한 자기 그릇들, 여러 색깔의 꽃들, 그리고 갖가지 음식이 담긴 접시들로 격조 높게, 그리고 아주 작은 부분까지 세심하게 장식되어 있었다. 나는 긴 행렬에서 Lilian 공주와 함께 있었다. 그녀는 매우 활달한 성격의 소유자였다. 좌석은 각 분야의 상별로 예전의 의식에 맞게 지정되어 있었다. 홀 안에는 약 1,500명의 사람들이 있었다. 나는 Lilian 공주 옆에 그리고 건너편으로는 여왕이 마주 보이는 곳에 자리잡았다. 그 다음날 국왕부부와 함께 하는 저녁 만찬에 초대되어 궁전을 방문했을 때는 Dema가 국왕 옆에 앉고, 나는 Christina 공주 옆에 앉았다. 12월 10일은 라마단이 있는 달의 첫째 날이다. 그래서 그들은 우리 가족들에게 알코올이 든 음식을 대접하지 않도록 세심한 배려를 해주었다. Hani는 그 파티에서 춤을 췄고 5살의 나이에 그렇게 훌륭한 춤을 선보인 것에 우리는 모두 경의를 표했다.

나는 그 파티에서 연설을 했다. 노벨재단에서는 쾌활한 한 젊은 학생에게 스웨덴어와 아랍어로 나를 소개하도록 사려 깊은 배려를 해주었다. 메달에 새겨진 그림에 감동을 받은 나는 그것에 대해 언급하면서 연설을 시작했다.

6천년 전 이시스 신(고대 이집트의 풍요의 신)의 땅에서 만들어진 천체 달력으로부터 오늘밤 미시세계를 연구하는데 있어 최고의 성과물인 펨토초 시간 영역에 이르기까지, 인류가 시간과의 경주를 벌이게 한 원동력은 바로 과학의 수호신이다. 나는 이시스 신의 땅인 이집트에서 태어났고 교육받았으며 과학적인 연구는 미국에서 수행했다. 그리고 나는 오늘 스웨덴에서 노벨 메달과 함께 큰 영예를 받았으며 이것은 나를 처음으로 되돌아가게 한다. 과학의 수호신에 의해 이루어진 이러한 국제화는 일세기 훨씬 이전에 노벨이 정확하게 바라던 것이다….

그 나머지 연설은 알프레드 노벨의 선견지명과 월계관의 영예가 주는 의미에 초점을 맞추었다. (연설 내용은 책 뒤쪽 부록에 실려 있다.) 나는 또한 이 상이 개발도상국가도 과학의 진보에 이바지할 수 있다는 것을 보여주는 것이라고 강조했다. 왜냐하면 과학은 그것이 속해 있는 자연과 마찬가지로 시간이나 공간에 제약받지 않기 때문이며 전 인류에게 속한 것이기 때문이다. 내가 그날 밤에 했던 몇몇 구절은 다음과 같은 심정을 표현한 것이다.

만일 노벨상이 6천년 전 이집트 문명이 시작될 때 있었다면, 또는 알렉산드리아대학의 그 유명한 도서관이 건립된 2천년 전에만 있었어도 이집트 사람들이 여러 분야에서 이 상을 가장 많이 받았을 것이다. 그러나, 유명한 과학자인 Ibn Sina(Avicenna), Ibn

Rushd(Avrroes), Jabir ibn Hayyan(Geber), Ibn l-Haytham (Alhazen) 등을 배출한 이집트나 아랍국가에서는 최근 들어 과학 및 약학 분야의 상을 전혀 수상하지 못하고 있다. 나는 진심으로 나의 이 첫번째 수상이 개발도상국가의 젊은이들에게 용기를 주어 그들도 세계의 과학과 기술에 이바지할 수 있다는 자신감을 심어 주고 싶다.

이 연설과 수상식의 전 과정은 이집트의 텔레비전과 라디오에 생방송되었고, 내가 들은 바로는 전세계적으로 수백만의 사람들이 이것을 지켜보았다고 한다. 카이로의 거리에는 사람이 거의 보이지 않았다고 한다. 마치 이 나라의 유명한 축구팀인 Ahly와 Zamalek 간에 중요한 축구경기가 있는 날처럼. 많은 사람들에게 있어서 이것은 과학의 승리이자 이집트의 승리였다. 나에게 있어 최고의 찬사는 내가 국가의 복지에 이바지할 수 있으며 이로써 국민들에게 미래에 대한 희망을 심어줄 수 있을 것이라고 느낄 때였다. 사람들은 노벨수상식을 방영하던 저녁을 Umm Kulthum이 연주회를 개최하는 밤과 비유하곤 하는데 이것 역시 나에겐 큰 찬사이다.

이집트는 매우 성대하게 이 일을 축하했고 칼텍 역시 그러했다. 이집트의 모든 가정들은 기쁨을 함께 나누었으며 이 기쁨은 이집트의 무바라크 대통령뿐 아니라 전국민 모두가 함께 느꼈을 것이다. 10월에 노벨상 수상자 발표 직후 무바라크 대통령은 파사데나에 있는 집으로 전화를 했다. 그는 수상에 대해 축하하며 큰 축하파티를 열 계획이니 이집트를 방문해 달라고 초청했다. 12월 11일 시상식 다음날, 무바라크 대통령은 공화국 포고령으로 나에게 국가최고 영예인 The Order of the Grand Collar of Nile을 수여한다고 발표했다.

Lund와 Goteborg/Chalmers대학에서 강연을 한 후, 우리는 12월 15일에 스웨덴을 떠나 이집트항공의 비행기로 런던을 경유하여 카이로에 도착했다. 이러한 경로를 선택한 이유는 그해 10월 뉴욕 상공에서 비행기가 서로 충돌하는 비극적인 사고가 있었기 때문이었다. 카이로 공항에 우리가 도착했을 때는 마치 축구 국가대표선수단이 승리를 거두고 고국에 금의환향하는 것과 같은 분위기였다. 나의 두 어린 아들들은 모두 미국에서 태어났는데 그 거대한 환영인파에 놀라움을 감추지 못했다. 고등교육 과학연구부 장관인 Mufid Shehab 교수는 특별 기자회견을 열어주었고, 너무나 많은 기자들이 한꺼번에 몰려들어 우리에 대한 배려는 안중에도 없이 취재경쟁을 벌이느라 완전 혼돈 그 자체였다. 기자회견 후에 우리는 Semiramis 호텔로 옮겨 그곳에서 근 2주간에 걸친 축하행사를 이집트 스타일로 가졌다.

　　이집트에서 미국의 상·하원에 해당하는 이집트의 국회, 아랍 리그, 오페라 하우스, 알렉산드리아시 등을 포함하여 많은 단체와 시로부터 열쇠, 방패 그리고 메달 등을 받았다. 또한 아랍의 과학기술 아카데미와 알렉산드리아대학으로부터 명예 박사학위를 받았다. 피라미드 옆에 내 얼굴이 그려진 세번째 우표도 발행되었다. 일반인들을 위한 모임에도 많이 참석했으며 AUC, 알렉산드리아대학, 카이로대학, 오페라 하우스, al-Ahram 그리고 al-Akhbar에서도 강연했다. Shehab 박사는 고귀한 성품의 주최자로 이러한 초청에 항상 우리와 함께 동행해 주었다.

　　12월 16일 우리 부부는 대통령궁에 초대받았다. 처음에는 무바라크 대통령과 영부인을 개인적으로 배알한 후 이집트의 유명한 학자들과 과학자들, 언론인, 예술인 그리고 국무총리와 각부 장관들을 포함한 국무위원들과 함께 만났다. 이슬람 및 콥틱교의 종교지도자들도 참석했다. 그 축하연은 전국적으로 방송되었고 Shehab박사의 연설로 시작되었다. 잠시 후, The Order of the Grand Collar of the Nile을 수여한다는 포고가 있었다. 나는 연단으로 나아가 무바라크 대통령이 수여하는 아름답게 장식된 훈장을 그곳에 참석한 귀빈들과 전 국민들의 박수갈채를 받으며 받았다. 무바라크 대통령이 읽은 선언문에는 다음과 같이 쓰여 있었다. "우리는 귀하가 국가와 과학을 위해 이렇게 뛰어난 공헌을 한 점에 대해 감사드리며 귀하께 최고의 존경과 경애를 표합니다." 이 축하연은 라마단 기간인 점을 감안하여 *iftar* 후에 열렸으며, 인류의 선과 문명화를 기념하는 이 평화로운 달에 이러한 행사가 열렸다는 점은 더욱 뜻깊었다.

Grand Collar of the Nile(*Qiladat al-nil al-'Uzma*) 훈장은 역사적으로 이집트의 유일한 것이다. 이것의 역사는 파라오와 다른 존경받는 인물들에게 수여되었던 수천년 전으로 거슬러 올라간다. 이 상의 현대판이 1953년 법령에 의해 다시 제정되었고 1972년에 그 법은 약간 수정되었다. 이 상은 대통령에 의해 수여되며 이집트 최고의 영예훈장이다. 이 훈장의 소지자가 죽으면 국장으로 장례식이 치러지며, 또한 그 서열이 대통령, 이전 대통령, 그리고 부통령 다음이 된다. 정말 이것은 대단한 영예이기에 깊은 감동을 받았다.

훈장은 금으로 된 목걸이 형태인데 3개의 네모난 금장식이 나란히 달려 있다. 각각의 금장식은 파라오 왕의 상징인 *ankh*, *wadja* 그리고, *seneb* (생명, 번영, 건강을 상징한다. 나는 이 사실을 친구인 Francis Clauser로부터 알게 되었다.)을 나타낸다. 첫번째 장식은 나라를 악으로부터 구한다는 것을 상징하고, 두번째는 나일강이 준 번영과 행복을 상징하며, 세번째는 부와 영원성을 상징한다. 이 세 장식을 하나로 연결한 끈은 원 모양의 금꽃 형태를 하고 있으며 터키옥과 루비로 장식되어 있다. 훈장은 잠금쇠로 끈에 연결된 장식을 가지고 있는데 이것은 터키옥과 루비뿐 아니라 커다란 꽃으로도 장식되어 있다. 가운데는 양각으로 조각된 장식이 있는데, 이것은 파피루스로 상징되는 북쪽과 연꽃으로 상징되는 남쪽을 하나로 연결하는 나일강을 상징하고 있다.

나는 목에 이 훈장을 건 채로 답례연설을 했다. 대통령과 모든 국민들에게 감사를 드렸고, 이집트는 이제 과학과 기술의 발전에 온 힘을 기울여야 한다는 자신의 의견을 이 자리에서 피력했다. 무바라크는 축하연 제일 끝에 연설을 했다. 그는 내가 이집트와 아랍국가 사람으로서 과학과 생리학 및 약학 분야를 통틀어 처음으로 노벨상을 수상한 것의 중요성에 대해 이야기했다. 무바라크 대통령의 연설 중 몇 구절을 옮기면 다음과 같다.

나는 먼저 개인적으로 그리고 이집트의 훌륭한 국민들을 대표하여 이집트의 자랑스런 아들이 1999년 노벨화학상을 수상한 점에 대해 진심으로 축하한다는 말을 하고 싶습니다…. 이집트와 아랍 사람들은 이 역사적인 사건에 매우 감격하고 있습니다. 왜냐하면 우리도 신의 도움을 받아 과학혁명과 그것의 위업을 달성하는데 이바지할 수 있다는 점을 깨닫게 되었기 때문입니다.

무바라크 대통령은 나의 연구를 '세상에 준 선물'이라고 규정하고, 나를 '고대 이집트 문명의 아들'로서 오늘날까지 계속해서 여러 업적들을 이룩함으로써 세계인이 경외심을 갖게 하는 사람이라고 규정했다 (전문은 부록에 있다). 수상의 의미와 이집트에서 이루어진 나의 교육적인 배경 그리고 세계 석학들 가운데에서 이집트 지식인들이 가진 힘에 대해 이야기했다. 그리고 많은 훌륭한 아랍과 이슬람 민족의 사상가들 이름을 나열했다. 그는 내가 1995년에 이집트에서 the Order of Merit을 수상했다는 사실도 빼놓지 않았다. 그런 다음 조직적인 방법으로 이집트의 과학과 기술 발전에 힘쓰겠다고 말하고 다음과 같은 말로 연설을 끝맺었다.

나는 다시 한번 이집트의 자랑스런 아들이며 뛰어난 과학자인 아흐메드 즈웨일 박사가 이 위대한 상을 수상한데 대해 축하를 드립니다. 나는 우리 국민과 나라가, 우리가 충분히 누려야 할 가치가 있는 번영을 이룩할 수 있는 힘과 능력을 가지고 있다고 확신합니다. 나는 이집트의 충성스런 아이들이 조국과 후손의 장래를 위해 이룬 성과와 업적에 대해 축하하는 이런 자리가 앞으로도 계속 열릴 것이라고 확신하는 바입니다. 그렇게 함으로써, 그들은 인류 문명의 초기에 우리 조상이 확립한 높은 이상을 계속해 실현해 나갈 것입니다.

무바라크 대통령의 연설은 참석한 사람들에게 열정을 불어넣어주었고 연설이 끝나자 박수갈채가 쏟아졌다. 축하행사는 환영만찬으로 이어졌다. 연회가 진행되는 동안 나는 대통령과 이집트의 과학과 기술에 대한 장래 발전 계획에 대해 토론하는 특별한 만남을 가졌다. 나는 며칠 뒤에 다시 대통령을 만났고 여기서 과학과 기술의 발전을 위해 새로운 센터의 건립이 필요하다고 간략히 설명한 후에 새로운 대학과 과학기술 공원을 조성해 달라는 특별 제의를 했다. 1999년 12월 31일 기자(Giza) 피라미드에서 열린 새 천년을 축하하는 특별 행사에 참석한 대통령은 이러한 나의 제의에 대해 열정적인 지지를 보내주었다. 그리고, 국무총리와 내가 함께 한 사적인 자리에서 대통령은 이 과제는 매우 중요하니 즉시 이루어져야 한다고 말했다. 2000년 1월 1일 우리는 카이로 외곽의 October City에 있는 300에이커 면적의 대지에 새 과학기술대학을 건립하는 기공식을 가졌다. 여기에 대해서는 마지막 장에서 다시 다루도록 하겠다. 스톡홀름에서의 노벨상 축제와 카이로에서의 Grand Collar of the Nile 축제는 2000년 1월 8일, 라마단 단식이 끝나는 날 우리가 로스앤젤레스로 돌아옴으로써 모두 끝이 났다.

미국에서 열린 축하행사의 하이라이트는 스톡홀름으로 여행한 전과 후에 있었던 백악관과 칼텍에서 열린 것이었다. 우리는 백악관으로부터 윌리엄 제퍼슨 클린턴 대통령을 만나기 위해 방문해달라는 초청을 받았다. 스톡홀름에 가는 도중 우리는 스웨덴 미국대사의 관저에서 비공식적으로 진행되는 저녁만찬에 참석하고 또 백악관 환영만찬에도 참석하기 위해 수도 워싱턴에 들렀다. 백악관 방문은 각종 의례라든가 정치라는 면에 있어서 나에게 아주 새로운 경험이었다. 그 파티에는 많은 국무위원들과 상원의원들 그리고, 미국과학재단과 미국보건국(National Institutes of Health)의 장들과 같은 과학계의 거물들을 비롯한 고위층 인사들이 참석했다. 대통령은 만찬이 시작되기 전에 선거유세 연설을 위해 그 자리를 떠나야만 했다. 그러나 실제 '접대'는 그 행사 전에 있었다. 노벨 손님인 Gunter Blobel과 부인 Laura와, Dema와 나, 그리고 스웨덴 대사 부부가 함께 이 파티에 참석하기 위해 백악관의 보안검사대를 통과하려 할 때였다. 그곳을 지나는데 시간이 꽤 걸렸고 우리는 워싱턴의 살을 에는 듯한 바람에 거의 얼어붙을 지경이었는데 아름다운 가운을 차려 입은 숙녀들은 오죽 했겠는가.

나는 클린턴 대통령을 2000년 1월 21일 칼텍에서 다시 만났다. 그는 과학과 기술에 대한 국가 정책에 관해 아주 뛰어난 연설을 했다. 그때 나는 대통령에게 우리가 보안검사대에서 겪었던 일을 이야기했다. 그는 웃었고 재빠르게 함께 사진 찍어야 한다며 그 화제를 피해갔다. 나는 대통령을 2000년 3월 27일 백악관에서 거의 두 시간 동안 만나 중동지역에 관련된 이야기를 나누었다.

스톡홀름으로부터 돌아온 지 일주일 후 칼텍에서는 거의 오백명 정도가 참석한 가운데 칼텍 교수들과 저녁식사를 함께하는 환영 만찬이 아테니움에서 열렸다. 여러 색깔의 꽃들이 그날 저녁 아테니움에 차려진 음식 위로 향기를 은은하게 내뿜고 있었고, 우호적인 분위기는 축하의 말로 가득했다. 칼텍 총장과 교수의장, 몇몇 교수들 그리고 내 친구들이 차례로 연설했다. 빈스 맥코이 교수는 과학적인 탐구와 그 기여에 대한 매우 사려 깊은 연설을 했고, 몇몇 친구들은 나의 수상에 행복해하며 환하게 웃어주었다. 나는 특히 이전 그리고 현재 나의 실험실(AZ 그룹) 성원들—학생들, 박사후 연구원들, 조교수들 그리고 스텝들—이 그곳에 참석해주어 너무 기뻤다. 이전 연구실 성원들도 그 축하연에 참석하기 위해 왔고 우리는 옛날 일을 이야기하며 추억에 잠겼다. 우리는 선물로 줄 그룹사진을 함께 찍음으로써 그날 행사를 끝냈다.

그날 저녁 연설을 통해 나는 칼텍의 독특한 장점과 그 미래에 대해 이야기했다. 나는 칼텍 조교수로 임용된 지 단 10년만에 노벨상을 탈만한 연구성과를 이루게 한 힘이 무엇인지에 대해 3구절로 표현하였다. "단지 하늘이 한계일 뿐이다." 이 말은 칼텍과 그 운영체제가 가진 태도를 요약한 표현이다. "내 자신의 연구방향을 스스로 결정한다." 이 말은 최신 유행하는 연구를 하라거나 연구자금을 많이 따오라거나 하는 압박이 없이 완전 자유를 허용하는 칼텍의 전통을 나타내는 말이다. '학생과 스텝 그리고 다른 학자들로부터의 지원'은 칼텍의 구성을 규정하는 말이다. 나는 이러한 칼텍 특유의 독창적인 특징들이 미래에도 변하지 않고 그대로 남아있기를 희망하며 결코 시류를 지배하는 유행을 쫓지 않기를 바란다. 이 파티 후에 우리는 파사데나의 Ritz Carlton에서 칼텍 회원단체에 의해 준비된 또 다른 파티에 참석했다. 친구인 잭 로버츠가 식후 연설을 했다. 우리 실험실 성원들과 가족 그리고 친구들이 참석하는 축하파티가 계속해서 이어졌다.

이러한 파티가 주는 가장 만족스러운 점 중 하나는 이 특별한 순간을 나의 가족과 처, Maha와 Amani, 그리고 Nabeel과 Hani와 함께 나눌 수 있었다는 점이었다. 나의 유일한 소망은 아버지가 지금 살아계셨으면 하는 것과, 어머니가 이러한 축하연에 우리와 함께 참석할 수 있었으면 하는 것이었다. 모든 축하가 나한테 집중되는 동안 이러한 행사들은 나의 처를 비롯하여 가족들이 모두 건강하게 지내고 있다는 점과 이미 스스로 훌륭하게 자립한 아이들을 떠올릴 수 있게 하는 기회를 마련해 주었다. Maha는 지금 행복한 엄마로서 칼텍에서 학사학위를 받은 후 지금은 미국 오스틴에 있는 University of Texas의 박사과정 대학원생이고, Amani는 버클리대학에서 학사학위를 한 후 지금은 UCLA 대학원생으로 있다. Nabeel과 Hani는 모두 행복하고 장래가 촉망되는 아이들이다. 인생의 여정에서 가족 성원들의 행복과 성공은 가장 소중한 보물 중 하나이다.

여러 축하연들을 뒤로 하고 나는 지금 새로운 도전과 책임에 직면해 있다. 나는 지금도 여전히 칼텍에서 새로운 분야의 연구를 시작해서 어린 학생이나 일반인까지도 과학에 흥분하게 만들 수 있는 그런 연구를 할 열정을 가지고 있다. 나는 지금 이집트가 어떻게 과학과 기술의 기초를 세울 것인가에 대해서도 고민해야만 한다. 그러나, 지금 내 마음속에 떠오르는 다음 질문은 이미 내가 여러 해 동안 가지고 있었던 것이다. 가지지 못한 사람들을 위해 무엇을 어떻게 도울 것인가?

9

인생관
가지지 못한 자의 세계

　노벨상의 영예에 더불어 나는 거의 모든 부분—불임과 출산 조절에서부터 오존층의 구멍과 화성에서의 삶에 이르기까지—에 대한 조언을 바라는 질문공세를 받았다. e-메일과 인터넷을 통해서 삶, 돈, 건강에 관한 질문을 받았다. 마치 내가 모든 것을 해결하는 수퍼맨이 된 것 같았다. 심지어 개인적인 요청들도 받았는데, 이를테면 한 남자는 e-메일로 내 딸 아나미와의 결혼을 제안했다. 그의 이력은 내가 보기에 문제가 없어 보였지만, 이러한 접근은 아나미에게 유쾌한 일은 아니었다. 수많은 단체들의 탄원서에 내 서명을 요청했고, 수천 명의 사람들이 자필서명을 원했다.

　과학자로서 즐거움과 더불어, 나는 의무를 인식하게 되었고 활력과 근면으로 이들 일들을 수행해 나갈 생각이다. 노벨상의 명예는 세계의 진보에 공헌해야 할 중요한 책임과 기회를 수반한다. 그것은 성취를 향한 행보의 종점이 아니다. 노벨상 이상의 명예가 무엇이 있겠느냐는 식의 많은 사람들의 안이한 언급이 놀라웠다. 전문지식의 관점에서는 그럴 수도 있지만, 일반적으로 노벨상은 인간의 노력, 가족, 인간성에 대한 진실한 열정에 주어지는 본질적인 보답이다. 새 지식을 추구하는 사람에게 있어서는 이 열정은 중단없는 과정이다. 이집트의 대 학자 중의 한 사람인, 타하 후세인(Taha Hussein)박사는 *Wailu li-talib al-'ilmi alradi 'an nafsihi*라는 말로 명성에 안주하는 사람들을 경고했는데, 이는 "자족하는 학자에게 화가 미치리라!"라는 뜻으로서 우리는 마땅히 중단없이 진리추구를 속행해가야 하며, 지식을 추구하는 다른 사람들을 도울 책임도 갖고 있다.

그러나 나는 모든 일에 다 관련하지 않고 나 자신을 세 영역에만 국한시키기로 결심했다. 내 생각에는 이것들은 내 노력으로 개선될 수 있고 시간을 향한 인생항해에서 내 인생을 흡족하게 할 것으로 보이기 때문이다. 이 세 가지는 말하자면, 삼각비전으로 구도할 수 있는 세 국면이다. 첫번째는, 우리의 연구 노력에서 첨단성을 유지하는 것이다. 실제로 우리는 그렇게 해왔다. 칼텍에 있는 나의 그룹은 어느 때보다 괄목할 만한 새로운 연구 분야(초고속 전자 회절)를 개척했으며, 그것은 전례 없는 시간과 공간 해상도로서 실시간 분자구조 전환의 이미지 기록을 가능케 했다. 우리는 또한 생물학, 의과학, 유기소재 분야에서 강력한 이니셔티브를 쥐고 있다. 이러한 연구 방향에서 우리는 새 분야를 개척해 나가고 고무적인 미래를 예측하면서 어떤 획기적인 약진을 이룰 수 있을 것이라 예상하고 있다.

삼각구도의 두번째 국면은 과학의 대중화이다. 이를 위해서 나는 많은 공개강의, TV 인터뷰, 젊은이들과의 만남 등을 유지했고, 이러한 일들을 통해 나는 내가 그들 나이에 경험했던 스릴을 젊은이들 얼굴에서 다시 확인할 수 있어 나에게도 고무적이었다.

지금까지의 반응은 만족스러웠다. 미국과 유럽에서 일어난 몇 가지 일 중에는 이런 일들이 있다. 한 학생이 나에게 와서 "나는 의대 혹은 법대에 들어갈 계획이었지만, 과학자가 되기로 결심했습니다." 한편 나는 시카고, 바젤, 스톡홀름 등지에서 내 강의를 들은 사람들로부터 선물을 받았다. 크레타(Crete)에서는 최신 과학연구소식을 기대하는 청중의 소란으로 극장 안이 초 만원이었다. 이집트에서는 수천 명의 학생들이 과학에 관해서 경청하려는 열성을 보였고, 내 강의는 카이로의 아메리칸대학교, 이집트 국가도서박람회(Egyptian National Book Fair), 기타 전국대학에서 엄청난 청중을 끌어들였다. 작년에는 오페라 하우스에서 인간 게놈지도에 대해 얘기했는데 일상적으로는 뮤지컬과 예술행사에 쓰이는 그 장소까지 청중으로 만원이었다. 과학도 이러한 열정을 창출할 수 있음을 확인하고 기쁘기도 했다.

아마도 내 시간이 가장 많이 할애될, 그리고 앞의 두 가지처럼 간단하지 않은 이 삼각구도의 나머지 한 국면은 소위 가지 못한 자를 위한 과학이라고 부르는 분야에 대한 나의 관심이다. 나는 자신이 체험한 두 문화에 바탕하여, 개발도상국에 대해서는 과학을 육성하는데, 선진국에 대해서는 개발도상국과의 진지한 협력을 창출하는데 내 자신이 역할할 수 있을 것이라고 생각한다. 이러한 나의 노력은 특히 이집트를 위해, 또한 아랍과 무슬림 세계의 개발을 동반한 중동의 평화와 번영을 위해 적절하다. 나일 훈장(the Collar of Nile) 수여식 답사에서, 나는 다음과 같은 말로 교육과 과학 기반사회의 중요성을 강조한 바 있다. 답사의 이 부분만을 아랍어에서 번역한 것이다.

오늘의 세계는 영향과 진보라는 힘의 기초가 되는 일차적인 두 개의 기둥에 의지하고 있습니다. 이러한 두 개의 기둥은 발전하는 과학적 지식과 이 지식의 원리에서 파생되는 인간의 생산력입니다. 오늘날의 선진국가들은 과학과 생산력에 의지하여 삶의 수준을 개선하고 세계의 힘으로 자리잡아가고 있습니다.

개발도상국들이 진보와 발전에서 이들과 비슷한 수준에 이르기 위해서는 과학 기초와 과학 문화의 건설이 요구됩니다. 이러한 것을 열쇠로 할 때에만 수입 물품에만 의존하는 '수입 만능정신'의 덫에서 탈출하고, 세계화의 새로운 체제 내에서 바깥 세계와의 과학기술 경쟁이 가능하게 됩니다. 이러한 강력한 과학적 기강에는 진정한 통합된 참여가 필요합니다.— 이집트 국민들은 국가가 새롭고 진보된 위상으로 진입하는데 있어서 과학의 역할을 신뢰하는 것이 필요합니다.

세계적으로 이집트의 정치적 위상을 강화하고 저변구조를 건설하는 어려운 과제에 착수한 대통령 각하의 과감하고 지혜로운 통솔력의 성공으로 인하여, 이집트의 과학기술은 지금 도약하여 21세기로 밀고 올라갈 수 있는 탄력을 가지고 있습니다.

이에 대한 나의 견해를 최근 『네이쳐』(Nature)에 논평으로 요약 게제하였다. 더 자세한 것은 바티칸의 교황청 과학원(Pontifical Academy of Science)에서 나의 과학원 영입과 동시에 이루어진 회년(禧年) 축전에서 발표한 바 있다. 그 논설은 '과학과 인류의 미래(Science and the Future of Mankind)'의 특집호에 게제되었다. 이 논설은 2001년 9월 11일 뉴욕의 세계무역기구와 워싱턴 백악관에 대한 비극적인 공격 몇 주 전에 발간되었는데, 그 테러 후에 생물학적인 새로운 유형의 공격 즉 탄저균 공격이 이어졌다.

나는 세계의 이러한 상황이 많은 작가나 평론가들이 최근에 주장하듯이 '문명충돌', '종교분쟁' 때문이라는 견해에 동의하지 않는다. 그보다 나는 경제력과 정치력이 세계적 소요 배후에 기본적인 역할을 한다고 믿고 있다. 가난, 문맹 그리고 세계를 가진 자와 가지지 못한 자, 힘있는 자와 힘없는 자로 구분하는 엄청난 불공평이 우리의 평화로운 공존을 위협하는 진짜 원인이다. 나는 '파트너십을 위한 제안'이라는 표현으로 이 문제를 제기하고자 한다. 절대적 해결책을 제안하고자 하는 것은 아니다. 이러한 생각들은 두 세계에 대한 체험에 기반을 둔 나의 개인적인 견지에서 유래한 것이다.

지구의 모든 인류는 동일한 유전물질과 동일한 네 종류의 유전자 활자를 간직하고 있다. 따라서 거기에는 인종, 민족성 혹은 종교에 따라 규정되는 유전적인 우월성은 없다. 우리는 유전학에 기초를 두고 미국인이나 프랑스인 혈통이 아프리카나 라틴 아메리카인보다 우월하다고 생각치 않는다. 게다가 소위 개발도상국과 미개발국의 남녀들도 어떤 성취를 이룰 수 있는 적절한 환경을 갖춘 선진국에서 성장하면 최고 수준에 이른다는 것이 누차 입증되어 왔다. 당연히 어떤 집단 내에서도 능력과 소질, 창조력에 대한 편차는 존재하게 마련이다.

현 세계에서 부의 분포는 인종과 지역에 따라 계급을 형성하면서 편재되어 있다. 세계인구의 약 20%만이 선진국에서 혜택받은 삶을 즐긴다. 가진 자와 가지지 못한 자의 격차는 안정된 평화로운 공존을 위협하면서 날로 증가하고 있다. 세계 은행에 따르면, 지구상의 60억 인구 중, 48억이 개도국에 살고 있으며 30억은 하루에 2불보다 적은 돈으로 생활하고, 12억은 하루에 1불에도 미치지 못하는 돈으로 생계를 꾸려나가고 있어 절대빈곤층에 속한다. 약 15억은 깨끗한 물을 얻지 못하여 수인성 질병과 같은 보건위협을 받고 있으며, 약 20억의 사람들은 아직도 산업혁명의 힘으로부터 혜택을 기다리고 있다.

어떤 서구 선진 국가들의 일인 당 국내총생산(GDP)은 3만5천불인데 반해 많은 개도국은 약 1000불, 미개발 국가는 이보다도 현저히 적다. 미국 달러기준의 GDP는 경제 재화와 국내에서 생산되는 통화 개념 서비스의 비중복 생산량의 총합이다. 유엔통계청에 의해 수집된 자료에서, 표본국가를 통해 GDP 수치로서 국가별 개발표준치의 다양성을 보면: 예맨(354), 북한(430), 앙골라(528), 중국(777), 이집트(1,211), 남한(6,956), 이스라엘(17,041), 캐나다(19,439), 홍콩(24,581), 미국(31,059), 스위스(35,910)와 같다. 가진자와 가지지 못한 자 사이의 백분율에 의한 이 생활표준의 차이는 궁극적으로 폭력, 인종, 민족간의 분쟁을 야기한다. 그러한 불만의 증거는 이미 존재하며, 우리는 개도국 및 미개발 국가와 선진국간의 국경선, 예를 들어 미국과 멕시코, 동유럽과 서유럽, 국가 내의 빈부층간의 경계구역에 주목해야 한다.

세계의 인구과밀화와 그로 인해 예기된 재난은 제한된 자원과 늘어나는 분쟁 때문에 중대한 문제들을 야기하지만 이 문제는 새로운 것이 아니다. 이것은 고대 이집트나 바빌로니아 시대부터 현재까지 수천년간의 관심사였다. 졸 코언(Jeol Cohen)은 그의 저서 『지구는 얼마나 많은 인간을 지탱할 수 있는가?』에서 인구문제에 대한 철학적 개관을 제공하고 있다.

일부 사람들은 새로운 세계 질서와 세계화는 인구 폭발, 경제 격차, 그리고 사회의 무질서와 같은 문제의 해결책이라고 믿고 있다. 세계 질서와 세계화에 관련하여 판에 박힌 결론은 회의적이다. 강대국들 간의 새로운 세계 질서에 대한 희망에도 불구하고 지구촌은 여전히 분쟁과 폭력, 인권유린과 같은 주목할만한 사례를 경험한다. 세계 질서는 정치적 이해, 국가이익에 강력하게 연관되어 있고, 많은 개도국이 그 과정에서 고통

받고 있으며 그들의 개발은 위협받고 있다. 원론적으로 세계화는 국가번영과 세계시장의 참여를 통한 발전을 도모하고자 하는 바람직한 이상이다. 그러나 실제는 인간의 경쟁을 통한 발전의 덕목임에도 불구하고 그것은 시장과 가용자원을 이용 가능한 세계인구의 일부에게만 혜택을 주어 유능하고 강한 자의 전망에 더 적합할 뿐이다.

게다가 미개발 국가들은 세계화로 진입할 준비가 되어 있어야 하고, 그러한 진입에는 구비 요건이 있다. 그 요건에는 다음과 같은 것이 있다. 컴퓨터와 인터넷 능력, 관료주의의 최소화, 지식과 정보 자원에의 접근성, 기업정신, 경영의 효율성, 그리고 명확하고 공정한 법의 적용 등이다. 마음속에 두고 있어야 할 그림은, 국가는 시대에 맞는 방법으로 번영을 모색하는 세계화된 회사와 같다는 것이다. 따라서 조직, 경영, 기술적 노하우는 국가 번영에 필수적이다. 지역적 위치, 역사, 천연자원, 심지어 군사력까지도 더 이상 결정적인 요소가 못된다.

해결을 위한 시도에 앞서, 격차의 구조를 살펴봄으로써 문제의 근원을 고찰하는 것이 필요하다. 개인적 견해로 미개발국가가 선진국의 상태로 이르는 데는 네 가지 주요 제약이 있다.

문맹: 많은 국가들, 특히 남반구에 위치한 나라에서, 문맹률은 총 인구의 40~50%에 달한다. 심지어 일부 국가에서는 여성의 문맹률이 70% 이상이다. 이러한 비율은 교육체계의 결함을 반영하고, 불안한 실업증가로 귀결된다. 이렇게 준비되지 않은 상태로는 어느 누구도 진정한 지구촌의 동참을 기대하기 어렵다. 서구에서는 이러한 규모의 문맹률이 근원적으로 사라져서, 이제 문맹이라는 용어의 의미는 읽고 쓰는 데에 대한 비능숙자가 아니라 흔히 컴퓨터의 숙달 부족을 의미한다. 물론

선진국들도 개발 초기에는 문맹률이 높았지만 우리가 기억해
야 할 것은, 그 집단의 상당수가 기본적인 기술적 노하우는 가
지고 있었다.

　과학과 기술에 대한 일관성 없는 정책: 가지지 못한 자의 세
계에서, 확고한 과학과 기술의 기반이 부족하다는 것은 반드시
자본과 인력의 부족 때문만은 아니다. 오히려 많은 경우, 과학
과 기술의 중요한 역할에 대한 인식 부족, 과학과 기술기반 구
축을 위한 방법의 비일관성, 그리고 국가의 수요와 인력 및 자
본자원에 대한 대응에서 일관된 정책의 부재에 기인한다. (일
부 선진국에서도 후자의 사례를 볼 수 있다.) 일부 국가들은
과학과 기술이 단지 부유한 국가를 위한 것이라고 믿고 있다.
다른 국가들은 과학발전은 기본적인 필요가 아니라 사치이며,
나라가 다른 문제점을 해결한 후에라야 추구해야 하는 것이라
고 생각하고 있다. 일부 부유한 개발도상국 중에는 과학과 기
술의 기본을 선진국으로부터 기술도입을 통해 이룰 수 있다고
믿는 나라도 있다. 이러한 기술도입으로는 잘 되어야 완만한
진보에 그칠 뿐이고, 성공한 대부분의 경우라도 국가적 차원이
아닌 개인수준에 도움이 될 뿐이다. 그러한 여러 문제들은 슬
로건, 보도, 전시적 노력을 기울인다 해서 될 일은 아니며 혹
효과가 있는 것처럼 보이더라도 더욱 악화되어 국지적 낭비만
을 초래한다.

　인간의 창발력에 대한 제한: 실제적인 진보가 이루어지기 위
해서는 핵심 사안들과 가능한 해결에 접근함에 있어 지식인의
공동참여가 요구된다. 서구에서는 이러한 참여로 늙은이, 젊은
이, 다른 분야간의 전문성이 집약되며 인간의 생각과 지식의

교환이 이루어진다. 그 결과 건의가 성안되고 사회의 다른 계층들을 돕기 위한 설계가 마련된다. 많은 개도국에서, 비록 이러한 시도가 서류상으로만 이루어지고, 실제로는 보통 실행되지 않는다. 이에는 많은 이유가 있지만, 계급 우선과 강한 장유유서체제가 사람들이 자유롭게 말할 능력을 속박한다. 비록 서구 민주주의가 정부에 관한 유일한 성공 모델은 아닐지라도, 민주적인 참여가 결여되면 총체적인 인간 사상이 억제되고 법의 정당한 절차가 제약되며, 그것은 인간의 저력을 불공평하게 억압한다.

헌법과 광신: 신앙이 주는 메시지의 오용, 즉 다수 인류의 생활성분이 되어 있는 윤리적, 도덕적 인간성의 요소가 분규와 혼란을 초래한다. 예를 들어, 이슬람교에서 전하는 메시지는 명쾌하다. 그것은 세계 10억 인구에 달하는 이슬람교도에게 전하는 신성한 코란에서 잘 나타나 있다. 코란은 생과 사에서부터 과학과 지식에 이르기까지 모든 것에서 인간의 존재와 성실에 관한 기본적인 언급을 하고 있다. "읽으라!"는 예언자가 직접적으로 계시한 첫번째 구의 첫번째 단어이다(코란, 96:1). 그리고 지식, 과학, 배움의 중요성에 관한 많은 구절들이 있다. 또 헤디쓰(hadith) 혹은 예언자의 말씀에서 "신은 지식을 찾아나선 여행자에게 천국으로 통하는 길을 쉽게 해준다."라고 적고 있다. 지식의 추구는 단지 첫단계일 뿐이다. 코란은 또한, 인간은 성취하고 개발하기 위해 노력해야만 한다는 결정적인 역할을 강조한다. "진실로 신은 인간이 자신을 개선할 때까지 어떤 누구의 여건도 개선시켜주지 않는다." (코란, 13:11)

모든 사회와 종교는 어느 수준의 광신을 체험하지 않을 수 없는데 그러나 그러한 현상이 헌법을 미끼삼아, 국가의 안보를 위협할 수준이면 그것은 궁극적으로 불구의 사회를 이끈다. 상황을 더욱 악화시키는 것은 저돌적인 현대 대중매체 및 세계 경제의 불균형과 얽히고 설킨 모순된 정치논리에 의한 서구의 우월성이다. 이러한 모든 배경에서 종교와 문화 가치의 침식에 대한 현실적인 두려움이 존재한다. 증가하는 실업률과 연계되어 이러한 상황은 진보에 대한 경직된 모습을 보이게 되고, 비생산적인 좌절에 얽매이게 한다.

이러한 다차원적인 문제를 해결하기 위해 필요한 것은 무엇일까? 이 질문에 대한 해답은 총체적인 진실을 얽어매고 있는 문화적, 정책적인 것을 고려할 때 쉽지는 않다. 그럼에도 불구하고 위에 언급한 네 가지 이슈들이 진보를 위해 필수적이라고 나는 믿고 있다. 그것은 다음과 같은 목표로 요약될 수 있다. 1) 인력자원 구축; 문맹퇴치를 고려하여 여성의 능동적 사회참여와 교육개혁이 필요하다. 2) 국가 헌법의 재고; 이는 사상의 자유, 관료주의의 최소화, 공로 체계의 개선, 확실한(시행 가능한) 합법적 규정의 수용이 필요하다. 3) 과학 기반의 확립; 진보를 위한 이 마지막 필수요건은 개발을 위해 그리고 세계화를 위해 긴요하며 또한 그것은 이러한 요점의 진도를 평가하기 위해 중요하다.

튼튼한 과학적 토대는 번영을 위해 그 토대의 기본적 구성요소—과학기반, 기술개발, 사회—의 상호관계에 의존하지 않을 수 없다.

첫째, 과학기반: 과학기반의 골간은 젊은 과학자가 피어날 수 있도록 재능을 가진 자 및 기존의 탁월한 센터들에 대한 특수 교육에 투자함으로써 국가(바람직하게는 세계)의 산업과 경제시장에 영향을 미칠만한 지식의 개발 및 실용 기회를 도모하는 것이다. 이 계획은 그 영향을 최대화하기 위하여 주립학교와 대학교에서의 일반 교육계획과 조화를 이루며 시행되어야 한다. 과학기반은 과학문화 속에서 연구를 수행하는 온건하고 윤리적인 방법을 확립하기 위해서라도 적정수준으로 존속되어야만 하고, 이를 위해서는 진리탐구에 있어서 협동과 팀워크이 요구된다. 지적인 성공에서 얻은 자신감과 자부심은 더 밝은 사회를 이끌어낼 것이다.

둘째, 기술 개발: 과학기반은 국가 및 국제수준에서 기술 개발의 토대가 된다. 과학적 접근을 통해 국가는 성공적인 기술 자원인 이를테면 식품생산, 건강, 관리, 정보 등에 대한 수요와 채널에 다가서고, 세계 시장에 성공적으로 진입할 수 있을 것이다.

셋째, 사회와 그 과학 문화: 개도국은 문학, 연예오락, 체육, 역사 부문에서는 우수한 자기 문화를 가지고 있다. 그러나 대부분의 국가들이 과학문화는 없거나 있더라도 미미하다. 과학 문화는 복잡한 문제를 사실에 근거하여 합리적으로 동정하고 접근할 수 있는 국가적 능력을 강화한다. 과학적 사고는 사회 조직에 필수 요소가 된다. 과학은 연예오락만큼 가시적이거나 쉽게 소화되지 않기 때문에, 영양학 및 유전학의 최근 발달에서부터 세계시장에서 뜨고 있는 하이테크 가능성까지 모든 분야에서 새로운 과학적인 것에 대한 지식은 냉대를 받았다. 더욱 강력한 과학기반을 가져야만 과학문화를 강화시키고, 논리적인 접근을 촉진하고, 잠재적인 개발 수익성에 관한 대중교육을 가능하게 할 수 있다. 국가의 미래인 젊은이는 이러한 과학 문화의 진정한 수혜자이다.

이러한 구조는 기존 선진국만을 위한 것이라는 기존 관념은 빈곤국가에 주요 장애이다. 더구나 몇몇 사람들은 선진국이 개도국을 돕지 않을 것이며 지식의 유통을 제한하려 한다는 음모론을 믿고 있다. 전자는 닭과 달걀 역설의 표본이다. 왜냐하면 선진국은 그들이 현재의 위치에 오르기 전에 한때 개발도상국이었기 때문이다. 최근 세계시장에서 중국, 인도와 같은 개도국들의 성공은 특정 분야에서 그들의 발달된 교육체계와 기술의 산물이다. 인도는 소프트웨어 기술에서 세계의 선두주자 중 하나가 되었고, '메이드 인 차이나'가 붙은 생산품들은 지금 세계 전역에 퍼져 있다.

음모론에 관한 한, 나는 개인적으로 그것에 큰 무게를 두고 싶진 않고 국가 간에 최선의 상호 이익을 위해 '서로 협력하고 있다'고 믿고 싶다. 만약, 국가 간에 격차가 너무 커지면 쌍방이 함께 혹은 아마도 선진국 측의 수익이 더 감소한다. 만약 격차가 좁으면 친밀하지 않은 두 국가 간이라 하더라도 (과학과 기술을 포함한) 정보의 흐름은 더 쉬워진다. 음로론에 의한 국가 이기적 삶은 진보를 초래하지 못한다.

필요한 것은 개발도상국과 선진국 사이의 협업에서 책임을 수용하는 것이다. 협력을 위한 제안으로 나는 두 부류의 책임을 인식하고 있는데, 그것은 다음과 같은 개요로 요약된다.

협력을 위한 제안

개발도상국들의 책임

1. 교육과 과학의 개조: 국외에 나가 있는 선진국 전문가들의 힘을 결집하고 협조를 받아야 한다. 그들은 개도국과 선진국의 문화 교류를 도울 수 있고, 연구와 교육에 있어 최신 방법을 개도국에 전하는데 도움이 될 수 있다. 이는 아마 모국체

류 전문가들의 진솔한 참여가 없이는 성공할 수 없을 것이다.

　2. 유능한 인재양성 센터의 설립: 이들 센터들은 자긍심과 인지도를 정립하도록 소수로 한정하여 설립되어야 한다. 그러나 선전을 위한 기구가 되어서는 안 된다. 이들 기구의 중요성은 단지 연구와 개발에만 있는 것이 아니라 선진기술에 대한 전문가 집단을 양성하는 것이다. 이는 현재 많은 개도국들이 공통적으로 겪고 있는 두뇌고갈현상을 완화시키는데도 도움이 될 것이다.

　3. 국가 재원의 집행: 국가의 재원은 우수성과 특성화를 기준으로 확립된 기준에 따라 엄선된 연구와 개발을 지원해야 한다. 정부 고위층은 국가의 정책을 유도할 수 있도록 국내외 전문가들로 구성된 '과학기술위원회(Board for Science and Technology)'를 설치하여야 한다. 그러한 계획에 대한 진지한 시행이 없이는 발전은 제한적일 수밖에 없을 것이다.

　몇몇 개도국들은, 예를 들어 인도, 한국, 대만은 이 분야에서 찬양할만한 발전을 이루고 그 결과로 건전한 교육개혁과 특정 과학 기술분야에서 수월성으로 보이고 있다. 이집트에서는 과학기술대학교(University of Science and Technology: UST)가 시범학교로 제안되어, 이 대학이 과학기반을 조성하고 지역과 세계에 필요한 기술을 개발하며 과학문화를 육성하여 장차 위의 세 조건들을 만족시킬 수 있는 우수 센터가 될 것으로 기대된다. 이는 개도국과 선진국이 함께 참가하여, 인적자원과 잠재력은 풍부하나 평화와 번영의 부재에 시달리는 한 지역을 도와가는 독특한 시험이 될 것이다. 이 대학교는 그 최종단계에 가서 중동지역의 다른 나라들에게도 이득을 줄 분교를 두어야 한다. 나는 과학기술대학교 계획을 다음 장에서 다시 언급할 것이다.

선진국들의 책임

1. 원조 프로그램의 집중: 대개 개도국에 대한 선진국으로부터의 원조 패키지에는 많은 안들이 분산되어 있다. 이들 계획들 중 몇몇은 불필요한 것도 있으나 유용한 것도 상당히 있는데, 부패가 따르지 못하도록 후속적 추적이 없는 원조는 큰 성공을 거두기 어렵다. 더 많은 직접적인 간섭과 집착이 필요하다. 특히 우수 센터를 이미 선진국에서 운영 중인 표준에 따라 그 사명을 다할 수 있도록 도와 주기 위해서 그러하다.

2. 원조에서 정치성의 최소화: 개도국의 특정 체제나 단체를 위해서 원조계획을 이용하는 것은 큰 실수다. 지금까지의 역사가 보여주듯이 개발도상국 국민을 돕는 것은 선진국 자신들에게 가장 유익하다. 그러므로 원조계획은 현실적인 문제들을 다루면서 이상적인 것이어야 하고, 개발계획에 장기적인 투자를 제공할 수 있어야 한다.

3. 성공적인 파트너십: 개도국들을 원조하는 데에는 두 가지 방향이 있다. 선진국들은 단순히 개도국의 경제와 정치의 안정을 위해 돈을 줄 수도 있고, 파트너가 되어 전문지식과 지속성 있는 계획들을 제공할 수도 있다. 후자의 진지한 관계를 통해서만이 다양한 분야에서 성공을 거두는데 큰 도움이 될 수 있다. 파트너십에 의한 성실한 실천을 동반한 진지한 열망이 있을 때 선진국과 개도국 양쪽 모두에게 최상의 이익이 될 진정한 성공을 거두리라고 믿는다.

가난한 나라들을 도와줌으로써 부유한 나라들이 얻는 것이 무엇일까? 개인 수준에서, 부자가 가난한 자를 돕는 데는 종교와 철학적 이유가 있다. 우리는 도덕과 자기 보호의 동기에서 인류를 돕게 된다. 상호원조는 국가를 위해서도 제공되고 그

외에도 도덕적 관점, 평화공존을 위한 보험, 지구보존을 위한 협조 명분으로도 제공된다. 특히 정보기술의 시대에 세계가 하나의 마을이 되어간다고 믿는다면, 우리는 마을 전체에 사회보장을 제공해야만 한다. 그러지 못하면 혁명이 촉발될 것이다. 만약 구성원이 조화를 이루지 못한다면, 불만은 지구촌 전체에 다양한 방법으로 퍼질 것이다.

더구나 건강하고 지속적인 인간의 삶을 위해서는 지구상의 모든 인류의 참여가 요구된다. 예를 들어 오존층 파괴는 선진국 혼자서 다룰 수 없는 문제이다. 그것은 클로로플루오로카본(Chlorofluorocarbons; CFCs)을 냉매로 사용하는 가진 나라만의 문제가 아니다. 전염병의 전파와 온실현상은 지구 전체의 문제로서 가진 자와 가지지 못한 자가 함께 해결책에 접근해나가야만 한다.

마지막으로 세계경제의 성장이다. 개도국의 시장과 자원은 선진국의 부의 원천이기도 하므로 상호원조와 쌍방의 경제성장을 위해 조화된 관계를 육성하는 것이 현명하다. 나는 최근에 "우리에게 기술을 주면 너희에게 시장을 주겠다."라는 슬로건을 들었고, 흔히 미국과 중국의 관계 묘사에 쓰이고 있다. 1947년에서 49년까지 미국 국무장관이었던 조지 마샬(George C. Marshall)로부터 유래된 마샬 플랜은 2차세계대전 후에 미국이 유럽에게 준 강력한 비전의 사례이다. 1차대전 후 유럽에서의 실수를 인식하고, 1947년 미국은 파괴된 유럽의 인프라 재건을 돕고 파트너가 되어, 유럽경제(그리고 정치) 개발을 도왔다. 그 결과 서부유럽은 미국의 주요 무역국가로 오늘날 안정을 되찾았고, 계속적으로 번영하고 있다. 미국은 1948년에서 51년까지 GNP의 2%에 달하는 금액을 마샬 플랜에 썼다. 졸 코언(Joel Cohen)이 지적하였듯이 1994년 미국의 GNP 6.6조달러에서 이와 비슷한 비율을 취해 보면 1300억 달러가 되는데, 이는 1년에 미국이 현재 비군사적 해외원조에 쓰고 있는 150억 달러의 거의 10배이며, 1991년에 미국이 해외 프로그램에 제공한 총액 3.52억 달러의 280배보다 많다. 마샬 플랜의 공약과 관대함은 극적인 성공 일화가 되었다. 세계는 효과적인 원조 프로그램과 원조 파트너십에 의한 합리적인 공헌을 갈망한다.

개도국이 강해져서 새로운 세계질서와 시장의 한 부분이 될 수 있도록 돕는 것은 선진국에게 최선의 이익이 된다. 어떤 선진국에서는 특히 주변국과 파트너십의 중요성을 인식하고 노하우 지원과 교환의 길을 열기 위한 시도가 이루어지고 있다. 미국과 멕시코, 서유럽과 동유럽에서 그 사례를 볼 수 있다. 스페인의 경제성장은 서유럽과의 파트너십이 일조하고 있다. 향후 25년 내에 지구상에 20억 인구가 증가할 것이고, 개도국은 이 20억의 97%를 차지할 것으로 예측된다.

세계 자원에 큰 충격을 안길 이러한 불균형적인 인구의 폭발, 환경의 악화, 그리고 종교적인 갈등은 인류의 평화적인 공존을 위협하게 되므로 진지하고 능동적인 조정이 요청된다. 개발도상국이 후진 상태를 벗어나지 못할 때는, 인적 손실과 고통뿐만 아니라 폭력과 테러의 증가를 포함한 범세계적 역효과로 인하여 그 결과는 심각해진다. 반대로, 개발도상국에서 선전 문구로서가 아니라 현실적인 진보를 이루고 선진 세계를 향한 지도가 그려지도록 의지와 자원을 집행하여 교육, 인적 자원, 그리고 과학과 기술의 기반을 이루기 위한 진지한 시도가 이루어진다면 이는 개도국에 최선의 이득이 된다.

정량적인 비유는 못되지만 이 새로운 세계의 현재 상황인 '무질서'는 홍수를 만난 배의 모습으로 그려 낼 수 있다. 후진

국가는 대홍수 속에 가라앉아 가고 있다. 개발도상국은 배를 향해 나아가기 위해 노력한다. 그리고 선진국은 혜택을 부여받지 못한 사람들을 홍수 속에 버려둔 채 항해하고 있다. 선택은 분명하다. 그 배는 갑판에 오르려고 하는 사람들을 돕기 위해 진지한 노력을 기울여야만 한다. 배에 오르려는 사람은 자신의 노력으로 전진하려는 의지 없이 배만 생각해서는 안 되며, 음모론에 그들의 에너지를 낭비해서도 안된다. 배에 오르는 것이 더 중요하다. 또한, 모두는 바닥에 있는 그들을 구조하기 위해 노력해야만 한다. 문명화된 지구의 일부분이 되기 위해 모든 인간은 노력해야 한다. '우리' 그리고'그들'이라는 개념은 이상적인 것이 아니다. 우리는 범지구적인 문제와 전지구적인 해결책을 함께 이야기해야 한다. 그 핵심에 빈곤, 문맹, 자유의 억압이 있다.

10

미래로 가는 길
이집트와 미국에 대한 나의 희망

시간의 화살은 그 방향이 정해져 있고, 인생은 우주의 시간 척도상에서 전이상태에 있는 하루살이이다. 이것은 하나의 우주상수처럼 보인다. 즉, 우주는 120억~150억년 이상 확장되어 오고 있는 것이다. 별들도 나이를 먹고, 심지어 태양도 46억년 전에 생성되었으며, 100억년 안에 줄어들어 백열의 왜성이 되었다가 마침내 암흑 왜성이 될 것이다. 별의 삶과 죽음이다. 시간의 방향성의 원인은 명백하지 않다. 실제로, 극미세 세계의 몇몇 현상에서는 시간의 역전이 나타나기도 한다. 과학자들은 평형계(系)를 설명하는 개념을 통해서 현상 세계에서 비가역적 행위를 합리화한다. 엔트로피라고 불리는 그러한 개념 중의 하나는 시간이 흐름에 따라 무질서하게 되며, 무작위성이 증가하는 계(系)의 경향을 말한다.

시간에 관련된 모든 것이 개념적인 방법으로 합리화될 수는 없지만, 한 가지 분명한 것은 우리의 지각과 통찰력은 시간과 함께 변한다는 것이다. 젊은시절 우리는 부모님과 스승 또는 심지어 조국에 감사하지 않을지라도, 성인이 되면 그들에게 감사하고 우리의 뿌리와 더 강한 유대관계의 필요성을 느끼기 시작한다. 어렸을 때, 우리는 영원할 것으로 생각하지만, 나이가 들어감에 따라 신중하게 죽음을 생각하게 된다. 행복과 풍족한 삶은 그러한 시간에 따른 변화를 쉽게 수용할 수 있게 하며, 다른 사람들의 삶을 돕기 위해 해야할 일에 대해 우리의 통찰력 집중을 용이하게 한다. 나에게 있어 시간은 과학과 인생의 진수이다. 과학에 있어, 나는 최단시간에 관심을 모으면서 "내가 광속으로 펨토초 레이저를 타고 여행할 수 있다면 무엇을 지각하게 될 것인가"와 같은 질문을 던진다. 동시에 인생에 있어 나는 묻는다: 내가 어떻게 다른 사람들, 특히 가지지 못한 자들의 복지를 위해 긍정적인 영향을 지속시킬 수 있을까? 나는 앞장에서 이 임무의 개인적인 비전을 제시하려고 시도한 바 있다.

여기서 나는 시간을 통해 항해를 공유했던 이집트와 미국의 두 문화와 나 자신을 연관짓고자 한다. 나의 쉰번째 생일 때까지, 나는 이 두 국가에서, 즉 동양과 서양문화에서 거의 반반씩 시간을 보내왔다. 나는 이집트의 시민일 뿐만 아니라 1982년 3월 5일 국적을 얻음으로서 미국의 시민이다. 이집트에서 성장하면서, 나의 초년기 인생틀을 잡히게 해 준 조국은 나에게 조상들의 경이로운 업적에 대한 자부심을 심어주었다. 나의 출생지는 인류문명이 자리잡은 역사 최초의 장소 중 한 곳이었고, 그 문명은 성취와 배움의 정신을 세대를 통해 전했다. 미국으로 이주하면서, 나에게 기회를 준 미국은 다른 문화로써 나의 삶을 풍요롭게 했다. 미국은 실용적인 혁신과, 거대한 도약과 특유의 자신감으로 과학과 기술을 전진시켜나가는 에디슨 정신의 본고장이다. 미국의 역사는 이집트의 역사에 비해 매우 짧지만, 미국의 성취는 역사적인 규모이다.

23세에 이집트를 떠날 때, 나는 교육과 가족 기준에서 이 이주가 나에게 큰 영향을 미칠 것이라는 것을 잘 알고 있었다. 그러나 나는 지식의 거의 모든 부분에서, 세계 문명에 대한 이집트의 공헌에 대해서는 잘 알지 못했다. 서구 국가에서도, 어린이들은 건축물, 즉 고대 세계 7대 불가사의 중의 두 가지인 이집트의 피라미드와 파로스 등대에 대해 가장 잘 설명된 내용을 학습한다. 기록이 있는 6천년 이상의 역사를 통해, 이집트는 식민지화와 외부세력에 의한 침략을 통해 겪어온 문화를 제외하면, 파라오 왕조, 프톨레마이스 (Ptolemies) 시대, 로마와 그리스도 시대, 그리고 오늘날의 아랍 무슬림과 콥트(Copt) 문화와 같은 서로 다른 문화와 종교로 충만한 단절없는 역사를 향유해 왔다.

최근에 나는 아이들과 함께 『증인과학』(*Eyewitness Science*)이라는 간행물을 읽으면서 빛, 시간, 물질, 화학, 종이, 언어, 예술 그리고 종교와 같은 우리가 다루었던 모든 주제에서 이집트는 그 주제에 대한 세계의 지식에 최초 또는 최초 중의 한 국가로써 공헌했다고 언급되어 있는 것을 알았다. 현재는 상황이 다르다. 이집트의 인구는 거의 7천만에 이르렀고 자원은 제한적이다. 세계 기준에 따라 이집트는 이제 개발도상국으로 간주되고, 어떤 사람은 이집트를, 내 생각으로는 적절치 않은, 제3세계라는 용어로 부르고 있다. 그래서 나는 내 자신에게 되묻는다. 이집트인들에게 어떤 일이 일어났는가? 왜 이집트는 선진국이 될 수 없었는가? 국가가 흥망성쇠를 반복한다면 이집트는 영광의 날들을 회복할 수 있을 것인가? 이집트의 미래는 어떠한가?

나는 다른 이유로써 미국 문화에 관해 유사한 질문을 던진다. 30년 이상 미국에 살면서 나는 미국의 힘, 즉 젊은 국가,

개방성, 자유와 존엄성을 보장하는 민주적인 제도를 완전히 이해하게 되었다. 나는 또한 과학과 기술 그리고 젊은이들을 위한 새로운 기회를 제공하는 미국의 공적을 알게 되었다. 실제로 미국은 기회의 국가이다.

미국은 원자시대, 우주시대(1958년에 구 소련의 유인 인공위성인 스푸트니크호의 발사 그후), 전자공학의 시대, 그리고 이제는 지놈(genome)의 시대를 개척한 나라로 기억될 것이다. 그러나 나는 내 자신에게 묻는다. 미국은 복잡하고도 상호적인 이 세계에서 지도력을 계속 유지할 수 있을 것인가? 미국은 평등의 사회체제를 유지하면서도 계속 엘리트 제도도 유지할 수 있을 것인가? 미국은 현재의 교육체계를 가지고 다른 국가에 계속적으로 앞설 수 있을 것인가? 그리고 왜 미국에 폭력이 존재하며 외부 국가로부터 미움을 받는 것일까?

두 문화에는 복잡하고 어려운 문제가 있으나 두 문화 모두에 대해 희망을 걸고 있는 사람으로서, 이 둘을 조명해야 하는 위치에 나 자신이 있다고 생각한다. 두 문화에 대한 나의 경험은 그러한 문제를 분석하는데 있어 적절하다. 나는 미국에서 교육체계의 한 부분에 종사하고 있다. 학부생을 가르치고 있고 150명 이상의 대학원생과 연구원을 연구 그룹에 수용해 왔는데, 이들 중 상당수는 현재 미국과 전세계에서 교수나 기업의 지도급에서 일하고 있다.

또한 나는 미국과 해외에서 500회가 넘는 과학강의와 대중강연을 해왔고, 많은 선진국과 개발도상국에 있는 연구기관과 관련을 가져왔다. 나는 칼텍과 미국 그리고 다른 국가의 과학의 미래를 지도하는 다양한 위원회의 주도적인 회원이기도 하다.

나는 미국국립과학재단(National Science Foundation), 국립

과학원(National Academy of Science) 등 미국 내 주요 과학 기구와 연관된 국가위원회에서 의장으로 혹은 멤버로 종사하고 있으며, 국내외적으로 과학분야에서 일어나고 있는 새로운 변화와 도전의 수준에서 칼텍의 입지를 돕고 있다. 독일의 막스프랑크연구소, 카이로의 아메리칸대학 등의 몇몇 고문회 및 이사회의 활성적인 멤버로서 교육, 연구, 사회의 개선을 위한 비전에 관여하고 있다. 이런 모든 경험은 나에게 연구소와 국가의 발전 및 과학과 교육프로그램이 직면하고 있는 문제들에 대한 중요한 국면을 통찰할 수 있는 기회를 제공했다.

이집트의 알렉산드리아에서 1983년 나는 광화학과 광생물학 분야에서 최초로 국제학회를 조직했다. 또한 나일(NILES)의 활자들을 따서 본인이 명명한 National Institute for Laser-Enhanced Science(국립 레이저 중점 과학 연구소)의 설립에 관여했다. 카이로대학에 본부를 둔 이 연구소의 초대 소장인 랏피아 엘-나디(Lotfia El-Nadi) 교수는 이 연구소에 큰 공헌을 했다. 나는 그녀와의 광범위한 공조를 통하여 이 계획을 마무리했고, 1994년 카이로에서의 레이저 및 그 응용에 대한 국제학회에서 함께 공동의장을 맡았다. 카이로에 있는 아메리칸대학에서 또한 NILES에서 나는 과학강의를 포함하여 많은 대중강의도 했는데 이러한 광범위한 노력이 이집트에서 과학에 대한 열정에 불을 붙였고, 나는 이를 젊은이에게 영감을 주고 교감하는 기회로 삼았다.

나는 이 나라의 모든 주요 연구소를 일일이 방문하게 되면서 이집트의 과학기반의 강점과 약점을 쉽사리 평가할 수 있었다. 이집트의 연구개발의 실상을 알게 되면서 나는 이집트에서 진정한 우수 센터로 역할할 수 있는 고등교육기관의 설립을 제안했다. 이것이 내가 앞서 언급한 과학기술대학(University of Science and Technology; UST)이다.

이 대학은 선진세계의 수준에 동참할 수 있는 강력한 연구개발을 할 수 있도록, 또한 결정적인 기술 개발을 통해 이집트가 세계화의 주요 일원이 되는데 도움을 줄 수 있도록 기획했다. 그렇게 함으로써 이집트는 국내에서 상당수의 최고급 대학 졸업생을 확보할 수 있게 될 것이다. 과학기술대학은 이집트의 발전에 중요하다. 각설하고 이제 본래의 주제로 다시 돌아가고자 한다.

선진국 수준으로 가는데 있어 이집트의 장벽은 부분적으로 역사적 산물이다. 이집트의 근대사는 AD 639년 아랍 정복과 함께 시작되었다. 이집트는 오트만제국의 말인 1805년에 국가체제가 시작되었다. 오트만 군대의 알바니아 파견단과 함께 이집트에 상륙한 무하마드 알리(Mohammed 'Ali)의 통치기간(1805~48) 동안 이집트는 새로운 시대로 진입한다. 이집트는 군대를 현대화하고 교육체제를 바꾸면서 현대화와 산업화를 밀고 나갔다. 47세까지 문맹이었던 그가 강한 교육체제와 상호작용으로 세계가 열린다는 것을 믿었다는 것은 놀라운 일이다. 무하마드 알리는 1849년에 죽었으며 불행히도 그의 후계자는 그의 열정이나 비젼 어느 것도 갖추지 못했다.

파로크왕(King Farouk)이 1937년 왕위에 오르면서 통치자의 계승은 종말을 맞게 되었다. 그의 시대에 국가는 혼란해지고 혁명이 시도되었다. 영국의 점령은 이집트인들로 하여금 자신의 통치자를 갈망하게 했고, 1952년까지 국내 상황은 불만에 차 있었다. 이를테면 불공평한 신분제도, 통치자로부터 이집트인의 소외감, 악화되는 국가경제 상황은 변화로 몰고가는 추진력이 되었다. 1952년에서 1970년까지의 낫세르(Nasser)시대는 국민에게 변화에 대한 진지한 희망을 주었다. '진정한' 이집트인이었던 낫세르 대통령이 주도한 자유관리 운동(Free Officer Movement)은 불행히도 이러한 꿈을 만족시키지 못했다. 여러 훌륭한 일들이 1952년 혁명에서 탄생했는데, 낫세르의 신념과 카리스마로 가능했던 아랍연방의 꿈, 이집트의 미래를 위해 절실히 필요한 아스완댐(Aswan High Dam), 수에즈운하의 국유화, 교육 및 사회정책의 개혁 등이 이에 속한다. 그러나 실책도 있었는데 가장 중요한 것은 새로운 민주헌법과 언론자유의 부재였다.

이집트 역사에서 이 시대는 이집트인과 그들의 사회에 주요 변화를 낳았다. 이집트는 인구폭발, 문맹, 수많은 학생의 교육(무상교육), 대부분 기초 생활품에 대한 보조들을 다루어야만 했다.

모든 이러한 문제와 대등하게 식민지 잔재, 새로운 사회주의 체제 내에서의 마찰과 팔레스타인 저편의 이스라엘과의 분쟁은 지적인 자원뿐만 아니라 자연자원에서도 나라를 고갈시키게 되었다. 다양한 이데올로기와 다양한 계층의 이론가가 나타나게 되었고 국가는 경제적인 곤경에 처하게 되었다.

무언가 이루어져야만 했고 그래서 사다트(Sadat) 대통령(1970~81)이 시도한 것은 개방정책을 채택하여 국가가 외국투자에 대한 비옥한 토양이 되는 것이었다. 그는 또한 국내외적으로 이스라엘과의 평화를 성취하는 것이 발전에 있어 중요하다고 믿었다. 되돌아보면 1973년 그의 전쟁 착수는 이집트 땅을 되찾고 평화조약을 확고히 한 역사적인 태동이었다. 그러나 나라가 새로운 정책을 처리하는 통치 체제에 대한 견고한 기초가 형성되어 있지 않았기 때문에 부패가 증가하고 부자와 빈자간의 간격이 더 넓어지게 되었다. 게다가 국가의 인프라구조가 심각한 수준으로 악화되었고 외국의 투자도 유치하지 못했다. 1981년 취임한 무바라크(Mubarak) 대통령은 우선적으로 국가 인프라 구축을 추진하여 실제로 이집트의 인프라 구조는 혁명적인 변화를 이루었다.

이집트는 아직 중동에서의 분쟁과 국가가 직면한 사회적이고 경제적인 문제들 때문에 피폐되어 있지만, 이러한 문제들이 해결 불가능한 것이 아니라고 확신한다. 나는 이집트가 인적 자원, 역사, 세계의 존중과 필요한 재정상의 강점을 가지고 있다고 믿는다. 이집트의 잠재력에 대한 나의 신념을 굳히는 또 하나의 요소는 이집트 사람들의 이집트에 대한 사랑이다. 이집트 사람들은 그들의 국가와 지도자에 대해 논쟁도 하고 농담도 하지만, 이집트를 지칭하는(또한 카이로에 대한 지칭) 아라비아 말인 '미스르(*Misr*)'를 공격하게 되면 과민해져 심지어는 감정적으로 된다. 이집트 사람들은 본래 친절하며 낙천적이기 때문에 시련을 인내할 수 있다. 그들은 신뢰를 가지고 있다. 나일은 인간에게 영원감을 주고 있음에 틀림없다. 저명한 가말 함단(Gamal Hamdan)의 말대로 나일은 땅의 진수이다. 이집트 사람들에게는 나는 순간 사물을 이해한다는 뜻에 가까운 팔라와(*fahlawa*)라는 천재성이 있는데 이는 좋을 수도 있고 나쁠 수도 있다. 이것은 그들을 농락하지 못할 정도로 충분히 지각적이기 때문에 좋기도 하지만, 만일 날아오르는 시간이 펨토초라면 사실을 식별하지도 못하면서 이해한다고 생각할 수 있기 때문에 나쁠 수도 있다.

이집트 사람들은 교육과 지적인 성취를 높이 평가한다. 나는 노벨상과 나일대훈장을 받는 전국적인 축하행사를 통해 이를 직접 목격했다. 그들은 축하 행사 전에도 나와 나의 그룹이 이룩한 과학적 발견에 관심을 가졌다. 그러므로 교육과 과학기술 발전에 대한 인식은 이집트 사람들이 가진 기질의 일부이다.

내가 학생이었을 때 나의 학우들 즉 조교들의 대부분은 시골 출신이었고, 그들의 부모들은 문맹이었지만 자식들에게는 가능한 가장 좋은 교육을 시키기 위해 매우 열심히 일했다. 내가 앞서 언급했듯이 박사라는 단어는 이집트에서 풍부하다는 뜻이다. 그 당시에 만약 대학원 학위를 가지고 있었다면 그는 재정적으로 부유한 가정에 결혼할 수 있었다.

이러한 특성과 재능을 통해 볼 때 발전에 대한 본질적인 장애물은 없는 것으로 보이며, 역사적으로도 이집트 사람들은 실제로 장애를 극복하고 가장 높은 수준에 도달할 수 있었다. 현재도 이집트인들은 명분과 통치력을 한번 신뢰하게 되면 그들은 통일된 힘을 형성한다. 두 개의 경험이 생각난다. 첫번째는 1973전쟁이었다. 이스라엘과의 1973전쟁 이후 이집트는 군사력과 경제적 상황도 황폐화되었지만 더욱 악화된 것은 사기였다. 사다트 대통령 통치 아래서 이집트는 다시 힘을 회복했다. 현대적인 장비 부족과 자원의 제한에도 불구하고 이집트의 통치력이 괄목할 만하게 작동하여 국민의 지지를 모아 수에즈운하를 폐쇄하는 기적을 행사하여 결국에는 미국의 전폭적인 지지하에 이스라엘과의 평화협정을 이끌어내었다. 국민들은 명분을 신뢰했고 일상의 고충에도 불구하고 도전에 잘 견뎌내었다. 사다트 대통령은 그의 리더쉽에 대해서 그리고 낫세르 대통령은 예비노력에 대해서 공적으로 인정받아 마땅하다.

두번째는 내 자신의 경험이다. 내가 비영리 과학기구인 과학기술대학(UST)의 설립을 요구하자 수천 명의 이집트인들이 열광적인 지지로 기꺼이 기부를 해왔다. 역설적으로 아주 부자들은 그들의 개인적인 이익을 저울질하여 기부에 대해서 자발적인 호응이 적었다. 이러한 모든 특징과 재능과 자원이 이집트에 존재한다면 무엇이 빠진 것인가? 인도, 한국, 중국과 같은 국가들은 특정 분야에서 훨씬 앞서 있다. 왜 이집트는 그렇지 못할까? 이집트와 일본 다함께 1879년 무렵에 근대 르네상스가 시작되었는데 일본은 지금 선진국의 하나가 되어 있다. 왜 이집트는 그렇지 못한가? 분명히 이집트의 이러한 성취를 방해하는 유전적인 이유는 없다. 그러나 모든 것을 설명하는 한 단어가 있다.—체제이다. 동독은 서독과 똑같은 유전적, 문화적 구조를 가지고 있지만 국민들의 생활과 직업을 지도하는 체제 때문에 서독처럼 세계 시장에 깊이 파고들지 못했다. 둘로 나뉜 한국의 경우도 같다.

이집트는 진보할 독특한 위상에 있고 또한 진보할 수 있다. 이집트는 이슬람세계의 지도자이다. 예를 들어 이집트는 이슬람 연구를 교육하는 탁월한 기관, 알아자르대학(al-Azhar University)의 본거지이다. 또한 이집트는 풍부한 기독교 유산을 자랑한다. 오늘날 콥트교회(Coptic Church)는 이집트 문화의 정수의 일부이다. 이집트는 가장 붐비는 아랍국가이고 그 세력은 인구 수준을 능가한다. 모든 아랍어 사용 국가들은 이집트를 아랍 문화, 예술, 극장, 그리고 가장 유명한 텔레비전 프로그램과 영화의 중심으로 생각한다. 지리학적으로 이집트는 아프리카, 유럽과 아시아 세 대륙의 교차로상에 있다. 이러한 독특한 지리적 위치와 세계에 대한 국가의 개방성, 다른 종교와 문화와 문명에 대한 수용 그리고 지구상에서 처음 문명화된 문화를 가진 것은 타 문화권이 갖지 못한 매력이다. 이러한 것들이 이집트를 참으로 특별하게 만들고 있다. 오슬로에서 열린 1978년 노벨평화상 수상식장에서 이 위원회의 의장인 에이스 리오네스(Aase Lionaes)는 이집트에 대한 사려깊은 역사적 견해를 피력했다.

6000년전에 지구상에 이루어진 우리 문명의 요람은 이 지역이었습니다. 이곳에서 세계 다른 지역 인류 사회의 발전에 깊은 영향을 행사한 높은 수준의 문화를 가진 공동체가 자라고 번창했습니다. 오늘날 모든 학동들은 그들의 역사 교과서에서 이곳에서 우리의 성문 역사가 시작되었고, 역사적으로 유관한 세 개의 종교 즉 이슬람, 유대, 및 기독교의 수호자들이 그들의 지칠 줄 모르는 헌신적 시선을 그들의 종교발상지부터 세계 각지로 돌리고 있다는 것을 배웁니다.

현재 이집트는 관광, 수에즈운하 관세, 석유 수출 세입, 해외 근로자 특히 아랍세계 근로자의 수입에 의존하고 있다. 그러나 거대한 잠재력을 가진 이집트는 반드시 이러한 자연자원을 뛰어넘어 과학과 기술의 새로운 세계로 가야 하며 그들의 옛 영광을 회복해야 한다.

나는 현재의 상태에서 탈출하여 새로운 미래로 가기 위한 다음의 처방을 알고 있다. 비판이 아니라 나의 모국이 세계 선진국들 속에서 올바른 위상을 다시 얻기를 바라는 욕망으로서 '소망 목록'을 제안한다. 이러한 아이디어에 대해 방어적인 자세를 취하지 말고 우리 모두가 유용성이나 비적절성을 과학적으로 검토하기를 희망한다. 그러나 우리가 무엇을 하든 간에 변화는 필요하다. 무바라크 대통령은 이집트의 인프라 구축에 최선을 다하고 있어서 선진국 위상으로의 전환이 성숙된 시점에 있다. 나는 본능적 낙천주의자로서 이것이 가능하다고 믿는다.

이집트에 대해서 나는 변화를 위한 삼각형의 세 모서리를 알고 있다.—교육, 관료주의 그리고 제도인데, 만약 이 삼각구도만 명확하게 정립된다면 국민들은 새롭고 번영하는 미래의 설계를 완전히 지지할 것이다. 본보기가 될 리더십이 등장해야 한다. 이집트인들은 모범적인 지도자가 이끌어 가는 그들의 조국을 보고 싶어한다고 나는 확신한다. 나는 무바라크 대통령을 몇 번 만났는데 그가 성실하고 헌신적인 지도자라는 것을 알게 되었다. 그러나 대통령 아래에 있는 여러 기구들은 진보의 속도를 제한하는 관료적 관습에 젖어 있다.

이집트의 우선사업은 분명하다. 먼저 미래에 대한 투자는 기능적인 세계적 수준의 교육 체제 창출, 국보에 대한 관리(역사적인 기념물과 같은)와 세계적 기후변화와 환경보호에 초점이 맞춰져야 한다. 두번째로 강한 경제와 GDP의 상승은 아래에서 논의하는 변화가 도입될 때에만 가능하다. 세번째, 국방과 같은 국가안보에는 다 같이 중요한 두 부류 즉 무슬림과 콥트(이집트 기독교인, Copt)의 국가적 화합 및 나일강의 안전과 관련된 수자원이 포함되어야 한다. 선행되어야 할 이러한 일들은 소수에 의해 이루어질 수 없고 반드시 다수가 동참할 때만 가능해진다.

이집트에서 만난 모든 사람들은 새로운 교육체제에 대한 필요성을 이야기하지만 그 이유와 방법이 애매하다. 이유는 아마 방법보다는 더 명확하다. 분명히 세계 수준의 체제를 창출하기 위해서는 현재 체제에 대해 자세한 고찰이 필요하다. 그러나 나는 대학 졸업자의 수준과 업무기능 및 학생들의 윤리에 주목할 때에 변화가 필요하다고 본다. 팀워크, 확실성(*fahlawa*의 부재) 및 직업 윤리와 같은 개념을 전달하기 위해서는 새로운 교육 방법과 이러한 가치의 생성을 목표로 하는 새로운 교과과정이 요구된다. 이러한 가치들과 자세들은 선진세계의 수준과 경쟁하기 위해 꼭 필요하지만, 이 목표가 인구의 50%에 육박하는 문맹이 있는 상태에서는 성취될 수 없다.

나는 이집트 사람들이 단기간 내에, 국가적 캠페인을 통해 문맹과 그 근원을 제거해야 한다고 믿는다. 많은 노력들이 이 문제에 투입되고 있다는 것을 알고 있지만, 즉각적 대처 외에 다른 대안이 없으므로 '국가를 위협하는 적'으로 이에 대응해야 한다고 본다. 또 하나의 중요한 문제는 인구 증가이다. 이러한 중요한 문제들이 조절 가능할 (혹은 조절 중에 있을) 때에 이르면 이집트는 교육체제를 공적(功績) 지향적으로 바꿔나가야 한다. 대학 수준에서 새로운 체제는 가장 우수한 학생들을 선별하여 모으고 이들에게 합당한 교육을 하기 위한 적절한 장치를 갖추고 있어야 한다. 수업료 지불 능력이 있는 가족에게는 부과하고, 성적이 우수하나 재정적으로 곤란한 학생들은 면제해야 한다. 기술학교는 국가의 모든 분야에서 기술 기반을 구축할 수 있도록 수적 질적으로 확장해야 한다.

졸업자의 수준에 대해서 나는 해결책을 알지 못하나 몇 개의 우수한 센터를 설립해야 한다. 이것은 사치가 아니다. 독일의 막스프랑크 연구소(Max Planck Institute), 프랑스의 콜레쥬 드 프랑스(College de France), 미국의 칼텍(Caltech)과 MIT(Massachusetts Institute of Technology), 이스라엘의 와이즈만 연구소(Weizmann Institute)와 테크니언(Technion), 그리고 인도의 인도기술연구소(Indian Institute of Technology) 및 인도과학연구소(Indian Institute of Science)가 해오는 것처럼, 이러한 기구는 이집트가 세계 수준에 동참하기 위해, 국가의 자존심을 올리기 위해 필요하다. 나는 과거에도 현재에도 이러한 노력을 도울 준비가 되어 있다. 과학기술대학에 대한 설명(부록 참조)에서 이에 대한 나의 생각과 노력의 일부를 기술하였지만, 요는 시간이다. 관료주의의 장벽들이 높아서 진행이 정체되고 있다는 평판이 나 있다.

관료주의는 삼각형의 두번째 모서리이다. 어떤 관료주의는 모든 체제에 있어서 필요할 수도 있겠지만 이것이 경직되어 일상적인 일에까지 작용하면 독립적인 사고를 저해하고 비전 있는 진보적 개념의 성취에 방해가 된다. 내가 앞서 언급한 것처럼 서구의 민주주의는 통치방법에만 국한되지 않는다. 공동체의 팀워크 활동에 있어서 인적자원의 이용에는 기본적으로 반관료적인 민주적 과정이 요구된다. 나는 관료주의의 최소화가 경제적이고 지적인 진보에 있어 아주 중대하다고 믿고 있다.

내가 이집트에서 과학기술대학 및 다른 프로젝트에서 직접 체험한 바, 관료주의와 '의자'의 힘, 보다 정확히 말해 자리의 힘이 진정한 진보에 얼마나 큰 방해가 되는지 알게 되었다. 무바라크 대통령은 이집트가 과학과 기술에서 세계의 다른 지역과 형평을 이루지 않고서는 세계화의 동반자가 될 수 없다고 생각하기 때문에 열광적으로 과학기술대학의 이념을 지지하고 있다. 이렇게 되면 젊은 과학자들이 이집트 국내에서 능동적으로 생산적인 연구개발사업을 찾게 될 것이며, 이들은 큰 꿈을 가지고 과학기술의 발전을 위한 선구자가 되기 위해 이집트를 떠나지 않게 될 것이다.

비록 과학기술대학에 관한 분명한 계획이 나와 있지만, 그 계획의 실행이 지지부진해 버리면 제한된 시간에 임무를 다하려 하는 진지한 사람의 열정을 완전히 냉각시키고 만다. 우리는 카이로의 외각 지역에 있는 October 6 City에 약 300에이커의 캠퍼스 부지를 2000년 1월 1일에 조성했다. 현재까지 나는 부록에서 요약한 것처럼 학술 및 행정적 근간은 완성해놓고 있다. 과학기술대학의 성공을 위해서는 비영리민간기구(NGO)가 반드시 필요하다고 믿는다. 그리고 물론 NGO는 정밀한 검토를 거친 NGO 자체의 조례를 갖고 있어야 한다. 과학기술대학은 이집트 및 전세계로부터의 기부금을 모으고, 저명한 사람들로 구성된 이사회를 구성해야 한다. 그러나 기부금과 같은 자금 조달 캠페인은 지역의 지지와 한시적인 법률의 제정이 없이 시작해서는 안 된다. 시간은 관료주의를 허용치 않는다. 과학기술대학 인접한 곳에 테크놀러지 파크를 조성할 계획을 가지고 있는데, 이것은 국가의 선진기술을 소개하여 새로운 하이테크 기업의 창업에 도움을 줄 것이다.

세번째 문제는 사법체제 즉, 법의 엄격한 적용에 있다. 이집트는 강력한 사법체계를 가지고 있고, 명문화(明文化)된 법률도 제정되어 있다. 그러나 이러한 법은 시행상에서 문제점이 있다. 교통위반에서부터 수십억 달러의 돈이 관련된 부패에 이르기까지 사람들이 법망을 교묘히 빠져나간다는 것이다. 이 문제는 지역 주민들에게 뿐만 아니라 외국인 투자자들의 유치에 큰 영향을 주기 때문에 심각하다. 이집트는 법률 시스템을 재고해야 하고, 그 법은 모든 국민에게 어김없이 적용되는, 입김 없고 뇌물없는 것이어야 한다.

위에서 약술한 여러 문제점은 이집트에만 고유한 것이 아니고, 아랍세계 전체적으로 그리고 몇몇 선진국가에서도 나타난다. 석유를 생산하고 있는 부유한 아랍국가에서도 체제는 변화되어야만 한다. 돈만으로 선진국가를 건설할 수는 없다. 이들 부유한 나라에서 비록 진보가 이루어졌지만, 선진국 지위에 이른 국가는 없다. 게다가 유럽의 국가들과 비교해볼 때, 아랍세계의 국가들 간에는 강력한 실체적 경제유대가 없다. 공동시장 형식으로 통일되지 못한다면, 세계시장에서 아랍 자원의 집대성된 영향을 기대할 수 없다. 문화교류와 엔터테인먼트 분야에서 아랍국가 간에 얼마간 결속이 있지만, 아랍연맹을 통한 아랍국가 간의 경제 및 과학투자의 강화가 긴요하다.

미국은 다른 종류의 문제인 새로운 도전에 직면하고 있다. 그 문제는 다르지만 나는 이 장에서 약간 언급하고자 한다. 더 나은 미래를 기대하며 이 문제들에 대해 몇 가지 의견을 제안한다. 미국은 민주주의 나라이며 그 체제에 많은 결점이 있음에도 불구하고 체제는 미국 국민과 미국 문화를 위해 기능하고 있다. 주(state)와 종교 및 행정부, 입법부, 사법부가 명백히 분리되어 있음에도 정부체제는 현직 대통령을 공직에서 축출(닉슨 경우처럼)하는 기능을 미국국민에게 부여하고 있다.

미국은 교통위반에서부터 세금부과까지 법을 평등하게 적용한다. 즉, 모든 사람은 법 앞에 평등하다. 그러나 내가 방문했던 많은 나라에서 사람들은 "미국에서는 돈만 있다면 법을 살 수 있을 텐데."라고 말했다. 많은 사람들은 과거 미식축구 스타였던 심슨(O. J. Simpson) 사건을 인용하곤 한다. 많은 사람들이 전 부인을 살해했다고 생각하는 심슨은 이 유명한 사건에서 그의 무죄를 배심원에게 성공적으로 확신시켜 줄만큼 강력한 힘을 가진 변호사 팀을 고용했다. 물론 부가 중요한 자본주의 체제 속에 살게 되면 더 나은 변호사를 고용할 수 있고, 사회에서의 안락을 살 수도 있다.

그러나 나는 민주주의가 절대적으로 이상적 체제라고 생각하는 것은 순진하다고 변함없이 믿고 있다. 윈스턴 처칠(Winston Churchill)은 "쉴새없이 노력한 모든 사람들에게는 예외지만 민주주의는 최악의 정부 형태이다."라고 말했다.

미국은 또한 세계적으로 많은 사람들을 끌어들이는 교육기관을 가지고 있다. 비록 보통의 미국인들은 세계의 현안에 대해 교육받지 못할 수도 있지만, 엘리트 기관과 광범위한 기반의 학교 체제는 진보할 수 있는 사회, 오늘날 세계에서 가장 높은 GDP를 가진 사회를 만들었다. 미국은 관료체제가 극소화되고 국민의 성실성이 검증된 신뢰사회이다. 나는 미국의 모든 것이 완벽하다고 보지는 않지만, 미국의 근본을 알지 못하면서 일반화하는 데는 신중해야 한다.

그럼에도 불구하고, 나는 왜 미국의 장래를 걱정하는가? 세 가지 문제점들이 떠오른다. 교육과 연구, 폭력, 그리고 제한된 세계관이 그것이다. 첫째로, 교육과 연구 문제를 보자. 미국은 최고의 교육 여건을 갖추고 있지만, 대다수의 시민들이 이용할 수 있는 것은 아니다. 그런데 미국은 과학을 빈부와 관계없이 모든 사람이 필수적으로 배우도록 편성하는 노력을 게을리 하고 있다. 미국은 현재 세계 중등 수학경시대회에서 17위를 차지하고 있다. 많은 국가가 엘리트의 점수만을 제출하기 때문에 이러한 저조한 결과가 되었다는 것을 고려할 수 있겠지만, 그래도 나는 미국이 더 높은 성적을 내는 것이 바람직하다고 믿는다.

이런 문제가 생기는 한 요인은 교육체제에 있다. 사립학교는 특수계층을 대상으로 현대 과학기술의 세계에서 앞설 수 있도록 생존에 필요한 주요 과목을 가르친다. 그들은 컴퓨터를 소유할 뿐만 아니라 그것을 중요한 사고, 세계의 탐험, 자신을 위한 새로운 사물의 발견, 전문교육자로서의 수련 도구로 사용토록 한다. 본질적으로 이 학생들은 잘 하고 있고, 이들 대다수는 대학 및 진일보된 미래를 준비하게 된다. 반면에 몇몇 지역에 있는 공립학교는 수업자료와 양질의 교사가 부족하다. 이러한 학교에서는 결과적으로 많은 졸업생들이 사회적인 진출에 대응하지 못하고, 일부는 폭력적인 면에서 사회불안의 원인이 되기도 한다. 미래는 대다수의 시민이 경쟁적인 세계 안에서 생산적 활동을 할 것을 요구하기 때문에, 세계 강대국 중의 한 국가에서 보는 이러한 불균형은 반드시 개선되어야 한다.

한편 과학교육을 특별히 다루어야 한다. 나는 미국 과학이 만들어낸 기념비적인 업적에 할애하는 매체의 과학면이 협소한데 놀라고 있다. 또한 과학 목표에 대한 이해 부족에도 놀랐다. 나는 미국에 대해 더 많은 것을 기대했으나, 미국인이 일상생활에서 과학의 역할 특히 의학과 국방에서, 그리고 우주탐사와 같은 충격적 성취를 목격하면서 일반적으로 자기 교육을 어떻게 하는가를 보고 놀라고 있다. 몇몇 미국인들은 인류에 대한 과학의 유용성에 대해 회의적이다. 그들의 논점은 일부 맞는 점도 있음을 알고 있다. 그러나 선진 기술은 항상 선과 악의 양면성이 있다.

핵에너지 기술은 우리에게 폭탄을 제공하나, 또한 현대의 삶에 발전소도 제공한다. 레이저는 무기 유도에 사용되지만, 또한 눈 수술 도구로도 사용된다. 심지어 음식 준비에 도움을 주는 부엌칼도 해로울 수 있다. 이러한 모든 것들에서 우리는 우리 자신의 이해, 우리 주위에 일어나는 일들의 이해, 우리가 소속된 우주의 이해를 가능케 하는 새로운 지식의 중요성을 망각해서는 안 된다. 과학교육이 제대로 되는 사회는 기술의 양면성중에서 인류의 더 나은 삶을 달성하는 목표를 위한 최선을 선택할 수 있게 된다. 그 과정 중에 뜻하지 않은 실수들이 생길 수도 있겠지만 총체적으로 진보는 필연적인 것이다.

또한 미국에 국한된 현상은 아니지만 독선주의에 대한 우려도 있다. 과학과 종교는 독선적인 사고에서 연유되는 대립관계에 있지 않으며 서로간에 종속적이 아니다. 나는 왜 부모들이 자녀의 진화에 대한 학습을 반대하는지 이해할 수 없다. 이러한 갈등은 테네시주에서 존 스코프(John Scopes)라는 생물 교사가 학생들에게 반진화론법에 배치되는 다윈의 이론을 가르치기로 결정한 1925년에 시작되었다. 그는 당시 서로 반대 입장을 취했던 당대의 최고 두 능변가 클래런스 대로우(Clarence Darrow)와 윌리엄 제닝스 브라이언(William Jennings Bryan)이 다투었던 재판에서 유죄판결을 받았다. 더 최근의 경우, 캔자스주 의회는 진화론의 수업을 금지했고, 그 파장은 매우 컸다. 미국 헌법이 교회와 국가의 분리를 승인한 이후 사람들은 그들이 믿고자 하는 것에 대해 종교적인 관점에서 허가를 받아야만 했다. 그러나 교사들은 시대의 가장 과학적인 지식을 바탕으로 한 과학을 가르쳐야 한다. 즉, 그것은 부끄러움이나 과도한 양보가 없는 교육의 혁명을 의미한다.

마지막은 과학 연구에 대한 지원 문제이다. 그것은 초강대국 수준으로는 미흡한 규모라는 것이 문제이다. 내가 미국에 왔을 때 지도자들은 과학의 중요성과 힘을 믿고 있었기 때문에 과학에 대한 지원은 최고 수준에 있었다. 따라서 대학원은 최상급의 미국 학생과 외국 학생들을 유치했다. 지금 나는 가시적인 결과에 역점을 두고 있는 연구비 정책의 새로운 경향에 문제가 있다고 본다. 이러한 속박은 새로운 발견을 초래했던 사례와 위배된다. 이에 대한 많은 사례가 있다. 레이저, 트랜지스터, 컴퓨터가 이러한 범주이다.

미국이 즉시 착수해주기를 원하는 두번째 문제는 교육과 유관한 바로 폭력 문제이다. 학교와 거리에서 미국인의 일상적인 부분에 위험이 도사리고 있어, 이것은 나의 가족과 다수의 다른 사람을 불안하게 한다. 어떤 사람들은 그것을 언론의 자유라고 하지만 미국과 유사하게 언론과 민주제도를 보장하는 캐나다 북부로 가보면 미국 수준의 폭력을 느끼지 못한다. 나는 세계적인 도시인 로스앤젤레스에서도 가장 살기 좋은 지역에 살지만 밤에 거니는 것이 두렵다. 이것은 불행한 일이며 자원이 풍부하고 자연경관이 아름다운 이 나라의 경우가 되어서는 안 된다고 보며 이 문제에 대한 해결책이 마련되어야 한다고 생각한다.

어떤 사람들은 폭력의 원인이 미국 사회 및 부유한 사람들에 대한 가난한 사람들이 가지는 반감과 이질성 때문이라고 생각한다. 이러한 요인들도 얼마간 불만을 야기할 수 있지만, 특히 사회 구성원의 대다수가 중간 계층에 속하기 때문에 그것만이 이유라고 생각되지는 않는다. 캐나다, 유럽의 많은 도시, 그리고 오스트레일리아에서도 인구의 이질성이 존재하고, 카이로에서도 가난한 사람들은 부자들과 명백한 차이를 인식하고 있다. 그러나 이러한 곳에서는 폭력에 대한 두려움 없이 길을 거닐 수 있다. 나는 사회 무질서, 총기 관리, 그리고 범죄에 대한 적절한 처벌이 미국의 법률 차원에서 재검토되어야 한다고 생각한다. 이것은 복잡한 문제이고 미국의 정신과 자본주의의 이상과 관련되어 있다는 것을 이해한다. 그러나 이제 우리는 이러한 현상에 대처하는 방법이 요구되는 새로운 세계에 살고 있다. 이것은 계시적(啓示的)인 지도자가 미국의 미래를 위해 해결해야만 하는 문제이다.

나의 마음에 있는 세번째 문제는 국제적 현안에서 미국 정부의 피상성(皮相性)과 오만으로 비춰지는 제한된 세계관이다. 이 책을 쓰는 중에도, 우리는 미국의 선망에 상처를 주는 국내외적인 테러행위를 보고 있다. 지구상 가장 강력한 국가가 국제 공동체와 함께 테러행위와 투쟁하는 데서 중요한 지도적인 역할을 해야 한다. 동시에 중요한 것은 인권을 위한 활동과, 부유한 사람과 가난한 사람, 가진 자와 가지지 못한 자 사이의 격차를 줄이기 위해 지도적인 역할을 하는 것이다. 미국은 세계를 일체가 되도록 이끌고, 전 인류가 스스로를 인간으로 생각할 수 있도록 할 책임이 있다. 나는 1960년대에 인류를 위해서 사람을 달에 보내던 미국의 이미지가 생각난다. 닐 암스트롱(Neil Armstrong)이 달에서 말한 첫마디가 "한 사람에게는 작은 한 걸음이, 인류에게는 하나의 큰 도약이다."라는 말이었다. 마샬 플랜과 평화봉사단은 미국의 이미지를 대표하는 꿈같은 시작의 두 사례이다.

현실적으로, 미국은 세계의 모든 문제를 해결할 수 없지만, 가장 강력한 국가인 미국은 리더로서 우뚝 서 있어야 하며, 다른 국가를 위한 역할의 모델이 되어야 한다. 미국이 전 세계인을 부양할 수는 없다 할지라도 국내외에서 공정한 동일 기준을 적용해 나가야 한다.—타락한 정권을 지지하고, 외교정책에서 이중적인 표준을 적용하는 것은 장기적으로는 미국에 이익이 되지 못한다. 미국은 현재 외교정책을 재조정할 위치에 있으며, 비전 있는 접근이 절실히 요구된다. 나는 이러한 시각이 "세계는 우리의 부와 민주주의 때문에 우리를 싫어한다." 또는 "우리는 세계의 모든 문제를 해결할 수 없다."와 같은 피상적이고, 단순화한 논지에 의해서 종결지워지지 않기를 바란다. 전 인류는 미국을 선망하며, 많은 사람들이 미국과 같은 자유 체제를 갖기를 원한다. 미국은 세계의 많은 문제들을 해결하는데 도움을 주는 진정한 파트너가 될 수 있다.

새로운 비전은 미사일 방어벽을 세운다고 해서 실현되지 않으며, 고립주의 정책을 통해 실현될 수도 없다. 이 세계에서 비록 몇몇 현안에 대해 의견이 다를지라도 공통 목표를 갖고 한 세계에서 살고 있다는 것을 실감하도록 인간 간에, 문화 간에 그리고 국가 간에 가교를 구축할 필요가 있다. 요체는 가지지 못한 나라를 무시하지 않고, 세계의 낙후된 지역을 무시하지 않는 것이다. 빈곤과 절망이 테러 행위와 세계 질서 붕괴의 원인이기 때문이다.

미국의 번영을 통해, 미국은 아프리카, 라틴 아메리카 그리고 여타 매우 가난한 세계의 지역에 사는 사람들의 존엄성 있는 삶을 열어주기 위해서 새로운 계획에 투자해야 한다고 생각한다. 나는 미국이 무기를 살 필요가 없는 나라에 수십억불의 무기들을 파는 일 보다는 오히려 이러한 문제에 관심을 가질 수 있으면 한다. 큰 구도에서, 우리는 세계를 '우리'와 '그들'로 양분해서는 안 되며, 또한 '문명 충돌' 또는 '종교 갈등'과 같은 슬로건에 의해 장벽을 만드는 것을 허용해서도 안 된다. 우리에게는 갈등과 충돌이 아닌 대화가 필요하다!

나 자신은 문화의 가교 역할을 하는 하나의 사례일 뿐, 이 일에 나 혼자 있는 것은 아니다. 작은 일이면서 미국이 지금까지 투자한 것 중에서 가장 효과적이었던 것은 외국인 학생에게 준 장학금이다. 만약 그들이 미국에 머문다면, 그들은 과학기술의 전문지식과 미국의 민족 구성에 있어 다양성을 제공함으로써 미국은 큰 이익을 얻을 것이고, 그리고 만약 그들이 고국으로 돌아간다면, 그들은 최고의 해외사절단이 될 것이다. 그들은 고국으로 미국 문화의 일부분을 가지고 돌아가게 된다. 사실, 미국에서 교육받은 많은 사람들이 전세계에서 지도자적인 위치에 있다. 그들 일부는 미국의 체제에 반감을 가지지만, 대부분은 미국 문화와 체제를 소중히 하고 존중한다. 이들은 문화의 가교에 도움이 되며, 그들을 후원한 기관과 국가에 상당 부분을 돌려준다.

나는 범세계적인 문화 유대의 영향력을 보아왔지만, 최근의 간단한 사례는 지역문화 체험에까지도 영향을 주는 것이었다. 스톡홀름의 노벨박물관이 2001년 봄에 개관한 후 우리를 포함한 약 30명의 노벨상 수상자들의 새로운 업적을 소개하는 전시회를 보기 위해 그곳을 방문했다. 1986년 버클리에 있는 캘리포니아대학의 과학과 기술의 역사실 객원 연구원이었던 그 박물관의 스웨덴 관장 스반트 린드크비스트(Svante Lindqvist)는 박물관의 정교한 복제물이 미국에 적어도 두 곳 정도 전시하고 전 세계의 많은 도시를 순회할 것이라고 언급했다. 호기심에서 그에게 미국에 전시할 그 두 곳이 어디냐고 물어보았더니 '뉴욕과 샌프란시스코'였다. "뉴욕은 이해할 수 있지만 왜 칼텍이 있는 LA가 아닌 샌프란시스코인가요?" 그는 웃으면서 말했다. "나의 연고지는 버클리입니다." 나는 이러한 유대가 더 나은 세상을 폭넓게 넓혀갈 것이라고 생각한다. 온갖 전문성에서의 경쟁을 통한 과학의 국제적 동지 정신은 이러한 문화와 국가간의 유대에 대한 강력한 사례이다. 높은 배당과 함께 환수될 수 있는 또 하나의 투자는, 내가 앞장에서 약술한 협력 프로그램이다.

　나의 인생에 있어 중요한 역할을 해왔던 두 국가의 미래를 위한 소망이 있다. 평화롭고, 존엄성을 갖고 살고자 하는 바람은 모든 문화권에서 공통적이다. 인류 역사 이래 세계는 그 어느 때보다도 구성 국가들 상호간에 더욱 의존적이다. 이집트와 미국의 문화 모두 그들의 역사에서 위대한 성취를 맛보았다. 나는 이집트에는 르네상스가, 미국의 리더십에는 새로운 구도가 실현되어 새로운 세기와 새천년의 수확이 두 국가와 전 인류 모두에게 풍요롭기를 바란다. 내가 여러 차례 말한대로 나는 낙천주의자이다.

맺음말
성공-공식이 있는가?

　이 책에서의 시간 속의 여행은 나일 강변의 삼각주 타운에서 첫걸음을 시작하여 파사데나에 있는 캘리포니아공과대학(Caltech)의 과학 발견으로 끝을 맺는다.

　나의 여행은 1999년에 노벨상을 수상함으로서 행복한 매듭을 지었지만 나는 이 상이 과학과 인생에서 진일보의 성취를 향한 행로의 끝이 아니기를 간절히 소망한다.

　이 고백에서 나는 해피 엔딩으로 가는 길과, 겉보기에 복잡한 인생행로를 열어보였다. 1초를 1000조분의 1로 쪼갠 즉 펨토초 세계에서 분자가 역동적으로 움직이는 모습과, 내 인생에서 중요했던 개인적인 과정을 보여주는 것이다. 신뢰와 운명과 직관은 이 여행에 강압적으로 영향을 주었다.

　이 여행을 통해 나는 이 책의 3영역인 과학, 인생, 미래의 비전을 언급하면서 그 특색을 열정(熱情)으로 규정했다. 나는 과학과 지구적인 협력을 통해 세계가 개선될 수 있다는 열정적인 낙관론을 확신하고 있다. 이러한 낙천주의는 나로 하여금 인생을 단순화하여 보고 인생의 다양한 국면을 음미할 수 있게 했다.

　나의 아버지는, "인생은 짧은 것이며, 그것을 즐겨야 한다!"

라고 말씀하셨다. 과학에 대한 나의 열정은 진보의 초석이 될 지식을 향한 것이다. 아는 것(지식)은 힘이며 또한 지식은 능력을 부여한다. 정보는 우리가 지식을 얻을 수 있도록 도와 줄 뿐이다. 우리의 본질은 아는 것이다. 인간이라는 종(種)은 사고에 대해 생각하는 특권을 가지고 있고, 소수의 재능있는 사람들은 자연에 대한 우리의 사고방식을 바꾸어나가는 길을 인도한다. 그러나 지식의 바다는 깊고 그 폭은 끝이 없다.

이삭 뉴튼(Isaac Newton)은 다음과 같은 말로 이를 지적했다. "내게 있어 나 자신은 해변에서 놀면서 이따금 잠수하여 보통보다 더 매끈한 조약돌이나 더 아름다운 조개껍질을 찾고 있는 철없는 소년에 불과하지만, 진리의 대양은 내 앞에 완전히 미지의 상태로 펼쳐져 있다."

못지 않게 중요한 것은 일에 대한 나의 열정인데, 나는 이 점을 내 인생의 천부적 혜택의 하나로 간주하고 있다. 그렇더라도 성공을 추구해감에 있어 남을 고려하지 않거나 인간적인 만족에 해를 끼치면서 이루려 해서는 안 된다고 생각한다.

이집트에는 *"al-qana'a kanz la yufna"*라는 격언이 있는데 이는 "만족은 영원한 보물이다"라는 뜻이다.

열정적이며 만족할 줄 알고 낙천주의적인 사람이 실패할 까닭이 없다. 이것은 성공에 대한 공식을 제공하는 것인지도 모른다. 그러나 내가 누구에게나 적용되는 정확한 공식은 모르지만 내게 있어서 한 가지 분명한 것은—우리가 일상 수준을 넘어서려 한다면 꿈을 가져야 한다는 것이다.

컬럼버스(Christopher Columbus: 1451~1506)는 항해에 대한 집착으로 꿈을 실현했다. 그는 카나리섬(Canary Island)의 서쪽 약 3,900마일 떨어진 곳에 중국이 아니면 인도가 위치한다고 확신했다. 요점은 인도가 어디 있고 중국이 어디 있고의 문제가 아니다. 즉 꿈이 컬럼버스를 신대륙으로 안내했다는 점이다. 시대감각을 가지고 그는 직감에서 출발하여 자신의 비젼에 헌신함으로써 불가능해 보이는 것을 실현했다. 본래의 계획을 달성하지는 못했지만 그의 발견은 새로운 세계를 열었다. 컬럼버스는 명석하였는가, 광적이었는가, 행운아였는가? 몇 역사가들은 그 모든 것! 이라고 말한다. 컬럼버스의 본성이 어쨌거나 그는 모든 사람의 마음속에 들어 있던 세계지도를 바꾸었다. 그는 인간의 사고방식을 고치고 세계를 변화시켰다.

컬럼버스와 같은 시대인인 레오날드 다빈치(Leonardo da Vinci 1452~1519)는 『세계의 끝의 광경(*Vision of the End of the World*)』이라는 저서를 통해 자연을 관찰하는 새로운 방법을 고안했다. 그는 *saper vedere*라는 말로써 성공의 비결을 나타내 보였는데—즉 "보는 시각을 터득하여야 한다"는 뜻이다.

인생에서 성공은 어느 수준까지는 개인 누구에게나 올 수 있으나 그 수준과 전문성이 깊어지면 그 성공은 수많은 타인의 도움—즉 팀 노력에 의해 결정된다. 이 사실을 안다면 가진 자는 갖지 못한 자를 도와야 한다. 문명국가와 문명지구 속으로 함께 진입할 수 있도록 모든 인류는 협력해야 한다. 인류거나 국가거나 혹은 지역이거나 간에 지식의 혜택을 누리지 못하고 저개발 상태로 남아있으면 그 결과는 인간 소모와 고통뿐만 아니라 전세계에 부정적인 영향으로 파급된다. 즉 이러한 결과는 폭력과 테러의 증가를 동반하여 사회적 문화적 가치를 추락시킨다. 이 책에서 미래에 대한 나의 비젼을 상술한 부분에서 몇 가지 핵심문제 및 이에 대한 가능한 해답을 소개하면서 이 문제에 접근을 시도했다. 가난과 문맹과 자유의 억압이 문제의 심층부에 존재한다.

나의 여행을 이 시점에서 종합해보면, 우주적인 공간과 시간에 비교한 인간의 규모에 대하여 경외심을 느끼게 된다. 인간의 수명은 100년이라 하더라도 거의 100억년의 우주 시간에 비교하면 1억초 혹은 3년에 대해 1초에 해당하는 짧은 것이다. 인생은 우주의 시간상으로는 찰나적인 전이상태일 뿐이다. 공간적으로 지구의 크기를 우주에 비교하는 것 (크기 반경 내에서)은 원자의 크기(0.000 000 01cm)를 지구에 비교하는 것과 같다—우리는 광대한 우주의 한구석 먼지와 같은 반점에서 살고 있다. 그러나 우리들의 삶이 짧고 그리고 우주와 비교하면 왜소하다 할지라도 인생을 포함하여 아주 작은 것부터 아주 큰 것까지 혹은 그 사이에 있는 것들에 관하여 과학적으로 많은 것을 알고 있다. 원자와 우주라는 극단 사이에 처해 있는 모든 것에서 우리는 컬럼버스가 탐험하였듯이 과학분야의 최전선 지식을 지금 탐구하고 있고, 이를 통한 발견은 일반적으로 과학, 철학, 인생에 심대한 영향을 주고 있다.

그러나 이러한 지식 습득과 기술 성취와 함께 잊지 말아야할 것은 이러한 습득과 성취가 인간성의 개선을 위한 것이라는 사실이다. 상승하고 있을 때 우리 모두가 기억해야 할 것은 바닥에 있거나 내리막길에 있는 사람들을 도와야 한다는 것이다.

어렸을 때 나는 삼각주 타운을 우주의 중심이라 생각했지만, 이제 우주에 대해 내가 알고 있는 것이 얼마나 왜소한가를 깨닫게 되었다. 어렸을 때 나는 영생할 것으로 생각했지만 이제는 우리가 소유한 시간이 얼마나 제한적인가를 깨닫게 되었다. 어렸을 때 성공이란 모든 시험에서 A학점을 받는 것을 의미하였으나 이제는 성공이란 건강, 긴밀한 가족과 친구, 내 업무에서의 성취 및 다른 사람을 돕는 것으로 받아들이고 있다. 노벨상을 향한 인생행로와 함께 시간 속의 나의 여행은 나에게 많은 것을 가르쳐 주었다. 헤리 트루먼(Harry S, Truman)의 말대로 나는 언제나 내가 누구이며 근본이 무엇인지를 잊지 않도록 노력해 왔다. 광대한 우주 속에서 미력하나마 나는 신념과 학자로서의 역할이 얼마나 중요한지 마음속에 새기고 있다. 비록 내가 현세계의 부당함에 대해 걱정할지라도 나는 낙천가이다. 나는 지식의 위력과 합리적 사고력으로 이를 믿는다. 우리는 인간 간에, 문화 간에, 국가 간에 가교를 만들 수 있고 또 그렇게 해야 한다.

참고자료

아래는 참고자료의 저자 이름을 알파벳순으로 배열한 것이다. 말미에는 저자의 출판물을 부기했는데, 추호도 독자를 피곤하게 할 의도는 없으며 내용에서 다룬 토픽에 대해서 더 자세한 내용이 필요한 경우에 활용할 수 있도록 하기 위한 것이다.

H. Abraham and J. Lemoine, "Disparition instantanée du phénomène de Kerr." *Comptes rendus hebdomadaires des séances de l'Académie des Sciences*, 129, pp.206-208, 1899.

Philip Ball, *Designing the Molecular World*. Princeton, NJ: Princeton University Press, 1994.

James Henry Breasted. *A History of Egypt, from the Earliest Times to the Persian Couquest*. New York: Charles Scribner's Sons, 1909; reprinted 1937.

A. Welford Castleman, Jr., and Villy Sundström, "Ten Years of Femtochemistry" a historical perspective and an introduction to the Third Femtochemistry (1997) Conference. *The Journal of Physical Chemistry A*, 102 (23), pp.4021-4030; June 4, 1998.

Joel E. Cohen, *How Many People Can the Earth Support?* New York: Norton & Co., 1995.

Stephen Dalton, *Split Second*. London: J. M. Dent & Sons, 1983

Lawrence Durrell, *The Alexandria Quartet: Justine, Balthazar, Mountolive, and Clea*. New York: Pocket Books, 1957.

Freeman J. Dyson, *The Sun, the Genome, and the Internet: Tools of Scientific Revolutions*. Oxford: Oxford University Press, 1999.

Derek Adie Flower, *The Shores of Wisdom: The Story of the Ancient Library of Alexandria*. Ramsey (Isle of Man), UK: Pharos Publications, 1999.

The Galileo Project. http://es.rice.edu/ES/humsoc/Galileo/

Peter Galison, *Image and Logic*. Chicago: University of Chicago Press, 1997.

J. Gribbin, Schrödinger's *Kittens and the Search for Reality: Solving the Quantum Mystery*. Boston: Little, Brown & Co., 1995.

Michael H. Hart, *The 100: A Ranking of the Most Influential Persons in History*. New York: Citadel Press/Carol Publishing Group, 1998.

Friedrich Hund, *The History of Quantum Theory*. New York: Barnes & Noble, 1974.

V. K. Jain, "The World's Fastest Camera." In *The World and I*. News World Communication Inc., October, pp. 156-163, 1995.

Thomas Kuhn, *The Strucrture of Scientific Revolutions*. Chicago: University of Chicago Press (second ed.), 1970.

Eadweard Muybridge, *Animals in Motion*. New York: Dover Publications, 1957.

Otto Neugebauer, *The Exact Sciences in Antiquity*. Providence, RI: Brown University Press, 1957.

Isaac Newton, *Mathematical Principles of Natural Philosophy*, translated by Florian Cajori. Berkeley, CA: University of California Press, 1934.

Bengt Nordén, in *Les Prix Nobel* (The Nobel Prizes 1999), Stockholm Almqvist & Wiksell Intl., pp.20-21 ; 2000.

Robert Paradowski, "Ahmed H. Zewail-A Scientist of Two

Cultures." An essay, Rochester Institute of Technology, 2001.

J. R. Partington, *A Short History of Chemistry*. New York: Dover Publications (third ed.), 1989.

Colin A. Ronan, Science: *Its History and Development among the World's Cultures*. New York: Facts on File, 1982.

Helaine Selin (ed.), *Encyclopedia of the History of Science, Technology, aud Medicine in Non-Western Cultures*, Boston: Kluwer Academic Publishers, 1997.

Douglas L. Smith, "Coherent Thinking." *Engineering & Science* (Caltech), 62:4, pp.6-17, 1999.

Dava Sobel, *Longitude*. New York: Penguin Books, 1995.

M. M. Soliman. *Tarikh al-'ulum wa-l-tiknulujya fi al-'urur al-qadima wa-l-wusta* ("History of Science and Technology in Ancient and Middle Ages"). Al-Hiy'a at-Misriya li-l-Kitab, Cairo, 1995 [in Arabic].

F. Sherwood Taylor, *Galileo and the Freedom of Thought*. London: Watts & Co., 1938.

Charles H. Townes, *How the Laser Happened: Adventures of a Scientist*. Oxford: Oxford University Press, 1999.

_____. *Marking Waver*. Woodbury, NY: American Institute of Physics Press, 1995.

Charles van Doren, *A History of Knowledge: Past, Present, and Furure*. New York: Ballantine Books, 1991

Hans Christian von Baeyer, *Taming the Atom*. New York: Random House, 1992.

H. E. Winlock, "The Origin of the Ancient Egyptian Calendar," *Proceedings of the American Philosophical Society*, 83, pp. 447-464, 1940.

저자주

칼텍에서 수년간 본인과 본인 그룹은 약 400여편의 논문을 발표했는데, 그 중에서 이 책의 이해에 도움이 될 논문을 선별하여 아래에 나열했다.

학위논문

"Optical and Magnetic Resonance Spectra of Triplet Excitons and Localized States in Molecular Crystals." University of Pennsylvania, Philadelphia, 1974.

논문

"Laser Selective Chemistry-Is it Possible?" *Physics Today*, 33, pp. 2-8, 1980.

"Energy Redistribution in Isolated Molecules and the Question of Mode-Selective Laser Chemistry Revisited" (feature article). With N. Bloembergen. *The Journal of Physical Chemistry*, 88, pp. 5459-5465, 1984.

"Real-Time Laser Femtochemistry: Viewing the Transition States from Reagents to Products." With R. B. Bernstein. *Chemical & Engineering News*, 66, pp.24-43; November 7, 1988.

"Laser Ferntochermistry." *Science*, 242, pp.1645-1653; December 23, 1988.

"The Birth of Molecules." *Scientific American*, 263 (6), pp.76-82; December, 1990 [also published in Arabic, Chinese, French, German, Hungarian, Indian, Italian, Japanese, Spanish, Russian].

"Discoveries at Atomic Resolution (Small is Beautiful)." *Nature* (London) 361, pp.215-216; January 23, 1993.

"Direct Observation of the Transition State." With J. C. Polanyi. *Accounts of Chemical Research*, 28, pp.119-132, 1995.

"What is Chemistry? 100 Years after J.J. Thomson's Discovery." *The Cambridge Review*, 118 (2330), pp.65-75; November, 1997.

"Mustaqbal al-'ilm fi Misr: ra'y shakhsiya" ("The Future of Science in Egypt: A Personal Vision"). *Al-Ahram*, No.40, 745, pp.1 and 14; Saturday, June 27, 1998 [in Arabic].

"Femtochermistry-Atomic-scale Dynamics of the Chemical Bond Using Ultrafast Lasers." *In Les Prix Nobel* (The Nobel Prizes 1999), Stockholm: Almqvist & Wiksell,, pp.110-203, 2000.

"Freezing Atoms in Motion." With J. S. Baskin. *Journal of Chemical Education*, 78 (6), pp.737-751, 2001.

"The Uncertainty Paradox-the Fog That Was Not." *Nature* (London) 412, p.279; July 19, 2001

"Science for the Have-Nots." *Nature* (London), 410, p.741 ; April 12, 2001.

"The New World Dis-Order-Can Science Aid the Have-Nots?" In *Proceedings of the Jubilee Plenary Session of the Pontifical Academy of Sciences* (Vatican), 99, pp.450-458, 2001.

저서

Femtochemistry: Ultrafast Dynamics of the Chemical Bond (two vols.). River Edge, NJ: World Scientific, 1994.

The Chemical Bond: Structure and Dynamics. A. H. Zewail (ed.). Boston: Academic Press, 1992.

부록

노벨상
　　　왕립과학한림원 공보자료
　　　뱅 노던(Bengt Nordén) 교수의 연설
　　　아흐메드 즈웨일의 연설
나일대훈장
　　　무바라크(Mohammed Hosni Mubarak) 대통령의 연설
　　　아흐메드 즈웨일의 연설
백악관
　　　빌 클린턴(Bill Clinton) 대통령의 서신
과학기술대학
　　　기획 및 조직 제안
이력사항

노벨상

공보 자료 : 1999년 노벨화학상

콩글 비텐스캅삭데미언 (KUNGL. VETENSKAPSAKADEMIEN)
스웨덴 왕립과학한림원

1999년 10월 12일

스웨덴 왕립과학한림원은 1999년 노벨화학상을 **분자 내 원자가 화학반응 중에 어떻게 운동하는가를 고속 레이저 기술에 의해 시각화한,** 미국 파사데나, 칼리포니아 공과대학의 **아흐메드 즈웨일(Ahmed H. Zewail)** 교수에게 수여함

한림원의 인증
펨토초분광기를 이용, 화학반응의 전이상태에 대한 연구

금년의 노벨화학상은 초단파레이저광을 이용, 실시간으로 기본적 화학반응의 선구적 연구를 수행한 즈웨일 교수에게 수여함.
즈웨일 교수의 업적은 중요한 반응을 우리에게 이해시키고 예측할 수 있게 한 연구이기 때문에 화학 및 그 연계 분야에 혁명을 초래한 것임

수상대상인 펨토 화학의 개척

축구에서 골이 득점되고 나서 슬로 모션을 통해 텔레비전 상에서 선수와 공의 동작을 볼 수 없다면 축구시합은 어떻게 되겠는가? 화학반응도 이와 유사한 경우이다. 화학반응을 아주 세세히 추적하려는 화학자들의 열망은 기술의 진보를 계속적으로 촉진했다. 금년의 노벨화학상 수상자인 즈웨일은 반응 중에 원자와 분자의 움직임을 '슬로 모션'으로 연구하고 화학결합들이 깨지면서 새로운 결합이 형성되는 과정에 일어나는 실제상황을 보여 주었다.

즈웨일은 세계에서 가장 빠른 카메라라고 할 수 있는 것을 사용했다. 이 카메라는 반응이 실제로 일어나는 짧은 시간인 펨토초(F_S)를 포착하는 것이었다. 1펨토초는 10^{-15}초 즉 천조(兆)분의 1초인데 이 시간단위는 1초를 3200만년으로 비유할 때 그 1초에 해당한다. 이러한 물리화학의 영역을 펨토화학이라 부른다.

펨토화학은 왜 어떤 화학반응은 일어나는데 반하여 다른 반응은 일어나지 않는가를 이해할 수 있게 한다. 또한 반응 속도와 반응 생성물이 온도 의존적인가도 설명할 수 있게 한다. 과학자들은 세계 곳곳에서 기체, 액체, 고체, 표면, 중합체 상에서 펨토초 분광학을 이용, 반응과정을 연구하고 있다. 적용 범위는 촉매가 어떻게 기능하고 분자의 전자 소자들이 어떻게 설계되어야 하는 데서부터 생명과정의 가장 미묘한 기작들과 미래의 의약이 어떻게 제조되어야 하는 데까지 다양하다.

화학반응은 얼마나 빠른가?

화학반응은 우리 모두가 알고 있듯이 못에 녹이 스는 것이나 다이나마이트가 폭발하는 것처럼 다양한 속도로 일어나고 있다. 대부분의 반응에 공통되는 것은 온도가 상승하면 즉 분자운동이 격렬해지면 반응속도가 증가한다는 것이다.

이러한 까닭으로 과학자들은 반응이 일어나기 위해서는 분자가 활성화되어 반응 장벽을 넘어야 한다고 오랫동안 믿어왔다. 두 분자가 충돌하면 이들은 서로 반동적으로 떨어져 아무 일도 정상적으로 일어나지 않는다. 그러나 온도가 충분히 높아져 충돌이 격렬해지고 두 분자가 서로 반응할 정도가 되면 새로운 분자가 형성된다. 분자에 충분히 강력한 '열촉발(temperature kick)'이 가해지면 이 분자는 놀랄만큼 빠르게 반응하여 화학결합을 깨고 새로운 결합을 형성한다. 이는 느린 반응(예: 못에 녹스는 것)에도 적용된다. 차이점은 다만 열촉발은 빠른 반응에서 느린 반응보다 훨씬 더 빈도 높게 일어난다는 것뿐이다.

반응 장벽은 분자 내에서 원자들을 서로 잡고 있는 힘(화학결합)에 의해 결정되는데, 대체로 지구로부터 쏘아 올린 달로켓이 달의 인력권에 들어서기 전에 극복해야 할 지구 중력 장벽과 같은 것이다. 그러나 극히 최근까지 분자가 반응 장벽을 넘어가는 경로 및 분자가 장벽의 정상에서 정확히 어떤 모습(전이상태)인지에 대해서 알려진 것이 거의 없었다.

백년 동안의 연구

아레니우스(Svante Arrhenius, 1903년 노벨화학상 수상자)는 반트호프(Van't Hoff, 1901년 최초의 노벨화학상 수상자)로부터 영감을 받아 정확히 100년 전에 반응속도와 온도와의 관계를 간단한 식으로 정리했다. 그러나 이것은 한꺼번에 많은 분자들(거시 시스템)에 대한, 장시간에 걸친 것이었다. 1930년대가 되어서야 아이링(H. Eyring)과 폴라니(M. Polanyi)가 개별 분자의 현미경적 시스템에서의 반응에 기반한 학설을 등식화했다. 이론적인 가설은 전이상태는 분자 진동에 적용되는 짧은 시간에 매우 신속히 지나간다는 것이었다. 그러한 짧은 시간에 실험이 이루어질 가능성은 누구도 꿈꾸지 못하는 것이었다.

그러나 즈웨일이 해낸 것이 바로 이것이다. 1980년대 말 그는 펨토화학이라는 연구분야의 탄생을 가져온 일련의 실험을 수행했다. 이것은 고속 카메라를 사용하여 실제 화학반응 과정에서 분자를 이미지화하고, 바로 전이상태의 분자를 사진으로 잡아내는 시도에 관련된 것이었다.

이 카메라는 수십 펨토초의 빛 플래쉬를 가지고 있는 새로운 레이저 기술에 바탕을 둔 것이었다. 분자 내의 원자가 1회 진동하는데 걸리는 시간은 전형적으로 10~100 펨토초이다. 화학반응은 분자 속의 원자들이 진동하는 동일 시간대에 일어나야 하며, 두 공중 그네 곡예사가 앞뒤로 흔들다가 동시에 서로 '바꿔 타기'하는 것에 비유할 수 있다.

시간분해능이 성공적으로 개선되자 화학자들은 무엇을 보게 되었던가? 첫번째 개가는 반응전 물질이 최종 생성물로 변화되는 과정에 형성되는 물질 즉 중간 생성물의 발견이었다. 처음에는 이것은 비교적 안정한 분자 혹은 분자 파편으로 여겨졌다. 그러나 시간분해능이 개선되어 가면서 연속적인 반응의 새로운 연결체, 즉 중간 생성물은 점점 불안정한 물질이었고. 반응 기작의 수수께끼도 이해되기에 이르렀다.

즈웨일이 노벨상을 받은 공적은 화학반응도 더 이상 빠르게는 일어날 수 없는 시간의 한계점까지 우리를 인도한 것이다. 펨토초 분광기술로 우리는 비로소 반응 장벽을 지나면서 일어나는 일들을 관찰할 수 있게 되었고, 온도 의존적인 아레니우스식의 기계론적 배경 및 반트호프의 노벨상 수상을 가능케 했던 수식을 이해할 수 있게 되었다.

펨토화학 실습
펨토초 분광학에서 시료물질을 진공상자에 분자의 빔으로 혼합한다. 그리고 초고속 레이저 두 개 펄스를 주사하는데 먼저 강력한 작동 펄스(pump pulse)가 분자를 때려 그 분자를 고에너지 상태로 여기(勵起)시키고, 그리고 나서 약한 탐침 펄스 (probe pulse)를 주사한다. 탐침 펄스의 파장은 시료 분자나 변화된 분자 양상을 식별하도록 선택한다. 작동 펄스는 반응의 시작 신호이고 탐침 펄스는 일어난 변화를 검색한다. 두 펄스 간에 시간 간격을 다양화함으로써 얼마나 신속히 원료 분자가 전환되는가를 식별할 수 있다. 분자가 여기하면서 한번 혹은 더 많은 전이상태를 취할 때 스펙트럼은 지문처럼 흔적을 남기게 된다. 펄스 간의 시차는 탐침 펄스가 반사경을 통해 우회하게 함으로서 쉽게 다양화 될 수 있다. 빛은 100펨토초 내에 0.03mm 이내만 통과하므로 더 이상의 우회는 불가하다.

분자가 여러 상태에서 갖는 스펙트럼과 에너지의 양자화학적 계산(1998년 노벨화학상)에 바탕한 이론적 시뮬레이션으로 지문과 경과 시간을 비교하면 일어난 상황을 더 잘 이해할 수 있다.

첫번째 실험

즈웨일은 첫 실험에서 요드시아나이드의 분해를 연구했다. ICN → I+CN.

그의 팀은 I-C 결합이 깨질 때 전이상태를 정확히 관찰할 수 있었다 : 전체 반응은 200펨토초 간에 일어난다.

즈웨일이 수행한 또 하나의 중요한 실험은 요드화나트륨(NaI)의 분해이다 : NaI → Na+I. 작동 펄스가 평형상태에서 핵 간 간격이 2.8Å인 Na^+I 이온쌍을 공유결합 상태의 $[NaI]^*$ 활성화 형으로 되도록 여기한다. 그러나 분자가 진동하면 성질은 변한다. 핵들이 외곽 분기점에 있어 간격이 10-15Å일 때 전자구조는 이온형이 되고, 간격이 짧아지면 공유결합형이 된다. 진동 사이클의 어떤 시점, 즉 핵 간 간격이 6.9Å일 때 분자가 원점 상태로 떨어지거나 나트륨과 요드 원자로 해리할 가능성이 대단히 크다.

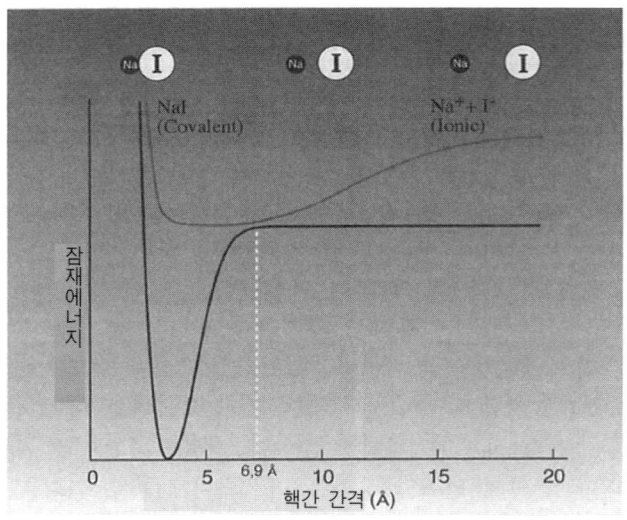

그림 1. NaI의 바닥상태와 여기상태를 나타내는 포텐셜 에너지 곡선. 윗 곡선은 여기한 NaI의 분자 진동을 나타낸다. 나트륨과 요드의 핵간 거리가 짧을 때 공유결합이 주종이고 멀 때 이온형이 주종이 된다. 진동은 접시 안에서 공기돌이 앞뒤로 구르는 것에 비유될 수 있다. 6.9Å 간격을 분기점으로 공기돌이 아래쪽 곡선으로 굴러 떨어질 수 있다. 이곳에서 또한 좌측 구덩이로 떨어져 정지할 수도 있고(바닥상태로 복귀) 오른쪽으로 달려갈 수도 있다.(나트륨과 요드 원자로 각각 해리)

즈웨일은 또한 수소와 이산화탄소 간의 반응도 연구했다.

$H + CO_2 \rightarrow CO + OH$. 대기 중 연소 상태에서 일어나는 반응이다. 그는 이 반응이 HOCO(1000 펨토초)의 상태를 상대적으로 오랫동안 유지한다는 것을 보여주었다.

많은 화학자들을 사로잡는 의문점 중의 하나는 왜 특정한 화학 결합이 다른 결합보다 더 활발한 반응을 보이며, 한 분자에서 두 개의 등가(等價) 결합이 있다면 어떠한 현상이 일어날 것인가? 그 결합은 동시에 혹은 한번에 하나씩 끊어질 것인가? 이러한 종류의 질문에 답하기 위해 즈웨일과 그의 동료들은 테트라플루오르디아이오드에탄($C_2I_2F_4$)이 테트라플루오르에틸렌(C_2F_4)과 두 개의 요드 원자(I)로 해리하는 과정을 연구했다.

$$\underset{\substack{}}{\text{I}} \quad \longrightarrow \quad \text{F}_2\text{C}=\text{CF}_2 + 2\,\text{I}$$

그들은 초기 분자에서 그들의 등가에도 불구하고 두 개의 탄소-요드 결합이 한번에 하나씩 해리된다는 것을 발견했다.

연구는 기대되지 않았던 결과가 나타날 때 부가적인 흥미를 일으킨다. 즈웨일은 벤젠, 6개의 탄소원자 고리(C_6H_6) 그리고 두 개의 요드 분자를 구성하는 분자인 요드(I_2) 사이에서 어떤 유사한 반응이 일어날 것인가에 대해 연구했다. 두 개의 분자는 충분히 가까운 곳에 위치할 때 복합체를 형성한다. 레이저 광선은 벤젠 분자로부터 요드 분자로 분출되는 전자를 생성한다. 그래서 요드는 음전하를 벤젠은 양전하를 띠게 된다. 이 음전하와 양전하는 벤젠과 가장 가까운 요드 원자를 서로 빠르게 끌어당기게 된다. 두 개의 요드 원자 사이의 결합 중 하나는 벤젠으로 흡수되어 사용되고 다른 하나의 요드와의 결합은 깨어져서 자유롭게 사라지게 된다. 이 모든 것은 750펨토초 안에 일어난다. 그러나 즈웨일은 이것이 단일 요드 원자가 생성될 수 있는 유일한 방법은 아니라는 점을 발견했다. 이따금 전자는 벤젠으로 돌아오게 된다. 그러나 그 때는 이미 늦어 요드 원자에는 영향을 줄 수 없게 되고 늘어진 고무밴드가 끊어지는 것처럼 두 원자 사이의 결합이 깨어져 두 원자는 각각으로 떨어진다.

연구의 시작

유기화학에서 많이 연구된 표준적인 반응은 사이클로부탄의 고리가 끊어져 에틸렌을 생성하는 반응 또는, 두 개의 에틸렌 분자가 결합하여 사이클로부탄을 형성하는 그 역반응이다. 이 반응은 그림2의 왼쪽에서 도식적으로 보여주듯이 하나의 활성장벽을 가진 하나의 전이상태를 통해 직접적으로 진행될 수도 있고 혹은 두 단계의 메커니즘(오른쪽)을 통해 계속되어 먼저 하나의 결합이 해리되고 그 결과 테트라메틸렌이 중간 생성물로 형성된 후 또 하나의 활성 장벽을 통과한 후 테트라메틸렌이 최종 산물로 변환될 수도 있다. 그러나 즈웨일과 그의 동료는 이 문제에서 중간 생성물이 실제로 형성되고 700펨토초의 수명을 가진다는 것을 펨토초 분광학을 이용하여 보여주었다.

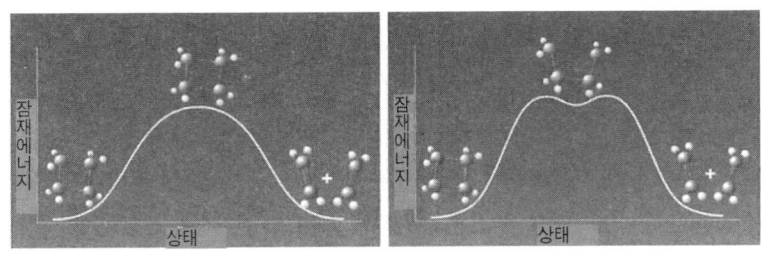

그림 2. 실제로 사이클로부탄 분자가 어떻게 두 개의 에틸렌 분자로 생성되는가? 왼쪽의 그림은 두 개의 결합이 동시에 펴져서 동시에 해리된다면 상태 에너지가 어떻게 변화될 것인지를 보여준다. 오른쪽 그림은 한번에 한 개의 결합만이 해리되는 경우를 보여준다.

펨토초 기술을 이용하여 이루어진 또 다른 형태의 연구는, 광이성질화(*photoisomerisation*)라고 불리는 빛에 의해 유도되는 한 구조에서 다른 구조로의 분자 변환이다. 두 개의 벤젠 고리를 포함하

는 스틸벤 분자의 시스와 트랜스 형태 사이의 변환과정이 즈웨일과
그의 동료에 의해 탐색되었다.

cis-stilbene   trans-stilbene

　그들은 변환과정에서 두 개의 벤젠 고리가 서로 관련되어 동시에
회전한다고 결론지었다. 또한 최근에 유사한 반응이 로돕신에서 색
을 내는 물질이자 눈의 간상체에 있는 색소인 레티날 분자에서 관
찰되었다. 우리가 빛을 인지할 때 망막에서 일어나는 최초의 광화학
단계는 이중결합 주위의 시스-트랜스 변환이다. 펨토초 분광학으로
다른 연구원들은 이 과정이 200펨토초 동안 일어나고, 특정 양의 진
동이 반응 생성물에 남는다는 것을 발견했다. 반응 속도는 흡수된
광자로부터 에너지는 곧바로 재분배되는 것이 아니라 직접적으로
적절한 이중결합에 편재한다는 것을 암시했다. 이것은 높은 효율성
(70%)과 어두운 곳에서도 잘 볼 수 있는 시력의 원리를 설명할 수
있다. 펨토화학으로 효율적인 에너지 전환을 설명하는 다른 중요한
사례로서 광합성에서 빛을 포획하는 엽록소 분자에서 찾아볼 수 있
다.

　즈웨일의 업적 이후 펨토초 연구는 액체와 용매(용액에서 해리와
물질 사이의 반응 메커니즘을 이해하기 위해) 그리고 중합체(예를
들어 전자공학에서 이용될 수 있는 새로운 물질의 개발)에서 분자
의 빔 뿐만 아니라 표면공정(예를 들어 촉매의 이해와 개선)을 이용
하여 전세계 도처에서 집중적으로 실행되고 있다. 다른 중요한 연구

분야는 생물학적 체계(biological system)의 연구이다. 화학반응 메커니즘에 대한 지식은 반응을 조절하기 위한 우리의 능력에서도 중요하다. 원하는 화학반응은 종종, 일련의 원하지 않는 경쟁적인 반응을 동반하므로 생성물의 혼합물에서 분리와 정제가 필요한 경우가 있다. 이 반응이 선택된 결합으로 진행되도록 조절될 수만 있다면, 이러한 번거로운 것은 피할 수 있을 것이다.

펨토화학은 근본적으로 화학반응에 대한 우리의 관점을 변화시키고 있다. '활성'과 '전이 상태'와 같은 상대적으로 모호한 비유로만 설명해오던 현상으로부터 우리는 이제 상상 속의 각각의 원자의 이동을 볼 수 있게 되었다. 그들은 더 이상 볼 수 없는 것이 아니다. 올해의 노벨상에서 시작된 펨토화학의 연구가 폭발적인 발전으로 가고 있는 이유가 여기에 있다. 세계에서 가장 빠른 카메라를 이용함으로써 상상력은 새로운 문제에 도전할 수 있게 되었다.

<참고 문헌>

- Bengt Norden 저 '영어의 확장판'
- M. A. El-Sayed, I. Tanaka, Y. Molin 공저 '화학과 광생물학에서 초고속 반응' Blackwell Science 1995 306 pp, ISBN 0-86542-893-X.
- S. Pederson, J. L. Herek and A. H. Zewail '양 레디컬 가설의 타당성: 전이상태 구조의 직접적인 펨토초 연구'. Science Vol 266(1994) 1359~1364.
- A. H. Zewail '분자의 출현' Scientific American December 1990 p.40~46
- V. K. Jain '세계의 가장 빠른 카메라' The World and I, October 1995 p.156~163
- 노벨 심포지엄: 펨토화학과 펨토생물학: 원자 규모 분석의 초고속 반응 동역학 (편집자: V. Sundstrom) World Scientific, 싱가포

르 1996

아흐메드 즈웨일은 1946년 이집트에서 태어나 성장하고 알렉산드리아대학에서 공부했다. 미국에서 학업을 계속한 이후, 1974년 펜실베이니아대학에서 박사학위를 취득했다. 버클리의 켈리포니아대학에서 2년의 경력 후, 1990년부터 물리화학 Linus Pauling 석좌교수로 칼텍(Caltech)에서 근무하고 있다. 즈웨일은 이집트 시민이자 미국 시민이다.

Professor Ahmed H. Zewail
California Institute of Technology
Arthur Amos Noyes Laboratory of Chemical Physics
Mail Code 127-72
Pasadena, California 91125
USA

노벨상의 상금은 7,900,000 SEK 이다.

마지막 수정일 2001년 3월 22일
copyright © 2001 노벨재단

뱅 노덴(Bengt Nordén) 교수의
노벨상 수여 연설

스톡홀름, 스웨덴
콘서트홀
1999년 12월 10일
Ahmed H. Zewail 교수의 1999년 노벨화학상 수상

국왕 폐하 내외분, 왕실 귀족 여러분 그리고 신사 숙녀 여러분!

우리 화학자들은 분자와 그것들의 본질적인 실체를 이해하고, 분자가 만나 새로운 분자를 형성할 때 그들이 서로 약하게 결합하는지 아니면 격렬히 반응하는지와 같은 현상을 예측할 수 있기를 원하고 있습니다. 특히 우리는 생명이라고 불리는 정교한 화학반응을 이해하기를 원합니다. 지식의 대변혁을 통해, 오늘날 분자는 생물학, 의학에서부터 환경과학과 기술에 이르기까지 모든 분야의 핵심적인 위치에 놓여 있습니다.

화학의 핵심은 말하자면 원자 사이의 화학결합이 끊어지고 결합되는 것과 같은 화학반응에 있습니다. 그러면 화학반응은 어떻게 일어나는 것입니까? 우리 모두는 다이너마이트의 폭발과 못이 녹슬게 되는 시간을 비교해 볼 때 화학반응이 각기 다른 속도로 진행된다는 것을 알고 있습니다. 알프레드 노벨은 반응속도의 중요함, 다이너마이트는 대포에 사용될 수 없을 만큼 매우 빠른 반응이 일어나 폭발한다는 것을 알고 있었습니다. 그는 또한 화학반응이 더 높은 온도에서 더 빠르게 진행된다는 것을 알고 있었습니다만 그 이유는 알 수 없었습니다. 그러나 그 이유는 웁살라(Uppsala)의 물리화학자 스반트 아레니우스(Svante Arrhenius)에 의해 밝혀졌습니다. 독일 과학자인 반트호프(Jacobus Van't Hoff, 1901년 첫번째 노벨화학상 수상자)에 의해 영감을 얻은 뒤, 아레니우스는 지금은 1백년 이상 사용되고 있는 온도에 따른 반응속도의 방정식 이론을 처음으로 주장했습니다. 아레니우스는 다른 업적 때문이 아니라 그 이론으로 세번째로 노벨화학상(1903)을 수상했습니다.

과학은 항상 보다 더 작은 것과 보다 빠른 현상을 관찰하기 위해 노력하고 있습니다. 아레니우스 시대 이후에 많은 방법들이 점점 더 빠른 반응속도를 측정하기 위해 노력해오고 있고, 그것을 연구하는 많은 사람들이 노벨상을 수상했습니다. 그러나 최근까지 결합이 해리되고 형성되는 반응에서 일종의 중간적 상태에 비유되는 전이상태를 통과하는 반응 분자에 어떤 현상이 일어나는가를 실제적으로 관찰할 수 있었던 사람은 아무도 없었습니다. 이것은 인류가 해결할 수 없는 영역으로 남겨져 있었습니다.

분자는 분자 내에서 움직이는 원자만큼 빠른 속도로 전이상태를 통과합니다. 그것들은 소총의 탄환만큼 빠른 속도인 초당 1000m의 속도로 이동합니다. 이 시간은 원자들이 분자 내에서 경미하게 이동하는데 전형적으로 소요되는 수십 펨토초($1fs=10^{-15}$초)에 예상하는 시간입니다. 단지 몇몇 사람만이 그런 빠른 현상이 관찰 가능할 것이라고 믿어왔습니다.

그런데 아흐메드 즈웨일이 정확하게 그것을 해냈습니다. 12년 전, 그는 펨토화학이라 불리는 과학분야의 탄생을 가져온

결과를 발표했습니다. 이것은 세계에서 가장 빠른 카메라를 이용, 반응이 일어나는 동안의 분자를 필름에 담아 전이상태를 정밀 사진으로 얻어내는 것이라고 설명될 수 있습니다. 그의 '카메라'는 단지 수십 펨토초의 지속시간 빛을 이용하는 레이저 기술입니다. 이 반응은 강력한 레이저 광선에 의해 개시되어 상황을 추적하는 일련의 후속적인 광선에 의해 연구되었습니다. 그의 성공의 핵심은 최초의 펨토초 광선 또는 개시 발사가 시료 속의 모든 분자를 한꺼번에 여기(勵起)시켜 분자 내의 원자들이 규칙적으로 선회토록 하는 것이었습니다. 최초의 실험은 다소 간단한 반응에서 결합이 늘어져서 깨어지는 방법을 슬로모션으로 보여주는 것이었고, 후속적으로 좀 더 복잡한 반응에 대한 연구가 뒤따랐습니다. 가끔 놀라운 결과가 나타났고, 반응이 일어나는 동안 원자의 운동은 기대했던 것과 다르게 관찰되기도 했습니다.

즈웨일의 고속 레이저 기술의 사용은 하늘의 천공을 밝히는 모든 것에 관심을 향하게 했던 갈릴레오의 망원경 사용과 비유할 수 있습니다. 즈웨일은 펨토초 레이저를 분자의 세계에서 이동하는 모든 것에 이용해 보았습니다. 그는 그의 망원경을 미지의 과학연구 분야에 이용했습니다.

아흐메드 즈웨일은 화학반응의 분해와 형성이 일어나는 분자의 일생에서 결정적인 순간을 분명하게 보여주는 실험을 최초로 수행했기 때문에 노벨화학상을 수상합니다. 그는 아레니우스의 이론의 배후에 있는 실체를 보여주었습니다.

화학반응의 과정을 세부적으로 이해하고 예측하는 것은 매우 중요합니다. 펨토화학은 화학의 모든 연관 분야에 적용될 수 있을 뿐만 아니라 재료과학(미래의 전자공학?)이나 생물학과 같은 연관분야에도 활용될 수 있음이 밝혀졌습니다. 레티날

(retinal)분자는 그 사례인데 이 물질은 시각을 만듦으로 우리가 시시각각 사용하고 있습니다. 빛은 윤활유가 잘 처리된 접합부에 작용하듯 이 분자를 휘게 하여 뇌에 신경신호를 보냅니다. 눈의 빛을 감각으로 설명되는 그 반응시간은 단지 200펨토초에 불과합니다.

펨토화학은 우리가 화학반응을 바라보는 시각을 급격히 변화시키고 있습니다. 전이상태를 둘러싼 수백년간의 의문점이 해결되고 있는 것입니다.

즈웨일 교수님, 저는 귀하의 선구적 작업이 화학반응을 바라보는 과학자들의 의식을 어떻게 근본적으로 변화시킬 수 있었던가를 설명하려고 했습니다. 전이상태를 비유어로 설명하는데 한계가 있었지만, 이제 우리는 분자에서 원자의 실제 운동을 연구할 수 있게 되었습니다. 우리는 우리가 상상해오던 그 방법대로 시간과 공간에서 그것을 이야기할 수 있게 되었습니다. 그것은 더 이상 가상적인 것이 아닙니다.

저는 스웨덴 왕립과학한림원을 대신하여 귀하에게 진심 어린 축하를 전하며, 1999년 노벨화학상을 국왕폐하로부터 친히 수상하기 위해 앞으로 나와주십시오.

아흐메드 즈웨일(Ahmed Zewail)의 노벨상 수상 연설

스톡홀름, 스웨덴
시청
1999년 12월 10일

국왕 폐하 내외분, 왕실 귀족 여러분 그리고 신사 숙녀 여러분! 저는 시간을 통해 항해해 온 저의 개인적인 이야기로부터 시작하고자 합니다. 오늘밤 국왕폐하로부터 제가 받은 메달은 1902년 에릭 린드버그(Erik Lindberg)가 디자인한 것으로 자연의 여신이자 이집트 모성의 여신인 이시스—또는 이제스—의 형상을 표현하고 있습니다. 여신의 팔은 풍요의 뿔을 쥐고 있고, 그녀의 굳고 위엄 있는 얼굴을 덮은 베일이 과학의 수호신에 의해 벗겨지면서 구름으로부터 나타납니다.[5] 실제로, 이시스는 6천년 전 천문력을 사용하기 시작하면서부터, 소우주의 궁극적인 연구에 대한 공적으로 오늘밤 영예를 가져다준 펨토초의 세계에 이르기까지 시간에 대한 경주를 추진한 과학의 수호신입니다. 저는 이시스의 나라, 이집트에서 태어나 교육을 받았고, 미국에서 과학의 눈을 떴고, 오늘밤 저는 영예로운 노

---

5) 각인 해설 : *Inventas vitam juvat excoluisse per artes*, 대충 번역하면 "새롭게 발견된 지배력에 의해 지구에서의 삶을 개선하는 사람들" (의미상으로, "발명은 예술을 통해 아름다워지는 삶을 더 높인다.").

벨 메달을 스웨덴에서 받으면서 시초의 일을 상기합니다. 학문의 수호신에 의한 국제화는 정확히 100년도 훨씬 전에 노벨이 바랬던 것입니다.

노벨은 높은 안목의 언어로 노벨상의 목적을 요약했습니다. "과학연구의 정복과 끊임없는 연구분야의 확대는 우리로 하여금 세균-정신뿐만 아니라 육체의-을 점차 소멸시킴으로써 인류가 미래에 감당해야 할 유일한 전쟁인 세균과의 싸움에 희망을 안겨줍니다." 노벨은 세계를 위하여 그가 품고 있는 희망사항과, 과학의 발견과 그 발전의 중요성을 분명하게 인식하고 있었습니다. 그러나 오늘날까지도 세상에는 차별과 침략과 같은 정신적 세균이 얼마큼 존재하고 있습니다만, 과학은 여전히 인간성의 발전과 영속(永續)될 문명의 중심에 있어왔습니다. 역사가 시작된 개벽(開闢)의 날부터 과학은 미지의 우주를 탐구하고 자연의 법칙을 찾아 집대성시켜 왔습니다. 온 세계는 알프렛 노벨의 뜻인 '인류에게 위대한 유익을 남겨줄' 새로운 발견에 대한 폐하와 스웨덴 국민의 올바른 인식과 판단, 그리고 축제를 경하합니다. 지적 성취에 대해 이토록 열정적으로 축하하는 나라는 달리 없음을 저는 알고 있습니다.

온 세계가 노벨상을 드높은 영예로 받아들이는 데는 두 가지 이유가 있습니다. 과학자에게는 이 상은 새로운 발견을 이룩하기까지 바친 그들의 불굴의 노력을 인정하고, 그들을 다른 위대한 과학자들과 함께 역사의 기록에 오르게 한다는 것입니다. 또한 이 상은 세상 사람들에게 새로운 발견의 중요성과 그 가치를 경외(敬畏)케 하며, 그렇게 함으로써 과학에 대한 대중과 정부(기대하는)의 인식과 지원을 더욱 강화시키게 된다는 것입니다. 이 두 가지는 이 상의 훌륭한 동기로서 다시 감사드립니다. 저에게는 이에 버금가는 세 번째 중요한 이유가 있습니다.

　만일 노벨상이 이집트의 문명이 시작된 6천년 전에 있었더라면, 아니면 2천년 전 알렉산드리아에 그 유명한 도서관과 대학(박물관)이 설립된 당시에 있었더라면, 이집트는 다양한 분야에서 높은 성과를 이룩했을 것입니다. 그러나 최근 이집트와 아랍세계의 사이언스 이븐 시나(Science Ibn Sina), 이븐 루쉬드(Ibn Rushd), 자비르 이븐 하얀(Jabir Ibn Hayyan), 이븐 알하이탐(Ibn al-Haytham)을 비롯한 다른 여러 사람은 과학과 의학에서 상을 받지 못했습니다. 저는 최초로 수여되는 이 상이 개발도상국의 젊은 세대를 고무하여 그들도 세계의 과학과 기술에 공헌할 수 있다는 확신을 갖게 되기를 진심으로 희망합니다. 험프리 데이비(Humphrey Davy)경은 1825년 다음과 같이 말했습니다. "다행스럽게도 과학은 그가 속한 자연과는 달리 시간과 공간의 제한이 없습니다. 과학은 국가에 소속되지도, 시대에 소속되지도 않으며 범세계적 소유입니다." 서쪽이든 북쪽이든 어디에도 경계가 없이 우리는 노벨이 언급한 '세균이 없는 세상'을 만드는 일을 전적으로 도울 수 있습니다. 또한 저는 이 상이 나의 과학적 성취의 중심지대인 과학계(Science Society)를 비롯하여, 인류의 존엄과 평화에 도움이 되기를 희망합니다.

　존경하는 폐하, 저와 저의 가족은 오늘의 포상에 대해 느끼는 감정을 제대로 표현할 방법이 없습니다. 이 수상의 배경에는 오늘밤 함께 영광을 나누어야 할 수많은 펨토과학자들이 전세계에 계십니다. 칼텍에 있는 저의 밀접한 연구 가족인 150여명의 젊은 과학자들은 성공을 향한 행진으로 공헌을 가능하게 한 진정한 군대의 대표들이기에, 그들의 노력에 찬사를 보내는 것이 마땅합니다. 개인적으로 저는 이집트와 미국에서의 경험으로 성숙할 수 있었으며, 지식에 대한 진정한 열정을 가질 수 있었음을 다행으로 여기고 있습니다. 저는 이처럼 숭고한 영예가, 자신의 연구결과가 오늘의 과학과 인류에 영향을 미치는 것을 직접 목격할 수 있는(희망하는) 젊은 나이에 주어진 것에 대해 감사합니다.

이 영광은 의무와 미래에 대한 새로운 도전을 요구하고 있으며, 저 또한 그러한 도전을 계속할 수 있기를 바라면서, 위대한 학자 타하 후세인(Taha Hussein) 박사의 사려 깊은 말 "지식을 추구하는 자가 스스로 만족하는 날이 오면 그때부터 최후가 시작된다. 안주하는 학자는 불행하다."을 되새기는 바입니다.

국왕폐하, 감사합니다. 그리고 과학과 과학자를 축하해주시는 모든 분에게 감사드립니다.

나일대훈장

나일 대훈장 서훈 (Qiladat al-Nil al-'Uzma) 모하메드 호스니 무라바크 (Mohammed Hosni Mubarak) 대통령의 연설

카이로, 이집트
대통령궁
1999년 12월 16일

형제 자매여러분,

먼저 나는 나 자신과 위대한 이집트 국민들을 대표하여 1999년 노벨화학상을 수상한 이집트의 성실한 아들 아흐메드 즈웨일 박사에게 진심 어린 축하를 전합니다. 귀하는 이 귀중한 수상이 아흐메드 즈웨일의 수상 이상의 더 넓은 의미를 함축하고 있다는 점에 대해 나와 동의하실 것입니다. 귀하의 성공은 명백히 위대한 이집트의 국민들이 이룩한 문명에 대한 일련의 혁신적인 기여를 보완합니다.

여러분이 아시다싶이 이것은 이집트인이 인류에 창조적인 기여를 하여 받은 국제적인 수상으로 처음이 아닙니다. 이전에 사다트(Anwar al-Sadat) 대통령은 장기간 지속된 격렬한 분쟁으로 엄청난 전비(戰費)가 투자되었던 지역에서 평화를 되찾는 노력을 선도했습니다. 그 분쟁은 끝없이 에너지를 소모했습니다. 그래서 그는 인류를 위해 평화를 달성한 노력으로 노벨상을 받았던 최초의 이집트인이 되었습니다.

다음으로는 이집트의 위대한 소설가인 나기브마푸즈(Naguib Mahfouz)인데 그의 장려하고 드넓은 문학적 통찰력은 이집트의 정치와 사회현실을 깊이있게 파고들었습니다. 그는 증대된 인류의 가치와 함축된 의미의 광대한 지평선을 넘어 높이 날아오른 대가(代價)로 숭고한 문학적 가치를 세계적으로 인정받았습니다.

탁월한 과학자인 아흐메드 즈웨일 박사의 노벨화학상 수상은 문명에 끼친 이집트인의 다양한 공헌이 세계의 인정을 받은 것이며, 현재와 미래에 대해 절대적인 영향을 두루 미치게 되었습니다.

이집트인들과 아랍인들은 그것이 주는 의미를 즉각 깨달았기 때문에 그 중요한 사안에 깊이 감동하였습니다. 다시 말해 과학적인 혁명과 놀라운 성취를 촉진하는 역할에서 우리가 신의 도움을 받을 수 있다는 것을 인식한 것입니다.

형제 자매 여러분, 아흐메드 즈웨일 박사의 훌륭한 과학적 성공은 인류 문명을 위한 일련의 이집트인의 공헌에 대한 세계의 인식을 완성시켰습니다. 역사가 시작된 이후로 계속되는 이러한 공헌은 진보를 위한 초석이 됩니다. 이집트 고대 문명의 아들인 아흐메드 즈웨일의 선진과학지식은 현대과학으로 접근하기 어려운 몇몇 비밀을 포함하여 오늘날까지 세계를 놀라게 하고 있습니다. 그는 근세 초기에 과학의 진보가 유럽을 침체로부터 벗어나 문예부흥과 전면적 발전으로 전환시키는데 명백히 주도적 역할을 했던 아랍 이슬람 문명의 아들이기도 합니다.

형제 자매 여러분, 이 사안에서 우리가 더욱 자랑스럽게 여기는 것은 이것이 함축하고 있는 몇 가지 의미 때문입니다. 첫째 특이하고 개척적인 일을 전 세계에 인식시킨 이 과학자는 이집트 교육기관에서 석사과정까지 교육받았습니다. 나는 이것이 적당한 환경 하에서 과학자를 양성할 수 있는 우리 교육기관의 능력에 대한 명백한 증거라고 믿습니다. 나는 또한 이집트 및 외국에서 과학에 대한 노력으로 인류의 진보에 말없이 공헌하고 있는 수천의 우리 과학자들이 과학 발전에 주요한 기여를 함으로써 모국의 능력에 대한 증거를 계속하여 제시할 것이라고 믿습니다.

이집트는 앞서 아흐메드 즈웨일 박사에게, 그의 과학적 성취와 이집트의 과학자 및 과학 연구기관들과 교류를 유지하려는 그의 의지를 인정하여, 1995년 과학연구에 대한 축전일에 과학예술 1등 공로훈장을 수여함으로써 감사를 표한 적이 있습니다. 이 시상은 외국에 체류하는 우리 과학자를 당연히 보호하고 그들과 고국 간에 밀접한 유대를 유지하도록 하는 국가의 열망일뿐 아니라 나 개인의 바람을 나타내는 것이었습니다.

두번째로 아흐메드 즈웨일 박사는 이집트의 대학에서 과학을 전공한 후 뿌리 깊은 전통을 가진 대학연구기관의 환경 속에서 그의 과학 경력을 계속 쌓아간 것입니다. 이것은 한 개인의 재능이 아무리 탁월하다 하더라도 건전한 체제의 과학기술 정책과, 정부와 기업인 그리고 이집트 사회의 기득층이 효과적으로 협력하는 그러한 정책 장치의 제도 안에서 최고의 수준에 이를 수 있다는 것을 지적하고 있습니다.

세번째로 드러나는 것은, 동포 가운데 한 사람이 그토록 훌륭한 과학의 상을 수상한 소식에 모든 이집트인이 진정한 행복을 가슴 가득히 느끼고 있다는 것입니다. 이러한 행복은 그러한 성취가 우리 국가와 연관되는 가치를 고귀한 우리 국민이 인식하기 때문에 유발되는 것입니다. 나아가 그러한 행복은 이 나라만이 아니라, 우리 이집트가 항상 그 중심에 있었던 전 아랍세계로 전파되고 있습니다.

그러므로 이러한 아흐메드 즈웨일 박사에 대한 자부심과 경외심이 이집트에서와 같은 강도와 성심으로 모든 아랍세계를 압도한다는 것은 놀랄 일이 아닙니다. 이것은 그의 세대에 가장 유명한 수학자이자 천문학자인 알 카와리즈미(al-Khawarizmi), 광학과 물리학의 알 하싼 이븐 알 헤이탐(al-Hassan Ibn al-Haytham), 첫 의학백과사전의 저자인 알 라지(al-Razi), 그 외 이븐 시나(Ibn Sina), 이븐 루쉬드(Ibn Rushd) 등 많은 우리 아랍 과학자들의 성공에 대한 자부심을 확대시키고 있습니다.

형제 자매 여러분, 이 시점에 진정한 중요성은 젊은 나이에 노벨화학상을 수상한 아흐메드 즈웨일 박사의 개인적 수상에서 찾자는 것이 아닙니다. 더 나아가 우리는 이 기회에 이집트 도처에서 국가적인 과학 연구를 강화하고, 현재의 세계 과학혁명에서 한 역할을 하도록 지구적이고 진정한 노력을 추구하는데 있어 출발점으로 삼아야 합니다. 우리는 국가적 염원인 진보를 방해하는 문제를 해결하고 도전에 대응하면서 일해야 합니다. 여기에서 우리는 20세기의 후반부에 가장 귀중한 국가적 위업의 하나인 영광스러운 10월 승리는 건전한 과학적 토대 위에서 성취되었으며, 이 과학적 기반은 우리가 현재 직면한 도전에 도움이 될 것이라고 자랑스럽게 언급할 수 있습니다.

혁신의 비전으로 제가 언급한 과학 기반은 이집트의 국가적 캠페인이 되어야 합니다. 저번 9월에 있었던 과학 기술과 정보에 대한 국가회의 연설에서 나는 광범위한 과학기술의 부흥이 이집트의 메가 프로젝트에 첨가될 것이라고 강조했습니다. 이 프로젝트는 의욕적인 국가 프로그램의 신속하고 전진적인 성취를 위해 추진되는 것인데, 사회 각계의 노력을 동원하여 모든 생산 시설과 이집트인의 일상생활에 활용될 수 있는 자생적 기술을 생산하는 것이다. 지난 10월 나는 또한 국회와 슈라(자문)회의의 연설에서 개인적으로 이 중요한 계획을 계속 추구할 것이라고 주장했습니다. 같은 달 새 내각 연설에서 나는 이 계획의 성공의 필수 조건은 사회의 모든 분야가 높은 기술 시대의 진입을 준비하는 것과, 야심적이고 혁신적인 학생에게 특별한 관심을 두어 교육체제를 지속적으로 향상시키고, 가능한 수단을 동원하여 과학연구를 개선해 나가는 것이라고 했습니다.

형제 자매 여러분, 이러한 의욕적인 목표를 성공적으로 달성하기 위해서는 분명한 비전 이외에도 우리에게 통합 정책이 필요합니다. 나는 개발과 성취를 이루는데 있어서는 유능한 단체가 협동해야 한다고 촉구한 바 있습니다. 이 생동하는 목표를 달성하는데 저명한 이집트 과학자의 에너지를 최대한 활용해야 할 것이며, 동시에 새 세대 연구자를 길러내야 합니다.

해외로 이주했거나 체류 중인 이집트 과학자들이 이 거대한 계획에 효과적으로 기여하기 위해서는 그들의 생각과 발명뿐만 아니라 이집트 내에 그들의 동료를 양성하고 진보된 과학기술을 전수해야 한다고 환기합니다.

또한 Ph.D 학위를 준비하고 있는 이집트 내의 젊은 과학자와 연구자들을 위해 이들이 지원하고 지도교수가 되기를 요청합니다. 나로서는 이 의욕적인 계획을 성공시키기 위해 최대한의 가능한 지원을 조금도 망설이지 않을 것입니다.

동시에 나는 아랍국가들이 과학적 연구에 있어서 거대한 진보를 이룩할 수 있도록 참된 아랍통합을 요구할 기회를 포착하고 있으며, 이는 어느 국가도 단독으로 이러한 일을 할 수 없기 때문입니다. 나의 요구가 효과를 얻기까지 어려움과 민감한 문제들이 있다는 것을 압니다. 그러나 우리 모두가 직면하고 있는 도전과 예상되는 결과는 새 세기의 도래와 함께 최대한의 노력을 기울릴만한 가치가 있습니다. 이집트는 언제나 이러한 요구를 시행할 전문적인 지식과 최상의 아이디어들을 제공할 준비가 되어 있습니다.

형제 자매 여러분, 나는 이집트의 헌신적인 아들이자 탁월한 과학자인 아흐메드 즈웨일 박사의 빼어난 수상을 다시 한번 축하합니다. 나는 우리가 숭상하는 진보를 성취하는데 있어 우리 국민과 우리 국가의 능력에 자신을 갖고 있습니다. 나는 이집트의 고귀한 아들들이 국가와 후손을 위해 이룩한 진일보된 업적을 축하하기 위해 이와 유사한 모임이 앞으로도 있으리라고 확신합니다. 그렇게 함으로서 인류 문명의 여명기에 있었던 우리 조상들에 의해 정해졌던 고결한 인간 본질을 수행할 것입니다.

대통령 주무부처에 의해 처음으로 아랍어를 영어로 번역하였습니다. 원문 내에 인용된 발췌들은 약간 다른 형태일 수도 있습니다.

나일 대훈장 (Order of the Grand Collar of the Nile) 수훈식에서 행한 아흐메드 즈웨일의 강연

이집트 카이로
대통령 관저
1999 12월 16일

무바라크(Mubarak) 대통령 각하 내외분, 국무총리님, 훌륭하신 장관님들과 과학자분들 그리고 손님 여러분.

이 특별한 라마단의 신성한 달의 행사, 축복받은 크리스마스 그리고 이집트 역사에서 7번째 천년기의 시작을 경하합니다. 이날을 평생토록 소중히 여길 것입니다. 우리 사랑하는 이집트에서 최고 훈장인 나일대훈장을 받기 위해 여러분 앞에 서 있는 것은 저에게 크나큰 영광입니다. 이 영광은 모든 과학과 그리고 저의 동료들에게 수여하는 상징성을 갖습니다.

저는 25년 훨씬 전에 저의 목표의 시작과 함께 이 나라를 떠나 과학과 세계의 지식을 습득해 왔습니다. 이집트와 아랍 세계의 역사상 최초로 과학분야에서 노벨상을 수상했다는 것은 자신의 능력과 기술을 발휘할 적절한 환경이 주어진다면 이 나라의 사람들도 국제적 수준으로 성취할 수 있다는 것을 뒷받침합니다.

저는 이 나라 안과 밖에서 과학, 의학, 문학, 예술, 경제, 정치 그리고 다른 분야에서 중요한 발전을 이룩해온 수많은 이집트 후손 중의 한 사람일 뿐입니다. 역사의 여명 이후 이집트는 지속적으로 세계적 지식을 축적하는데 크게 기여해 왔습니다.

오늘에 앞서, 스톡홀름에서 언급했듯이 이집트 문명이 시작된 6천년 전에, 혹은 알렉산드리아의 도서관이 세계의 지식의 보고로 공헌했던 2천년 전부터 노벨상이 수여되었더라면, 이집트인은 분명히 이 상의 상당 부분을 받아왔을 것입니다. 아랍 과학자들에 의해 이루어진 과학의 연구가 르네상스 전 시대의 어두운 유럽에 빛나는 횃불 역할을 했다는 것은 그 누구도 잊지 못할 것입니다.

대통령 각하, 저의 이 영광을 통해 이집트 과학의 지원과 발전에 대한 각하의 열정적인 욕망이 재확인되고 있습니다. 오늘의 세계는 힘의 기반이 되는 영향력과 발전이라는 근본적인 두 개의 지주(支柱) 위에 서 있습니다. 이러한 두 지주는 진보된 과학지식과 이 지식 바탕 위에 배열하고 있는 사람들의 생산력입니다. 오늘날 선진국들이 지구상에서 생활수준을 변화시키고 세계의 강국으로 입지하는 것은 과학기술과 생산력 향상에 의존하고 있기 때문입니다.

개발도상국가들이 비슷한 수준으로 진보하고 발전하기 위해서는 과학의 기초와 과학적 문화의 확립이 요구됩니다. 이러한 방법만이 소비를 위해 오직 수입물품에만 의존하려는 '수입 만능의 정신'에서 탈출할 수 있는 열쇠가 될 것이며, 세계화의 새로운 체제에서 바깥 세계와의 기술 경쟁을 가능하게 합니다. 이러한 강력한 과학기반은 진실로 통합된 참여를 필요로 합니다. 이집트인에게는 국가를 새롭고 진보된 위치로 창조해가는 과학의 역할에 대한 믿음이 필요합니다.

국제적으로 이집트의 정치적 위상을 강화하고 하부구조를

구축하려는 어려운 과업에 착수한 대통령 각하의 용기 있고 지혜로운 통솔력의 성공으로 인하여 지금 이집트의 과학기술은 21세기 속으로 올라갈 수 있는 능력을 가지게 되었습니다. 저의 생각으로 무바라크 대통령 시대의 과학 부흥은 이집트와 중앙아시아의 평화와 번영을 위해 역사적인 차원에서 중요성을 가집니다. 이것은 세계화의 시대를 성공적으로 대응할 수 있는 합리화되고 건강한 세대를 우리 사회 내에 준비하기 위한 토대입니다.

대통령 각하, 이 상이 발표된 이후 저는 집에서 각하로부터 전화를 받았고, 이집트와 아랍세계로부터 내가 이 나라의 국민임을 기쁘고 자랑스럽게 여기게 하는 수천통의 메시지를 받았습니다. 이렇게 많은 편지와 젊은이들과의 만남을 통해 저는 국제적인 수준의 지식과 성취를 얻고자 하는 압도적인 갈망을 목격하였습니다. 저는 우리 젊은이들에게 국가와 인류 사회에 이바지할 수 있는 수단으로써 과학의 이익을 그들에게 전하고 격려함으로써 그들을 충분히 도울 수 있기를 바랍니다.

저는 칼텍에서 저의 연구원들과 함께 이룩한 결과를 두고 수많은 과학 및 국제기구로부터 찬사를 들었습니다. 제가 오늘 받는 이 훈장은 저에게 특별한 의미를 부여하고 있습니다. 그것은 제가 이 위대한 국가와 강력하게 연결되어 있다는 것을 뒷받침합니다. 이것은 이집트 내에 과학기술 발전과 부흥을 향한 희망의 문을 활짝 열고 있습니다. 이것은 수많은 위대한 문명을 꽃피워온 역사적 뿌리를 가진 고대문명국가에서는 절대로 과분한 요구가 아닐 것입니다. 더군다나 이집트는 최고의 성공을 성취하고자 열망하는 유능한 인재들을 수많이 가지고 있습니다. 비록 지금은 과학적 기반이 완전하지 않다 하더라도, 아주 짧은 기간 내에 국제수준의 성취를 이룰 수 있다고

저는 확신합니다. 과학적 지적 성취가 세계 수준에 이르렀을
때, 그것은 암흑시대로부터 찬란한 과학의 시대로 인도하는데
주역을 했던 유럽과 아시아에서 일어난 르네상스에 못지 않은
현대판 르네상스의 기초가 될 것입니다. 대통령 각하, 저는 이
같은 특별한 영광에 대해 저의 진정한 감정을 적절히 표현할
말을 찾지 못하고 있습니다. 다만 저의 감사함을 진지하게 전
하는 동시에, 우리가 사랑하는 이집트의 발전을 위해 수고하시
고 또 성공을 거두고 계시는 각하에게 알라신의 보호가 있기
를 희망합니다. 또한 저의 진실한 감사를 충성스러운 이집트
국민 모두에게 전하는 바입니다. 끝으로 저는 현대문명 속에
문명의 어머니인 이집트의 깃발을 드높이 올릴 수 있도록, 모
두가 인내와 성실과 긍정적이고 낙천적 태도로 하나의 팀을
이루어 함께 일해 나갈 것을 믿습니다.

아랍어에서 번역

백악관

Washington

빌 클린턴 대통령의 서신

1999 10/28
아흐메드 즈웨일 박사
화학 물리 Arthur Amos Noyes 실험실
캘리포니아공과대학
우편코드 127-72
파사데나, 캘리포니아 91125

친애하는 아흐메드,

1999년 노벨화학상의 수상을 축하하게 되어 매우 기쁩니다.

이 명성높은 상은 화학반응을 조사하기 위해 펨토 초 분광기를 사용한 귀하의 창시적 연구에 대한 적절한 포상입니다. 이전에 눈으로 볼 수 없었던 화학적 사건의 발견으로 우리는 화학반응 동안 일어나는 상황들에 대한 엄청나게 진보된 지식을 갖게 되었습니다. 귀하의 연구는 화학분야를 근본적으로 바꾸게 하였고, 이 세상 모든 사람들의 삶을 향상시키는 거대한 약속을 보여주고 있습니다.

우리는 이 훌륭한 업적을 자랑스러워할 것입니다. 저는 과학적 탐구에 대한 귀하의 성취를 찬양하며 귀하에게 계속적인 성공이 함께 하기를, 그리고 행복이 함께 하기를 기원합니다.

빌 클린턴

과학기술대학

New Initiative for Science and Technology in the Twenty-first Century
21세기 과학과 기술을 위한 새로운 제안

과학과 기술재단
과학기술 대학교(UST)
그리고
테크노파크(TP)
후원회의 의장
이집트 대통령
아흐메드 즈웨일에 의해 제안된 기획과 구성
2000/1/10

개요

무바라크 대통령의 후원 아래 과학기술대학(UST)와 그와 관련된 테크노파크(TP)을 설립하고자 하는 취지로 비영리 과학기술재단 설립이 제안되었습니다. 이 계획은 인적자원, 과학기술, 그리고 자본의 통합을 요구하는 과학과 세계화의 이 시대에 진보된 과학기술을 구축하기 위한 방법을 제공할 것입니다. 튼튼한 과학기초는 기술적 진보를 위한 분명한 기반이 되며, 양자는 중동의 안전한 평화와 국가의 번영을 위한 추진력이 될 것입니다.

과학기술대학과 테크노파크는 우수한 핵심센터로서 다음의

목적을 가집니다. 1) 젊은 세대에 대한 세계적 수준의 과학기술 교육, 2) 국가적 지역적 새로운 과학기술들의 개발, 3) 지역적으로 그리고 세계적으로 과학기술을 기반한 세계 경제에 참여.

이 연구 및 교육기구의 설립은 유전학, 의학, 에너지와 수자원, 펨토와 나노테크놀로지, 정보과학기술과 같은 21세기의 최첨단 분야에 집중하고 있다는 점에서 독특합니다.

이 역사적 사업을 성공시키기 위해서는 다음 3가지 본질적 요소가 필요합니다. 그것은, 선별된 학생과 연구원들의 수를 고려한 새 교육과 연구 커리큘럼의 개발을 포함한 '새로운 학문적 행정적 계획', 이 특수연구센터가 훌륭히 목적을 성취할 수 있게 하는 '새 법률', 그리고 어떠한 개인 영리적인 동기 없이 투자되는 '새로운 자금의 기부'입니다.

이 계획의 학문적 행정적 계획은 구체적으로 수립되었으며, 내용은 아래와 같습니다. 자금에 있어서는 정부에 부담을 주지 않는 두 개의 출처로부터 지원될 것입니다. 그것은 카이로의 아메리칸대학과 유사한 대학 교육에 부과되는 수업료와, 과학기술대학과 테크노파크의 첨단연구와 고급기술을 위해 특별히 마련하는 목적성 기부금입니다.

과학기술대학과 테크노파크를 세울 300에이커의 부지는 지난 10월 6일 이집트 정부로부터 제공받았습니다.(기공식은 2000년 1월 1일 가짐). 자금조달 활동은 새로운 법안이 승인된 이후라야 시작할 수 있습니다. 이미 이집트와 비이집트계의 일부 독지가들이 자진해서 이 계획의 추진을 지원하겠다고 표명했습니다. 마찬가지로 전세계의 우수한 과학자들이 특별히 이 새로운 시도에 그들의 도움을 제공할 뜻을 밝혔습니다. 무바라크 대통령의 적극적인 후원은 이집트와 아랍 국가를 과학과 기술의 르네상스로 이끌게 될 이 계획의 성공에 필수적인 것입니다.

역사적 견해

이집트와 아랍 세계는 역사적으로 인류의 사상과 문화 발전에 크게 기여했습니다. 과학적 사고(思考)의 발상지인 이집트는 수천년을 지내오면서 과학, 공학, 의학과 다른 여러 분야에서 발명과 발견을 지속해왔습니다. 약 1천년 전 유럽과 아시아에 문예부흥이 시작될 때 아랍의 문명이 밀접하게 관계되었다는 것은 아무도 의심하지 않습니다. 그러나 근일에 와서 이집트와 아랍 국가는 세계의 과학에 별달리 공헌하지 못했습니다.

이러한 사정으로 유능한 과학자가 서양으로 나가는 '두뇌 고갈'을 초래했고, 서양으로부터 기술의 수입을 필요하도록 했습니다. 지역적인 두뇌의 고갈은 튼튼하고도 지속적인 과학기반의 부재를 배가시켰으며, 이집트와 아랍국가의 현 기술수준을 제한하고, 결국 세계의 시장에도 영향을 주었습니다. 그러나 아랍 세계는 자원과 인력, 그리고 다수 국가에서는 재정까지 풍부합니다. 그러므로 이곳에 필수적인 과학의 기지를 건설하는데 있어서 재정적인 장벽은 없습니다. 더군다나 그러한 과학기지는 아랍 세계의 미래를 대비하는 동시에, 특히 무엇보다 중요한 중동의 평화를 위해 필수적인 것입니다.

20세기에 과학기술의 혁명을 목격했습니다. 레이저와 컴퓨터와 트랜지스터의 발명이 가져온 새로운 기술은 사회를 변혁시켰습니다. 또한 발견은 가장 작은 나라에서부터 엄청 크고 복잡한 나라에 이르기까지 전세계로 확대되었습니다. 양자론, 상대성이론, 시공(時空)의 새로운 척도(나노와 펨토), 블랙홀과 확대되는 우주, 유전정보의 해독 등은 인간의 사고를 변화시키고 새로운 분야를 탐구해가도록 만들었습니다. 21세기에도 새로운 발견은 분명이 이루어질 것이며, 그것은 사회 모든 분야-건강(의학), 인간 정보(인터넷 등), 인간의 존속(환경) 등에 영향을 줄 것입니다. 세계화에 의해 인류의 자원과 자본과 기술의 통합이 추진되고 있기 때문에 어떤 국가도 강력한 과학의 기반없이는 국제간의 경제에 아무런 영향을 줄 수 없게 됩니다.

과학기술대학과 테크노파크의 설립은 우리가 21세기의 주요 과학기술국으로 참여하여 세계 수준의 기술국으로 발전하려는 새로운 이념으로 계획되고 있습니다. 이집트와 아랍세계가 과학 분야에서 처음 수상한 노벨상과 함께, 그러한 수준에 도달하려고 노력하는 각 나라와 국민의 소망이 이루어지기까지에는 그리 긴 시간이 걸리지 않을 것입니다. 필요한 것은 현재와 미래의 세대들에게 국제적 위상의 과학기술 기반을 구축할 수 있는 기회를 제공하도록 새로운 체제에 의한 수월성의 실행입니다. 최종 목표는 인류의 건강을 개선하고 원자에서부터 우주에 이르기까지 새로운 지식을 획득하는 것에 대한 의미를 강화해가는 것입니다. 과학기술대학은 사치가 아닙니다. 우리나라와 인근 나라에 필수적인 것입니다.

과학기술대학의 목표와 독창성

과학기술대학과 테크노파크의 배경에 있는 이념을 실현하려면 대학의 교수진과 학생이 엄선되어야만 합니다. 이 계획은 최첨단 시설과 실험실을 갖춘 캠퍼스를 건설하여 최대 5천명의 학생과 교수진을 수용하게 됩니다. 이 캠퍼스는 자급자족하면서 신선한 사고의 함양으로 새로운 공헌을 할 수 있는 환경을 제공할 것입니다. 과학기술대학은 선진국(미국, 유럽, 일본 등)과 연결하여 과학기술을 배우고 정보를 교환하는데 역점을 두겠지만, 국내의 문화와 긍지, 윤리 문제도 동등하게 강조할 것입니다. 과학기술대학은 몇 가지 특성을 가집니다.

첫째, 과학기술대학은 시대에 앞서가고 다재다능한 과학기술의 신세대를 배출할 것입니다. 현재의 대학 시스템은 국제적 경쟁 수준에 이르기에 아직 미흡합니다.

둘째, 과학기술대학은 이집트와 아랍 세계가 국제적인 과학기술과 세계문화에 동참하게 함으로써 연구개발 분야에서 국제적 지위에 오르도록 할 것입니다. 현재의 대학 시스템은 그러한 현저한 참여를 하기에 불충분합니다.

셋째, 과학기술대학은 미래의 '과학사회'를 심어나가는데 있어 우리 사회와 세계에 큰 영향을 줄 것입니다. 빼어난 개명(開明)의 불을 밝히는 센터로서 과학기술대학은 국민에게 특별한 자부심을 싹트게 할 것이며, 다른 연구기관들 사이에 상호 협력하여 높은 성과를 얻도록 하고, 주요 기간산업과 경제 및 농업을 포함한 사회 모든 분야에 선진 과학기술을 앞서서 전달토록 할 것입니다. 이러한 사업은 과학과 사회를 융합하여 과학자와 일반인 사이에 새로운 유대가 탄생토록 할 것입니다. 이러한 노력은 국내외적으로 중요한 역할을 하여 인종간에 대화의 가교를 구축하는 데도 공헌할 것입니다.

과학기술대학의 구조

과학기술대학의 구조는 다음과 같습니다.

* 학부제 프로그램에서는 다양한 교과목을 마련하여 수준 높은 기초과학(수학, 물리, 화학, 공학, 경제학 등)을 강조할 것이다. 추가하여 신입생들에 대해서는 특별히 외국어, 문화인류

학, 역사 및 예술 과목을 개설할 것입니다. 이러한 과목은 각기 다른 배경을 가진 학생들이 기본적으로 이수하게 하여 과학기술대학이 실시하는 심화 프로그램에 참여할 수 있는 지원자격이 되게 할 것입니다. 이 프로그램은 전공이 아닌 다른 여러 과학 분야와 공학, 의학 및 연관학문에 대한 전문지식을 제공할 것입니다.

* 대학원생에 대해서 본 기관은 막스플랑크 연구소에 버금하는 고수준이 되도록 할 것입니다. 목표하건데, 이 연구기관은 독창성을 강조하고 창조적 사고(思考)를 고무하여 새로운 연구 분야에 매진토록 할 것입니다. 이것은 에너지, 정보학 그리고 유전학과 같은 이집트 및 인근 나라와 특별히 관련이 있는 분야에서 새로운 선구자가 될 것을 목적합니다.

* 설립 연구소는 5, 6개를 넘지 않아야 할 것이며, 그 모두는 분자의학, 유전공학, 정보과학, 물질과학, 레이저, 수자원, 지구환경, 우주개발 등에서 21세기의 선구가 되어야 할 것입니다.

조직과 지원

과학기술대학은 과학기술재단이 관리하는 비영리 기구입니다. 재단과 대학은 무바라크 대통령이 인준하고 국민의 동의를 얻은 새 법률의 우산 아래에서 비영리적, 비정부적 기구로서 독립적으로 활동해야 합니다. 과학기술대학의 행정구조는 관료적인 제한으로부터 자유로워야 하며, 한편으로 1) 재원과 지출, 2) 우수성의 수준에 책임을 가져야 합니다. 과학기술대학과 테크노파크는 수업료와 기부금이라는 두 개의 수입원으로부터 주로 지원받을 것입니다. 수입료는 과학기술대학의 운영비를 감당할 수 있어야 하고, 기부금 수입은 연구소의 연구개발 활동을 지원해야 할 것입니다. 초기 기부금 조달 목표는 10억 달러이며 1차로 5년 이내에 충분히 모금되어야 합니다. 이 자금은 팀웍을 이룬 창조적인 연구과제에 대해 우선적으로 지원될 것입니다. 그리고 두드러지게 우수한 학생을 지원하는 특별연구비 프로그램도 수립될 것입니다.

　과학기술대학이 활발히 운영되기 시작하면 5년 이내에 세계는 본대학의 특수성에 주목하게 될 것이며, 그 다음 5년 안에 대학은 국제적 연구기관의 대열에 서게 될 것입니다. 첫 10년이 지난 시점이면 과학기술대학과 동등한 규모와 구조를 지닌 우수한 새 연구소가 추가로 필요해질 것입니다.

테크노파크(기술공원)

　과학기술대학의 사회와의 접촉창구는 테크노파크가 된다. 과학기술대학과 이를 모체로 하는 연구재단이 지원하는 연구공간과 재정으로 테크노파크는 젊은 기업가들과 계약하여 그들에게 새로운 기술과 산업을 개척할 기회를 제공할 것입니다. 마찬가지로 중요한 것은, 테크노파크는 여러 첨단기술 분야에서 중요한 산업상의 고충을 해결해주는 기구(하나의 연구법인)를 둘 것입니다. 과학기술대학과 테크노파크 두 기구의 실현은 국내의 젊은 기업인과 밀접한 사회적 관계를 맺어 새 기술을 발전시킬 뿐만 아니라, 장기적으로 재단은 그들 기업과 합작계약을 함으로써 대학과 재단의 주요 수입원으로 발전시킬 수 있을 것입니다.

행정기구

　재단을 감독할 최고이사회가 설립되어야 할 것이다. 최고이사회회는 노벨수상자를 포함한 전세계의 저명인사, 아랍권의 저명 학자, 국내외 산업계와 다른 분야의 저명인사로 구성할 것입니다. 위원으로는 국가원수와 총리 및 각료도 포함될 것입니다. 무바라크 대통령은 다행히도 이 최고이사회의 의장직을 수락했습니다. 재단이 지명한 과학기술대학과 테크노파크의 책임자는 이 위원회의 승인을 얻어야 할 것입니다.

장소

과학기술대학의 설립부지는 정부로부터 10월 6일 시역(市域)의 300에이커를 승인받았습니다. 기공식은 2000년 1월 1일 무하마드 호스니 무바라크 대통령의 후원 아래 개최되었으며, 그 자리에는 국무총리를 비롯하여 고등교육장관, 주택토지개발장관, 저 그리고 다른 귀빈들이 참석했습니다. 건축은 재단에 위임했으나 뒤에 무효가 되었습니다.

위의 내용은 2000년 1월에 소책자로 준비된 것이며, 이후 후속된 세부 문서는 재단 기록 보관소에서 열람할 수 있습니다.

이력사항

* 역자주 : 2003년 이후 현재까지 원저
자의 수상과 명예가 끊임없이 계속
되어 왔으나 여기서는 이 책이 발간
된 2002년까지 사항만 수록되어 있
음. 단지 원저자의 한국과 관련된 사
항 2건은 원저에는 없으나 저자와의
협의하에 이에 별도로 추가하였음.

아흐메드 H. 즈웨일

캘리포니아 공과대학
라이너스폴링 화학 석좌교수 및 물리학교수
미국 국립과학재단(NSF)지정 분자과학연구소장
케미칼 피직스레터 (Chemical Physics Letter) 편집인

인적사항
부인 : 데마 즈웨일 박사
자녀 : 마하, 아나미, 네빌, 하니

학위
1967 이집트 알렉산드리아대학교 학사 일등급 우등생
1969 이집트 알렉산드리아대학교 석사
1974 미국 펜실바니아 대학교 박사

명예학위
1991 영국 옥스퍼드 대학교 : M.A., h.c.
1993 이집트 카이로소재 아메리칸 대학교 : D.Sc., h.c.
1997 벨지움 레벤소재 가톨릭 대학교 : D.Sc., h.c.
1997 미국 펜실바니아 대학교 : D.Sc., h.c.
1997 스위스 로잔느 대학교 : D.Sc., h.c.

1999 호주 신번대학교 : D.U., h.c.

1999 이집트 아랍과학기술학술원 : H.D.A.Sc.

1999 이집트 알렉산드리아대학교 : H.D.Sc.

2000 카나다 뉴브린스윅 대학교 : D.Sc., h.c.

2000 이태리 로마대학교 D.Sc., h.c.

2000 벨지움 리그 대학교 : D., h.c

2000 로스안젤스 퀸오브 안젤스-헐리우드 장로회 메디컬센터 : 명예의학박사, Member of the Medical Staff

2001 인도 자답푸르 대학교 : D.Sc., h.c.

2002 카나다 몬터리얼 콘커디어 대학교 : 명예법학박사

2002 스코트랜드 허리엇 와트 대학교 : D.Sc., h.c.

2003 한국 부산대학교 : 명예의학박사

훈장

1995 공로훈장1급(과학예술분야) : 이집트 무바라크 대통령 수여

1999 나일대훈장(이집트최고훈장) : 이집트 무바라크 대통령 수여

2000 Zayed 훈장(대통령최고훈장) : 아랍에밀레이트연합 대통령 수여

2000 Cedar 훈장(최고지도자훈장) : 레바논 에밀 라우드 대통령 수여

2000 ISESCO 훈장1급 : 사우디아라비아 살먼 이븐 압델 아지즈왕자 수여

2000 공로최고훈장 : 튀니시아 Zine el-Abdine Ben Ali 대통령 수여

2000 교황청 아카데미훈장 : 바디칼 교황 요한바오로 2세 수여

명예 및 대상

1989 파이잘국왕 국제과학상

1990 캘리포니아공과대학 제1급 라이너스폴링 석좌교수

1993 화학 Wolf 상

1997 화학 Robert A. Welch 상

1998 미국 플랭클린 연구소 벤자민플랑클린 훈장

1998 이집트 초상화 우표 발행

1999 이집트 제4피라미드 우표 발행

1998 데수크市에 아흐메드 즈웨일박사 고등학교 명명

1998 다만허市에 아흐메드 즈웨일박사 로(路) 명명

1998 카이로 오페라하우스에 아흐메드 즈웨일박사 지성살롱
      설치

1999 노벨화학상 수상

2000 펜실베니아 대학교 아흐메드즈웨일펠로우십 제정

2000 알렉산드리아市에 아흐메드즈웨일광장 설치

2001 카이로의 아메리칸 대학교에 아흐메드즈웨일상 제정

2001 스페인 펨토화학 5차 학술회의 즈웨일상 제정

2001 스웨덴 스톡호름 노벨박물관에 즈웨일자료 전시

2001 BBC 다큐멘터리 "시간에 대한 경주의 종말" 제작

수상(일부)

1978~82, Alfred P. Sloan 재단 펠로우

1979~85 Camille and Henry Dreyfus Teacher-Scholar
        Award

1983 미국 알렉산더 폰 훔볼트 Award

1984 1988, 1993 창조적연구를 위한 미국 NSF Award

1985 미국화학회 벅-휘트니 메달

1987 John Simon Guggenheim 기념재단 펠로우
1989 미국화학회 Harrison Howe Award
1992 독일 칼 짜이스 국제 Award
1993 미국 물리학회 Earle K. Plyler 상
1993 홀랜드 왕립 네델란드 예술과학 아카데미 메달
1994 독일 Bonner Chemiepreis
1995 미국 물리학회 Herbert P. Broida 상
1995 프랑스 레오날드 다 빈치 Award of Excellence
1995 프랑스 College de France 메달
1996 미국 화학회 Peter Debye Award
1996 미국 과학학술원상(화학)
1996 예일대학 J.G. Kirkwood 메달
1996 중국 북경대학교 메달
1997 피츠버그 Spectroscopy Award
1997 미국화학회 First E.B. Wilson Award
1997 라이너스 폴링 메달
1998 리차드 톨먼 메달
1998 윌리암 니콜스 메달
1998 스위스 쮜리히대학교 Paul Karrer 금메달
1998 미국정부 로렌스 Award
1999 네브라스카대학교 Merski Award
1999 독일 X-ray 발견 100주년 기념 뢰트겐 상
2000 뉴욕 로스대학교 의과대학 Faye Robiner Award
2000 미국 Academy of Achievement, Golden Plate Award
2000 이태리, 피사, Mayor시 City of Pisa 메달
2000 로마대학교 *La Sapienza* (Wisdom) 메달
2000 프랑스 *Medaille de 1' Institut du Monde Arabe*

2000 튀니시아, *Universite du Centre* 명예메달
2000 튀니시아, Monastir시 명예메달
2002 미국 펜실바니아대학교 탁월한 졸업생 상

학회 및 학계
1982~ 미국물리학회 펠로우
1989~ 미합중국 과학학술원 회원
1989~ 이태리 제3세계 과학학술원 회원
1992~ Sigma Xi Society 회원
1993~ 미국 예술과학학술원 회원
1994~ 프랑스 Academie Europeenne des Sciences 회원
1998~ 미국 Philosophical Society 회원
1999~ 교황청 과학아카데미 회원
1999~ 미국 Academy of Achievement 회원
2000~ 덴마크 왕립 Academy of Sciences and Letters 회원
2000~ 미국 Association for Advancement of Science
        (AAAS), 펠로우
2001~ 인도 Chemical Society, honorary 펠로우
2001~ 인도 Academy of Sciences, honorary 펠로우
2001~ 영국 Royal Society, 해외회원
        이집트 Gezira, Alexandria Sporting, Cairo Capital,
        and Automobile clubs (종신회원)
2002~ 한국 사단법인 아시아나노바이오과학기술연구원 자문
        위원

전공활동
Chemical Physics Letters 이사회 이사

Chemical Physics Letters 자문편집위원회 멤버
Chemical Physics Letters 상임 편집인
Chemical Physics Letters 국제학회 조직위원회 의장 및 멤버

초청강연
약 480회, 이중 150회 이상은 아래와 같은 집회에서 지정연사
혹은 본회의의 연사로 초청됨.
The Nobel, Celsius, Faraday, Roentgen, Franklin (Benjamin),
Perrin, (J. J.) Thomson, Planck, Schroedinger, London,
Lawrence, Condon, Watson, Aime Cotton, Debye, Pauling,
Hinshelwood, Karrer, Eyring, Noyes, Kirkwood, Tolman,
Kistiakowsky, Pimentel, Bernstein, Wilson, Berson, Roberts,
Polanyi, Onassis

논문 · 저서 및 특허
2001년 말까지 400편 이상의 논문과 8편의 저서를 출판하고
'태양에너지 집적장치'에 대한 미국 특허 No. 4,227,939 (1980년
10월 14일)을 득함

객원교수
암스텔담대학교, 홀랜드(1979)
보르독스대학교, 프랑스 (1981)
Ecole Normale Superieure, 프랑스 (1983)
쿠웨이트대학교, 쿠웨이트 (1987)
UCLA, 미국 (1988)
아메리칸대학교, 이집트 (1988)
Johann Wolfgang Goethe-Universitat, 독일 (1990)

Christensen Professorial Fellow, St. Catherine's College, Oxford, 영국 (1991)

텍사스 A & M 대학교 (1992)

아이오와대학교 (1992)

College de France, 프랑스 (1995)

가톨릭대학교, 벨지움 (1998)

뢴트겐 객원교수, 뷜쯔버그대학교, 독일 (1999)

명예석좌교수, 로잔느대학교, 스위스 (2000)

Linnett Professorship, 캠브리지대학교, 영국 (2002)

교수 및 연구직

1996~현재, 미국국립과학재단 지정 칼리포니아공과대학 분자
　　　　　　과학연구소 소장

1995~현재, 캘리포니아 공과대학 라이너스폴링 화학석좌교수
　　　　　　및 물리학교수

1990~94, 캘리포니아공과대학 라이너스폴링 화학물리교수

1982~89, 캘리포니아공과대학 화학물리교수

1978~82, 캘리포니아공과대학 화학물리 부교수

1976~78, 캘리포니아공과대학 화학물리 조교수

1974~76, 캘리포니아대학교(버클리) 박사후 연구원

1970~74, 펜실베니아대학교 박사전 연구원

1969~70, 펜실베니아대학교 조교

1967~69, 알렉산드리아대학교 강사 및 연구원

1966, 알렉산드리아 Shell회사 수련생

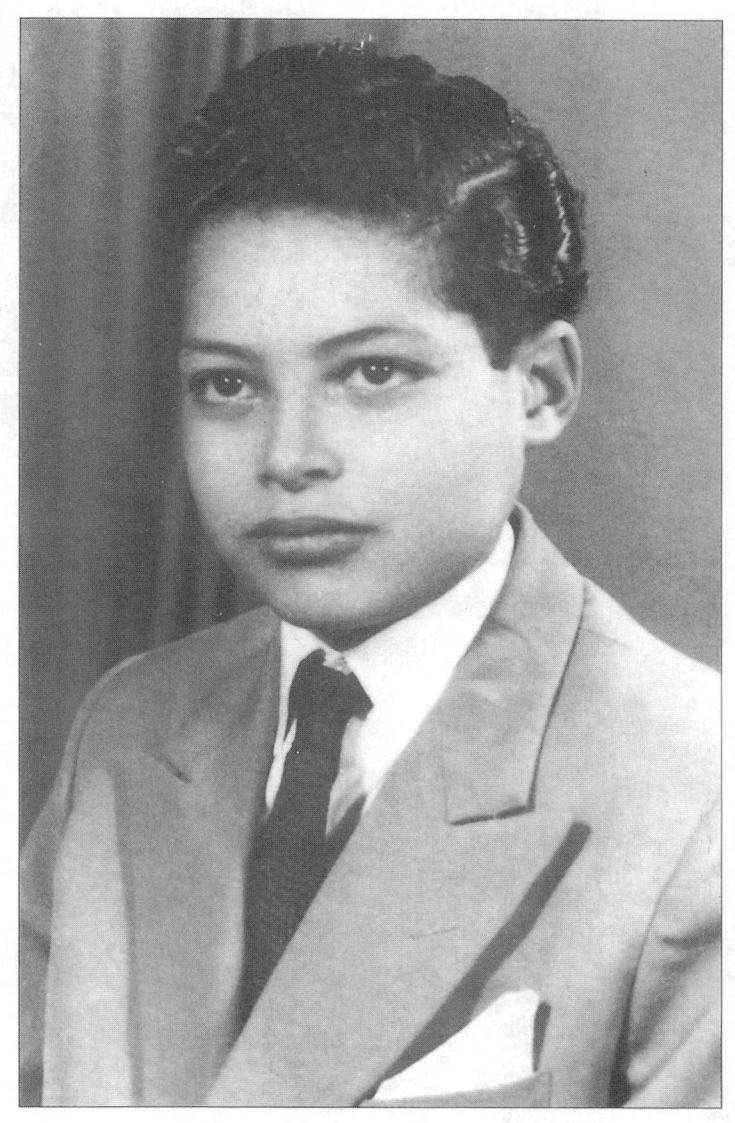

12살 때의 나

어머니 라휘아 다르. 25세 때

아버지와 알렉산드리아 해변에서(열살 때)

데수크의 한 클럽에서 1980년. 여동생 세함(왼
쪽)과 나나와 함께. 동생 하넴은 이때 없었고,
사촌 동생(왼쪽에서 두 번째)이 같이 있었다

아버지 핫산 즈웨일. 1949년 알렉산드리
아의 즈웨일 문중의 별장 발코니에서

어머니와 함께 1988년 피라미드를 배경으로

외삼촌 리즈크

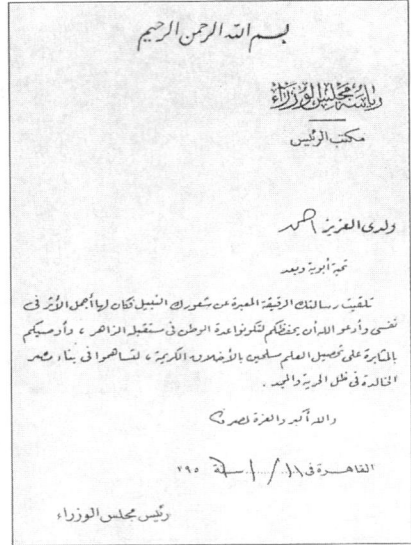

낫세르 대통령의 편지

음 쿨숨

내가 태어난 곳,
다만허의 중심부.
2001년

현재의 다만허
채소 시장

데수크의 시디 이브라힘 사원. 1998년

초등학교 시절 미술반과 나의 작품 (앞줄 왼쪽이 본인)

1961년 중학교 시절 친구들과 (왼쪽에서 두 번째가 본인)

1966년 화학 특별반의 G-7들. 룩솔/아스완의 탐방여행 중 (앞줄 중앙이 본인)

알렉산드리아대학
자연과학부의 계단에서.
1999년 12월

대학에서 보내준 상이집트(Upper Egypt) 여행에서(1966년). 나의 왼편에 있는 두 여학생은
샤히라 알시시니(앉은 이)와 에나스 이자트

1968년 조교 때, 자연과학부 학생들과 함께 (뒷줄 왼쪽에서 다섯 번째가 본인)

예히아 엘탄타위(Yehia El-Tantawy) 박사. 그는 이 사진을 1969년 나에게 기념으로 주면서, 뒷면에 '나의 특별한 친구 아흐메드에게'라고 적었다.

사미르 엘에자비(Samir El-Ezaby) 교수. 나의 석사학위 지도교수이자 나의 절친한 친구

석사학위 지도교수 라파트 잇사(Rafat Issa) 교수 (뒷줄 오른쪽에서
세 번째)와 조교들. 1968년

알렉산드리아의 스포팅에 있는 빌라에서 집주인과 함께. 1969년 미국으로 떠나기 전

펜실베이니아 대학에서
온 입학허가 통지서

1983년 알렉산드리아에서 열린 학회에서 아브 달라만 엘사드르(Abd al-Rahman El-Sadr) 박사(오른 쪽), 니코 브렘버겐(Nico Bloembergen) 박사(오른 쪽에서 두 번 째), 조지 포터 (George Porter) 박사와 함께

1983년 1월 4일, 이집트의 기자에서 열린 국제 광화학 및 광생물학 학술회의 참가자들. 뒤에 스핑크스 와 피라미드가 보인다.

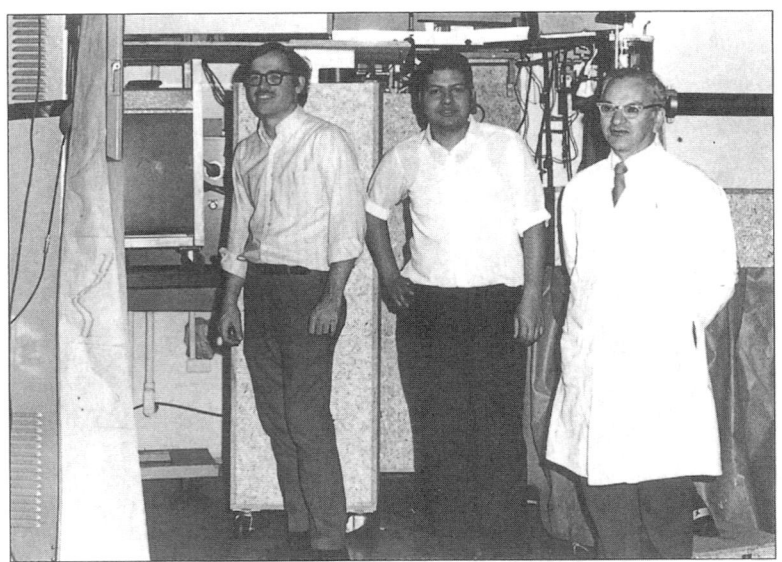

펜 대학의 실험실에서 존 벳셀(John Wessel,
나의 오른 쪽)과 함께. 1970년

로빈 혹스트랏서(Robin Hochstrasser) 교수

존 벳셀(John Wessel)의 결혼식에서 도우에 비르스마(Douwe Wiersma, 왼쪽에서 두 번째)
와 함께. 오른 쪽은 그의 부인, 왼쪽에서 세 번째는 혹스트랏서(Hochstrasser) 교수 부인.
혹스트랏서 교수는 뒤쪽에 보인다. 제일 왼쪽은 메르바트(Mervat)

1973년 펜대학 졸업식에서. 사메 사이드(Sameh Sa'id)가 촬영

1998년 프랭클린상 수상 기념.
메달의 모형이 뒷면에 보인다

찰스 해리스(Charles Harris)와
나의 둘째 딸 아마니(Amani).
UCB에서 1997년

펜실베이니어 대학에서 명예박사학위를 받았을 때. 왼쪽 첫 번째에 빌 코스비(Bill Cosby)
가 서 있다. 펜대학 총장은 벤자민 프랭클린(Benjamin Franklin)의 동상 옆에 앉아 있다

Criteria	(Harvard)		chicago	Cultech	N.Western	RIce
1. Graduate students	10		8	10	6	6
2. Research money	10		10	10	10	5
3. School reputation	10		10	10	7	7
4. Stimulation	9		10	7	8	6
5. Lab. space	8		10	10	7	7
6. Tenure	3		8	8	7	10
7. my position in the dept.						
* Speciality	10		7	10	7	10
* field as attractive to G.Students	6		4	10	8	10
1. family living	10		5	10	8	8
2. Merval Job	10		10	10	10	10
3. Safety of Campus	9		5	10	8	8
4. Salary						
	89	100	83	95	78	77

faculty position Decision   1/13/76

was added later 2/16/76

내가 만든 각 대학 채점표. 어디로 갈까 망설이면서 대학별로 채점을 해보았다

칼텍의 화학 및 화학공업학부의 교수진. 라이너스 폴링(Linus Pauling, 앞줄 왼쪽에서 6번째)의 생일기념. 1986년

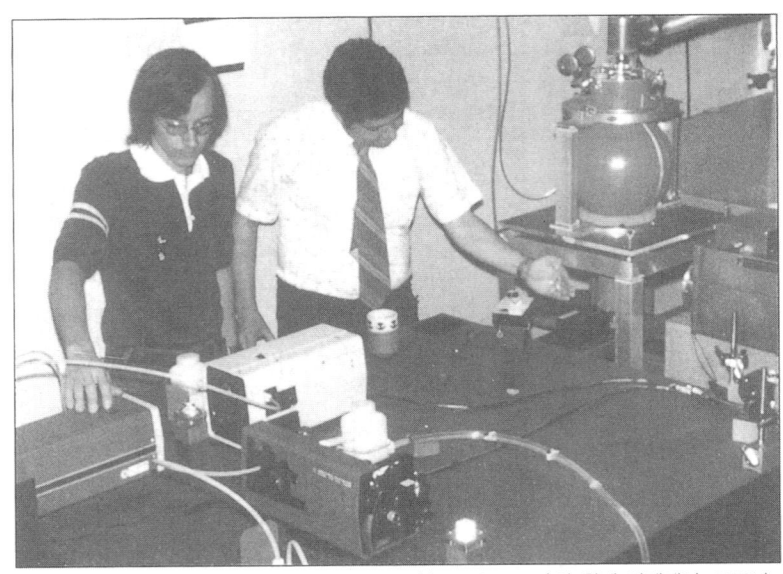

우리의 첫 레이저 장치 036 Noyes. 톰 올로스키(Tom Orlowski)와 함께 칼텍에서, 1976년

우리의 첫 피코세컨드 레이저 048 Noyes 실험실. 단 도슨(Dan Dawson, 왼쪽)과 라지브 샤(Rajiv Shah)와 함께. 칼텍에서

마하의 졸업식. 1994년
칼텍에서

아마니의 고교 졸업. 1997년 산마리노에서

아들과 함께 할로윈을 지내며. 나는 명예박사학위 예복을 입었다

1989년 3월, 파아잘왕의 국제상을 수상한 아내 데마 파함(Dema Faham)

1989년 9월, 칼텍의 아테네움에서 찍은 결혼식 사진. 데마와 나 그리고 가족들

노벨상 수상식전(式典)에서 나를 소개하는 뱅 노던(Bengt Nordén) 교수

시상식전 스톡홀름에서 열린 리셉션에 참석한 나의 가족과 친구들

2000년 카이로에서 나기브 마흐포즈(Naguib Mahfouz)와 함께

데마와 나 그리고 나빌과 하니

2001년 8월 카이로의 피레이트
선상식당에서 낚시 솜씨를 자랑하는
나빌(왼쪽)과 하니

1997년 카이로의 카페에 앉은 오마르 바티샤(Omar Batisha)와 나

1999년 12월 나일의 요트에 오른 나의 가족과 헤샴(Hesham)

세미라미스의 티가든에서

1988년 3월 5일 '알라 알-나시아' 녹음차 LA에 온 아말 파미(Amal Fahmy)와 나

1990년 7월 17일 폴링
석좌교수직을 받을 때
칼텍캠퍼스에서 라이너스
폴링(Linus Pauling)과 함께
걸으며

내 사무실에 걸린 투탕카멘
초상 아래에서 딕
번스타인(Dick Bernstein)과
차를 마시며 담소한다.
1987년

아보우 레일 라시드(M. Abou Leil Rashed) 지사의 제안으로 거리 이름을 나의 이름으로 정한 1998년 데수크 시(市) 거리 풍경

1998년 엘-텔라위(F. El-Tellawy) 지사의 제안에 따라 내 이름으로 거리명을 정한 다만허 시(市)의 거리에서

2000년 마흐고브 주지사에 의해 준공된 알렉산드리아의 아흐메드 즈웨일 광장

알렉산드리아의 즈웨일 광장에 개관한 박물관에 묘사된 피라미드와 펨토스코프 앞에 선 나와 처
그리고 나빌과 하니

2000년 1월 노벨상 수상을 축하하여 아테네움에서 찍은 기념 사진

2000년 1월 1일, 과학기술대학 기공식장에서

찾아보기

시간 속의 여행

(펨토 과학자 아흐메드 즈웨일의 노벨상 인생)

찍은날 : 2004년 7월 20일
펴낸날 : 2004년 7월 30일

지은이 : 아흐메드 즈웨일
옮긴이 : 하두봉 김상규 김한도

발행인 : 손영일

펴낸곳 : 전파과학사

출판등록 1956. 7. 23 (제10-89호)
120-824 서울 서대문구 연희2동 92-18
전화 02-333-8877 · 8855
팩시밀리 02-334-8092

전파과학사 Website : www.S-wave.co.kr
E-mail : S-wave@S-wave.co.kr